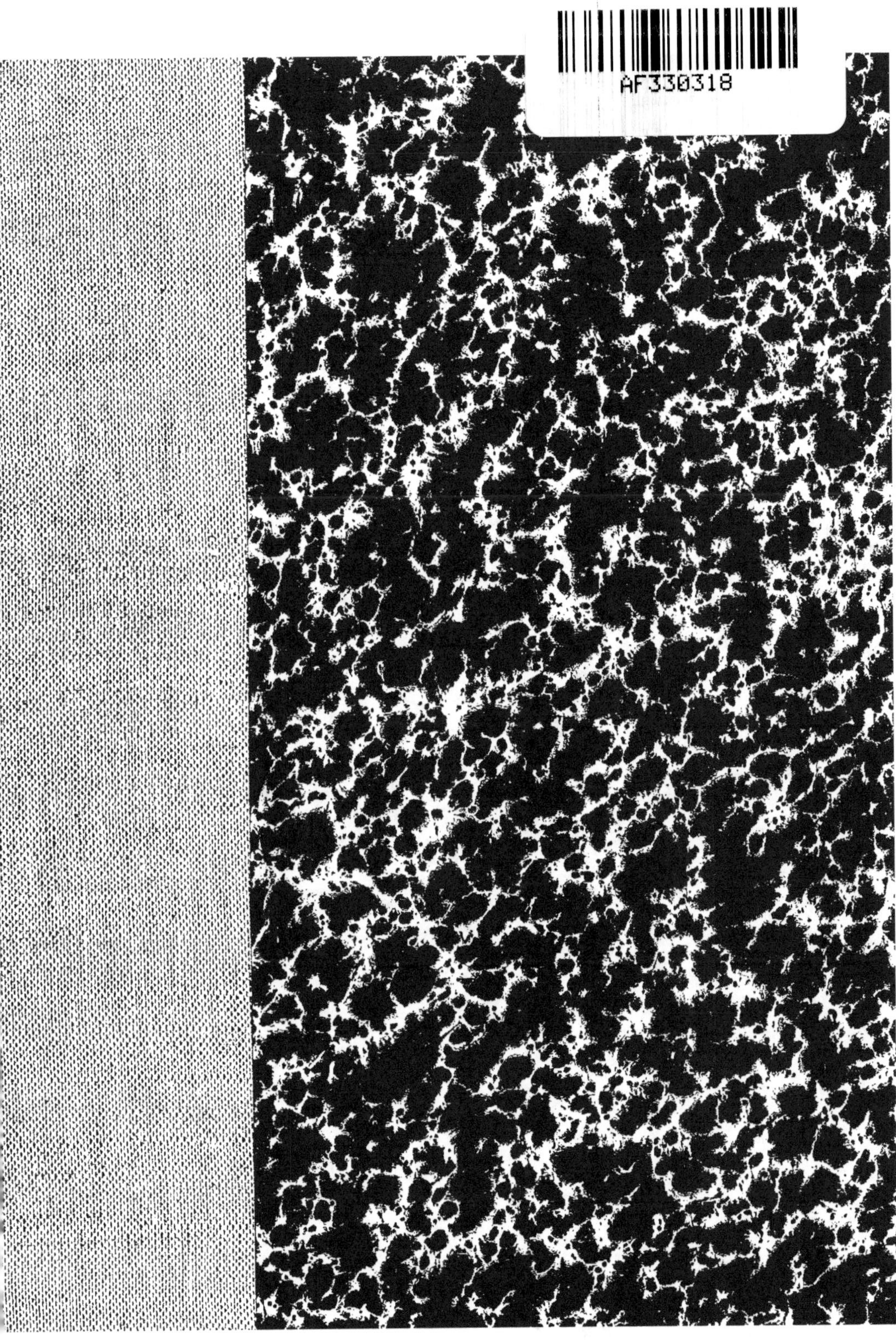

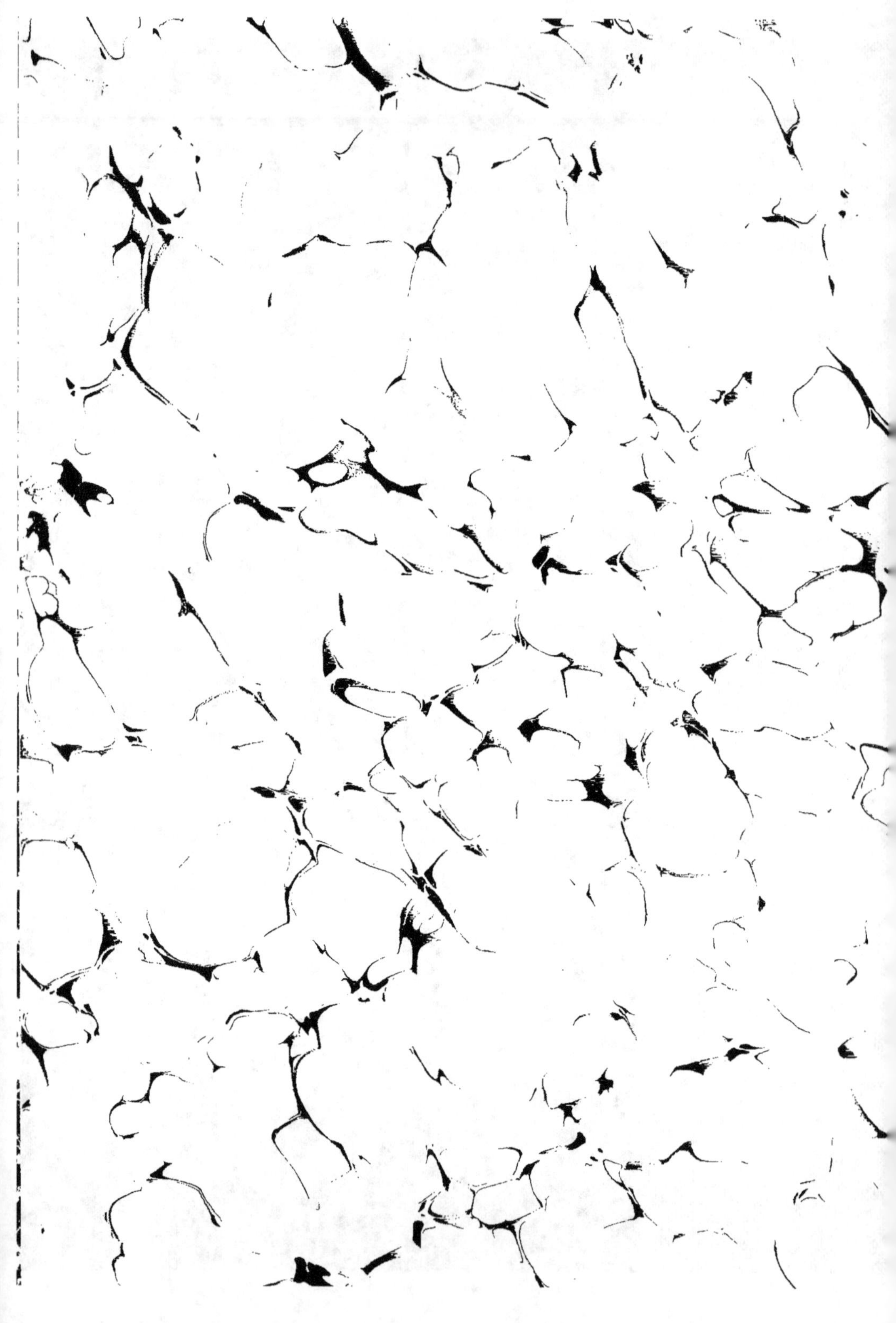

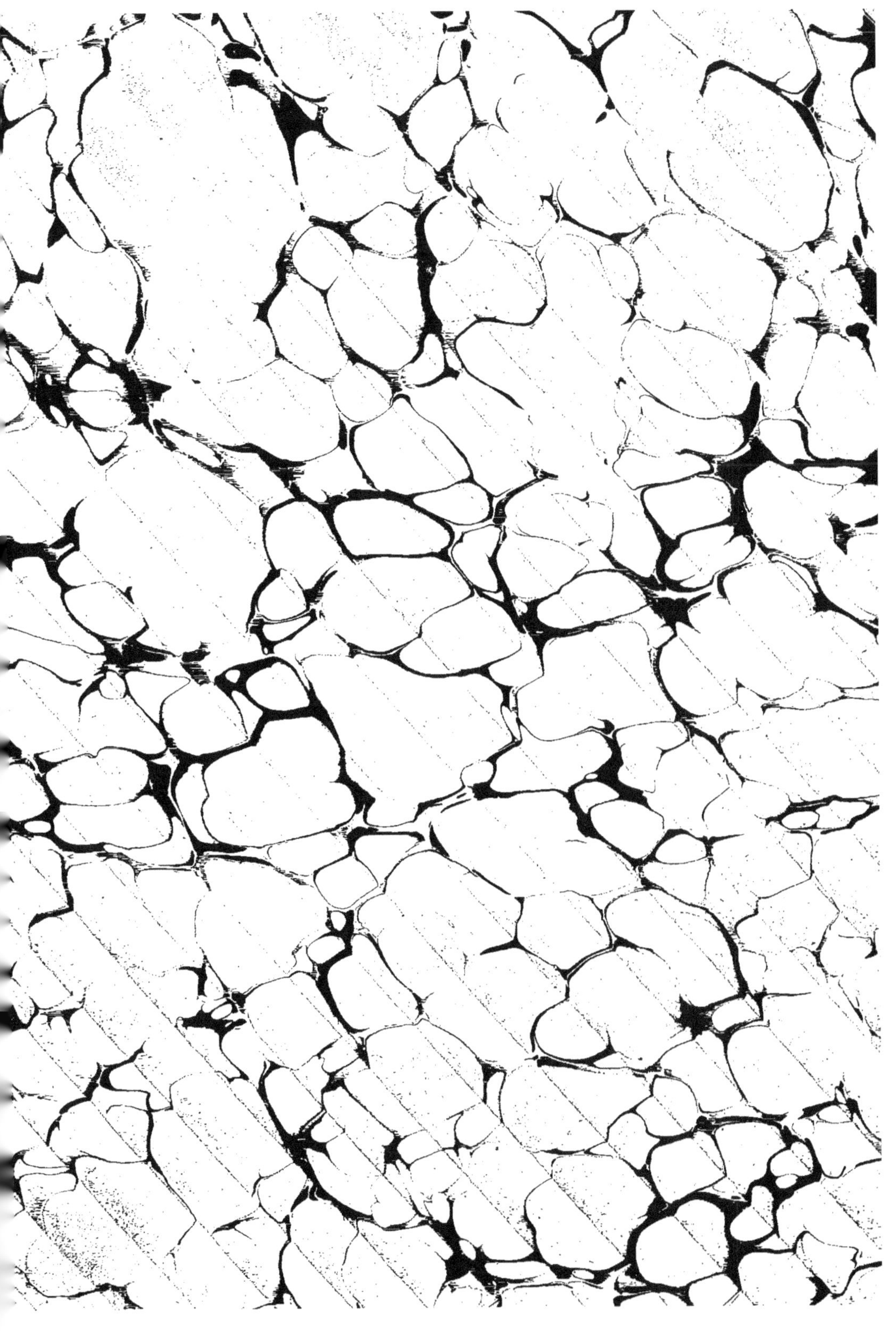

PROMENADES BOTANIQUES

FORMAT IN-QUARTO

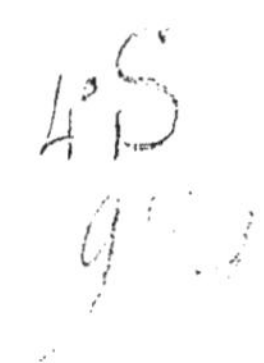

Les petits botanistes.

PROMENADES BOTANIQUES

PAR

André TALMONT

LIMOGES

Marc BARBOU et Cie, Imprimeurs-Libraires

RUE PUY-VIEILLE-MONNAIE

1888

PREMIÈRE PARTIE

BOTANIQUE ORGANIQUE

CHAPITRE PREMIER

INTRODUCTION

C'était au temps où les bleuets et les coquelicots s'épanouissent dans les champs de blé.

Le mois de mai avait une fois, par exception, justifié sa réputation. Des légions de fleurs s'étaient donné rendez-vous pour lui faire cortège. A l'appel du soleil — cette splendide émanation de la puissance divine — un grand nombre avaient, en dépit des codes scientifiques, devancé l'époque fixée pour leur éclosion, sans rien sacrifier de leur éclat ni de leur parfum.

Parti avant l'aube, un homme, presqu'un vieillard, suivait un sentier sinueux tracé au bord d'une jolie rivière. La rive était épaisse et fleurie; de grands liserons s'enroulaient autour des peupliers et portaient jusqu'à leur cime leurs clochettes éclatantes.

De toutes parts, la campagne s'éveillait : Les oiseaux secouaient leurs plumes humides ; les insectes frémissaient sous l'influence du rayon béni qui allait leur rendre toute leur énergie ; et plus loin, au village, des bruits confus indiquaient qu'une période d'activité et de travail succédait aux heures marquées pour le repos, l'oubli des peines, le silence et la paix.

C'est un moment vraiment délicieux pour celui qui sait observer et sentir, lorsque les pieds dans la rosée, il assiste au réveil de tous les êtres.

Tout en regardant les hirondelles qui déjà folâtraient au-dessus des seigles, le promeneur matinal marchait rapidement, car il était attendu.

L'exactitude est la politesse de tout le monde, et un vieux professeur ne doit pas oublier l'heure qu'il a fixée à ses élèves, même quand ceux qui l'attendent sont ses neveux.

Des éclats de voix l'avertirent bientôt que les enfants s'étaient, malgré l'heure matinale, arrachés au sommeil, et il les aperçut, au détour du sentier, bien fiers d'avoir quitté le logis à six heures du matin.

Ils s'avançaient joyeux, animés par la marche et le grand air qui avaient mis des roses sur leurs joues et de la gaieté dans leurs yeux.

Et puis, j'allais oublier de vous dire que c'était un jeudi, que ce jour-là on avait toute liberté de courir dans les champs, et que le vieil oncle venait leur donner leur première leçon de *botanique*.

— § Ier —

GÉNÉRALITÉS

André et Laurence étaient l'un et l'autre intelligents et laborieux ; ils avaient le plus grands désir de s'instruire et, il avait été convenu que chaque jeudi leur oncle les accompagnerait au milieu des champs ou des bois pour leur faire étudier le tableau sans cesse renouvelé des merveilles de la création.

Bonjour André ! Bonjour Laurence ! s'écria-t-il en les apercevant. Eh! quoi, seuls au point du jour et à plus d'un kilomètre de chez vos parents? Vous ne redoutez donc pas de faire quelque mauvaise rencontre?

— Nous ne sommes pas seuls répondirent les enfants; *Sultan* nous accompagne.

L'oncle vit en effet Sultan, le modèle des Terre-Neuve, s'avancer en bondissant et se précipiter vers lui comme une trombe. Bon gré mal gré, il lui fallut subir ses caresses et ses embrassements avant d'avoir reçu ceux de ses neveux qui riaient des gambades extravagantes de leur bon gardien.

Ne pensez-vous pas, dit-il aux enfants — lorsque Sultan voulut bien modérer ses transports — que nous serions bien au bord de la rivière, assis sous ces vieux saules, pour commencer nos entretiens?

La proposition fut acceptée avec empressement et, quelques instants plus tard, oncle et neveux étaient commodément installés sur une verte pelouse, le dos appuyé contre les troncs des arbres dont les rameaux les protégeaient des ardeurs du soleil.

Couché à quelques pas de ce groupe, dans l'attitude d'un sphynx, la tête sur ses pattes étendues, les yeux à demi-fermés, Sultan semblait prêter l'oreille aux mille bruits confus de la campagne, et particulièrement au murmure de l'eau dont le courant peu rapide courbait doucement les longues tiges des roseaux.

— Comment, demanda aux enfants le vieux professeur, comment trouvez-vous notre salle de classe avec sa lointaine ceinture de collines verdoyantes, et les ruines pittoresques qui se dressent là-bas, derrière la demeure de vos parents?

— Elle est merveilleuse, s'écria Laurence, et ce tranquille paysage, que j'ai contemplé bien des fois, me paraît ce matin beaucoup plus beau que de coutume.

— Et puis, reprit André, il n'y a là ni livres, ni cahiers, ni maître sévère faisant les gros yeux aux élèves distraits.

— Cela est vrai, mes enfants, mais il y a devant nous, le livre de la nature, le plus beau de tous, celui dans lequel le Créateur a écrit en caractères ineffaçables ses merveilles infinies ; et c'est une page de ce livre sublime que nous allons essayer de déchiffrer.

Nous ne pourrions être nulle part mieux qu'en pleine campagne pour étudier la *botanique* dont le nom, d'origine grecque, signifie herbe, car ici les herbes foisonnent.

La botanique es·, en effet, la partie de l'histoire naturelle qui a pour objet l'étude de tous les *végétaux*, aussi bien des grands peupliers dont les branches se balancent au-dessus de nos têtes que du modeste brin d'herbe que nous foulons aux pieds.

L'histoire naturelle étend son domaine sur la structure de la terre et sur tous les êtres qui en recouvrent la surface, et ces êtres se partagent en trois groupes que l'on appelle :

Le règne minéral,

Le règne végétal,

Le règne animal.

« Les végétaux, a dit le grand naturaliste Linné, occupent l'avant-dernier rang dans la série des êtres dont l'homme est le roi.

« Les minéraux croissent ;

« Les plantes croissent et vivent ;

« Les animaux croissent, vivent et sentent ;

« L'homme croit, vit, sent et pense ! »

Vous le voyez, mes enfants, les végétaux sont, dans l'immense chaîne des êtres, l'anneau qui unit le règne minéral au règne animal. Les minéraux n'ont pas de forme déterminée : ils ne vivent ni ne sentent ; ils croissent par *juxtaposition*, c'est-à-dire que des molécules, des parcelles infimes, de même nature, se placent les unes sur les autres pour les constituer ; ils ne portent en eux-mêmes aucun principe de destruction ; ils existent, mais ils ne vivent pas, et par conséquent leur durée est illimitée, si aucune force étrangère ne vient les détruire.

Les végétaux sont organisés pour vivre ; ils possèdent des racines, une tige, des feuilles et des fleurs constituant autant d'organes propres à entretenir la vie.

Ils croissent par *intussusception*, — c'est-à-dire en absorbant et en s'assimilant des principes alimentaires qu'ils empruntent au monde extérieur, — et ils se développent suivant une forme déterminée. Mais ils ne jouissent pas, comme les minéraux, d'une existence indéfinie ; leurs organes s'usent, se détériorent ou se brisent et leur mort est, après un certain temps, la conséquence de leur vie. Heureusement, ils possèdent des facultés reproductrices, et vous savez que les graines des végétaux donnent naissance

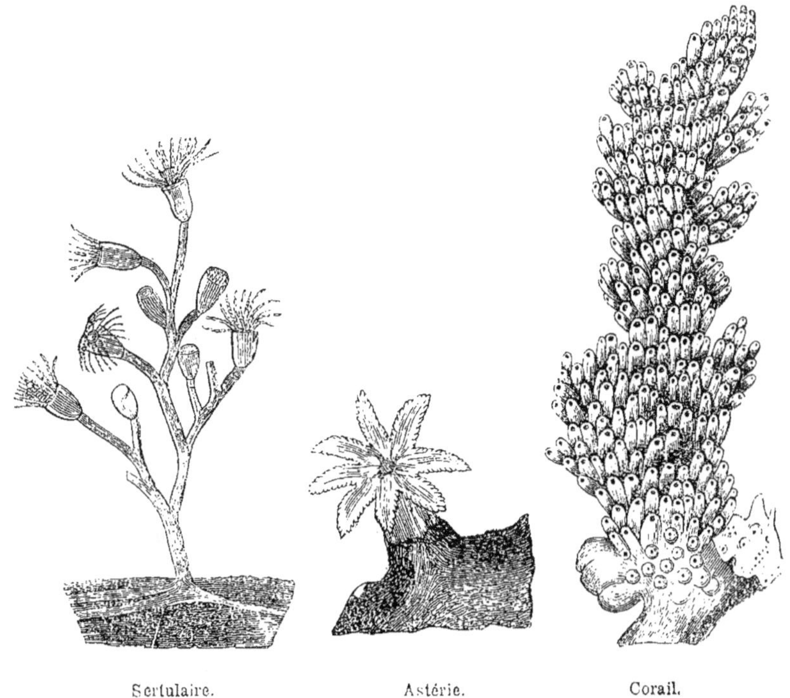

Sertulaire.　　　　　Astérie.　　　　　Corail.

à d'autres êtres vivants doués d'une organisation semblable à ceux qui les ont produits.

Les végétaux se rapprochent des animaux par leur manière de croître, de vivre, de mourir et par la merveilleuse faculté de se reproduire ; mais ils en restent encore bien éloignés par l'absence de sensibilité et de mouvement volontaire.

Sultan se révolte quand on le frappe ; il fuit le danger qui le menace : il sait éviter la corne du taureau, le fouet du charretier brutal: il connaît ses amis et ses ennemis ; il prodigue aux premiers des caresses et prend à l'égard des autres une attitude menaçante. Il est en cela bien supérieur à ces saules qui se contentent d'emprunter au sol et à l'atmosphère les principes de leur existence, et sont incapables de fuir les insectes qui les rongent, le courant qui les déracine, la hache qui les frappe ou l'orage qui les brise.

Il n'est donc pas difficile, dans le plus grand nombre des cas, de distinguer un végétal d'un animal.

— Il me semble, observa Laurence, que jamais personne n'a confondu un animal avec une plante.

— Garde-toi, mon enfant, des affirmations trop pécipitées ; celle-ci, entre autres, constitue une grave erreur. Les différences s'effacent tellement quand on compare les êtres les plus simples des deux règnes qu'il n'est pas toujours facile de distinguer les végétaux d'avec les animaux.

Sans doute, personne ne s'avisera de confondre un cheval avec un frêne, un mouton avec un noyer, une abeille avec une rose ; mais il y a des *polypes* qui ont l'aspect de fleurs épanouies et qui ont pour supports des sortes d'arbrisseaux : Les uns ressemblent à de gracieuses guirlandes ou à des gerbes de fleurs, d'autres s'épanouissent comme des anémones du plus vif éclat ; ceux-ci rappellent la forme d'un concombre, ceux-là offrent l'image d'une étoile ; il en est à qui leur forme a valu le nom de *soleil de mer*, d'autres qui ouvrent leurs pétales comme la grande marguerite des prés.

Le nom de *zoophytes*, donné à ces êtres curieux, (nom qui signifie littéralement *animal-plante*,) trahit l'incertitude qui pendant des milliers d'années a régné à leur égard.

Vous voyez donc, mes enfants, que la distinction n'est pas facile quand on arrive à la limite des deux règnes, et que rien ne ressemble plus à des plantes que des polypes se développant au moyen de bourgeons, et qui n'acquièrent que plus tard la conformation et les propriétés des animaux.

Le corail, — avec l'espèce de racine qui l'attache au rocher, l'écorce qui recouvre ses branches, ses jolies petites fleurs à huit pétales, — présente tous les caractères d'un charmant arbuste.

Ce ne fut qu'en 1727, que le médecin Peyssonnel annonça que ces prétendues fleurs étaient de petits animaux parfaitement vivants et sensibles; mais il fallut quinze années de discussions pour faire triompher cette vérité.

L'éponge, qui n'offre les caractères de l'animalité que dans

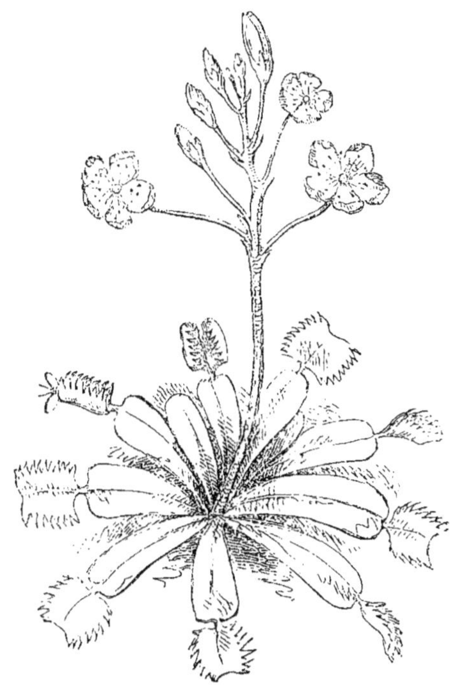

La Dionnée attrape-mouches.

les premières années de sa vie pour devenir plus tard un végétal informe est, dit un naturaliste, « placée au carrefour d'où partent les trois immenses routes de la création. Elle est le nœud d'où se détache la triple branche de l'arbre naturel ; le centre du trépied que forment les corps bruts et les êtres vivants. »

— Vous nous avez dit, interrompit Laurence, que le mot *zoo-*

phyte signifie animal-plante, mais vous ne nous avez pas expliqué le mot *polype ?*

— Le mot *polype* veut dire *pieds nombreux.* Les zoophytes rangés sous cette dénomination portent, autour de leur bouche, de nombreux *tentacules* que les anciens prenaient pour autant de pieds. Les tentacules sont des appendices mobiles comme ceux que portent, au sommet de la tête, les limaces et les colimaçons, et que vous connaissez sous le nom vulgaire de *cornes.*

— Tout cela est extrêmement curieux, dit André, mais au moins les végétaux sont privés de sensibilité et sont incapables d'exécuter des mouvements volontaires.

— Il ne faut pas encore, mes enfants, prendre ce que nous avons dit trop à la lettre ; il y a, à cette règle, de nombreuses exceptions.

D'abord, tous les végétaux ont besoin d'air et de lumière, et ils savent très bien diriger leurs branches du côté où il leur est possible de se procurer, plus abondamment, ces deux éléments essentiels de leur existence.

Certaines plantes ferment leurs feuilles ou leurs fleurs aux approches de la nuit ou au point du jour ; d'autres comme la *sensitive* se contractent toutes les fois qu'un corps étranger vient à les toucher. La *dionée attrape mouche* ferme, au moindre attouchement, ses feuilles divisées en deux lobes, et saisit ainsi entre les épines dont ces lobes sont hérissés les malencontreux insectes qui viennent se poser sur leur face interne. Les *rossolis,* — ornement des prairies humides des montagnes, — couchent, au moindre contact, les poils qui bordent leurs feuilles rondes. La plupart des plantes prennent une attitude particulière pour se livrer au sommeil...

— Est-ce que les plantes dorment ? s'écrièrent à la fois les deux enfants, d'un ton incrédule.

— La nuit, vous le savez, est faite pour dormir ; c'est l'heure marquée pour le repos de tout ce qui travaille, de tout ce qui s'agite. Pourquoi le peuple heureux des fleurs ne jouirait-il pas des bienfaits de cette loi commune ?

C'est Linné qui le premier a signalé ce fait intéressant : Un soir que le grand naturaliste était venu, à la lumière d'un flambeau, visiter ses plantes, il les reconnut à peine tant leur forme et leur aspect avaient changé. Surpris et embarrassé, il les considère avec soin et voit que les feuilles de l'*arroche* se sont appliquées l'une contre l'autre, que celles de la *mauve du Pérou*, dont le limbe est arrondi en entonnoir, enveloppent soigneusement les tiges qui les supportent.

La *balsamine* abrite ses fleurs, le *baguenaudier* redresse ses folioles; le *trèfle incarnat* réunit ses trois feuilles arrondies pour faire un pavillon à la fleur. Celles de la *sensitive* se recouvrent, comme les tuiles d'un toit tout le long de leur pétiole. Toutes ont pris une attitude penchée et semblent couchées et endormies.

Heureux du nouveau secret qu'il vient de surprendre, Linné abandonne à leur repos ses plantes chéries et s'empresse de consigner sa précieuse découverte.

C'est ainsi qu'on appelle *sommeil des plantes*, leur attitude pendant la nuit; et, *réveil des plantes*, leur retour à leur position accoutumée.

« Une fois privées de la lumière, les plantes, comme les animaux, sont soumises au sommeil. Que l'on parcoure les bois ou les campagnes, que l'on suive l'eau murmurante d'un ruisseau ou qu'on s'égare sur la pelouse déjà couverte de rosée, partout les plantes sont endormies. Le vent des orages les courbe sans les éveiller, le tonnerre gronde sans nuire à leur repos, la pluie les inonde sans interrompre cet instant d'inertie.

« Mais nous n'avons pas besoin d'aller chercher au loin des exemples de ces intéressants phénomènes; parcourons, la nuit, nos prairies et nos coteaux, pénétrons dans nos silencieuses forêts, alors qu'elles ne sont plus éclairées que par la lumière tremblante et argentée de la lune à travers le feuillage, et nous verrons bientôt que toutes les plantes ont changé d'aspect. » (1)

— Laurence et moi nous aimons beaucoup les fleurs, dit André, mais je suis sûr que nous les aimerons davantage à mesure que nous les connaîtrons mieux.

---

(1) Lecoq.

§ II

DÉFINITION

— Cela ne fait pas de doute, mes amis, reprit l'oncle ; mais il est temps d'abandonner ces généralités, bien intéressantes pourtant, pour entrer dans le vif de notre sujet.

L'étude de la botanique a pour but: 1°. d'observer l'organisation des végétaux considérés comme êtres vivants. C'est ce qu'on appelle l'*organographie* ou *botanique organique*.

2°. D'apprendre à décrire ou à classer ces mêmes végétaux envisagés comme des êtres distincts. C'est ce qu'on appelle la *taxonomie* (lois d'arrangement) ou classification végétale.

3°. De rechercher les propriétés et les usages des plantes par rapport à la médecine, à l'agriculture, à l'industrie, à l'économie domestique : c'est la *botanique usuelle*, que tout le monde aurait tant d'intérêt à connaître. Car, si toutes les plantes ont leur utilité, il en est qui constituent des poisons dangereux et plus d'une fois on a vu des mains ignorantes substituer la ciguë au cerfeuil ou au persil ; plus d'un enfant s'est empoisonné sous les yeux de sa mère en mangeant des baies appétissantes que celle-ci croyait inoffensives.

Pendant que la leçon de botanique se continuait à l'ombre des saules, Sultan tenait les yeux obstinément fixés sur un bateau, retenu par une chaîne de fer à un arbre de la rive opposée.

Un enfant de quatre à cinq ans, penché sur le bord de la barque qui oscillait au moindre mouvement, s'efforçait d'atteindre les fleurs des nymphéas dont les grandes corolles blanches commençaient à s'épanouir.

Une femme, — probablement la mère du jeune étourdi, — lavait du linge à quelque distance ; et, de temps en temps, jetait sur la barque un regard rapide.

Tout à coup, un mouvement trop brusque du pauvre petit lui

fit perdre l'équilibre, et il fut précipité dans le courant plus profond et plus rapide en cet endroit.

Lorsque la mère leva la tête, au bruit qui venait de se produire, le bateau était vide, et quelques rides à la surface indiquaient seules l'endroit où l'enfant se débattait dans les angoisses de la mort.

Pendant que la malheureuse femme jetait des cris désespérés, Sultan n'était pas resté inactif : le bon chien n'avait rien perdu de la scène du bateau.

D'un bond il fut dans la rivière, et quelques secondes à peine s'étaient écoulées quand il revint vers les saules où il déposa sur la berge le corps inanimé de l'enfant.

Les soins intelligents du vieil oncle l'eurent bientôt rappelés à la vie; et, quand la mère désolée eut à son tour traversé le cours d'eau, à l'aide de la barque, cause de l'accident, son enfant lui souriait et lui tendait les bras.

Le bon Sultan fut comblé de caresses, et les jeunes botanistes, que ce petit drame avait vivement émus, reprirent le chemin de leur demeure où ils étaient attendus.

CHAPITRE II

Nous retrouvons André, Laurence et leur vieil oncle assis au pied d'un rocher que couronne d'épaisses touffes de noisetiers. Autour d'eux sont éparses, sur le sol, des plantes qu'ils ont récoltées pendant leur promenade. Le fidèle Sultan est couché auprès de ses jeunes maîtres, dont il semble surveiller les moindres mouvements.

— Nous allons, mes enfants, dit le professeur, aborder l'étude de la *botanique organique*. Ne soyez pas effrayés des termes nouveaux qu'il nous faudra employer ; nous les expliquerons soigneusement à mesure qu'ils se présenteront, et ils ne tarderont pas à vous devenir familiers.

Le mot *organographie*, par lequel on désigne l'étude d'une branche de la BOTANIQUE ORGANIQUE, signifie simplement la description des différents organes des végétaux ; et le mot *physiologie*, qui s'applique à l'examen d'une autre branche de cette science, définit les explications relatives aux fonctions diverses de ces organes.

Afin d'éviter les abstractions qui pourraient vous décourager et pour donner plus d'attrait aux études préliminaires, ordinairement les plus arides, nous allons tout simplement faire l'histoire de la plante, envisagée d'une manière générale.

Vous lisiez, il y a quelque temps, des biographies qui paraissaient beaucoup vous intéresser : c'était l'histoire de quelques-uns des grands hommes dont la France s'honore. L'auteur vous disait les circonstances particulières dont leur naissance avait été entourée, le développement précoce, les premières manifestations de leur intelligence, leurs études persévérantes, l'épa-

nouissement de leur talent, les travaux et les découvertes qui
en étaient le résultat. Après les avoir connus enfants, vous
les suiviez dans leur âge mûr, dans leur vieillesse, dans leur
famille et dans la société : c'est ainsi que nous allons procéder
pour l'histoire de la plante.

Nous verrons la vie — d'abord endormie dans une graine — se
réveiller sous l'influence des agents extérieurs; nous verrons la
plante se développer et croître, briller d'un vif éclat pendant la
floraison; fructifier, c'est-à-dire se préparer dans la famille des
germes féconds destinés à la faire revivre quand la mort l'aura
fait disparaître.

LA PLANTE A SON PREMIER AGE — SON SOMMEIL
DANS LA GRAINE

Nous pouvons, mes petits amis, comparer la graine des végétaux
à l'œuf des oiseaux : la graine est l'*œuf végétal*, et l'oiseau
est caché dans l'œuf, comme le chêne est caché dans un gland.

De même qu'en cassant un œuf de poule, vous pouvez distinguer un point, d'une teinte particulière, qui est le futur poussin;
de même, vous trouverez dans le gland le germe, le principe du
chêne : c'est la plante en miniature.

La graine se compose de deux séries d'organes.

Nous allons examiner, dans un de ces haricots que j'ai fait
ramollir dans l'eau à cette intention, ces différentes parties.

Cette enveloppe dure, sèche et coriace qui préserve notre haricot, comme la coquille préserve l'œuf, se nomme *épisperme*,
c'est-à-dire la partie qui est sur la graine et qui l'enveloppe.

Souvent l'épisperme se compose de deux enveloppes, de
deux tuniques, dont l'une, plus aplatie à l'extérieur, porte le
nom de *teste* (coquille), et l'autre intérieure, plus mince et plus
souple, est désignée sous le nom de *tégument* (couverture). Ces
deux tuniques se présentent d'une manière très sensible dans le
marron d'Inde et la châtaigne. Mais, dans !a plupart des graines,
elles sont moins distinctes et adhèrent si fortement l'une à l'autre
que l'épisperme paraît ne former qu'une seule enveloppe.

Au-dessous de ces enveloppes protectrices, — vulgairement connues sous le nom de peau de la graine,—se trouve une partie infiniment plus intéressante, que les savants désignent sous les noms de *périsperme* ou *endosperme :* c'est l'*amande* que vous savourez avec tant de plaisir dans le fruit de l'amandier ou du noisetier ; c'est la partie farineuse de la châtaigne, du haricot, du froment, etc.

Mais il y a dans l'amande une autre partie plus essentielle encore, c'est l'*embryon.*

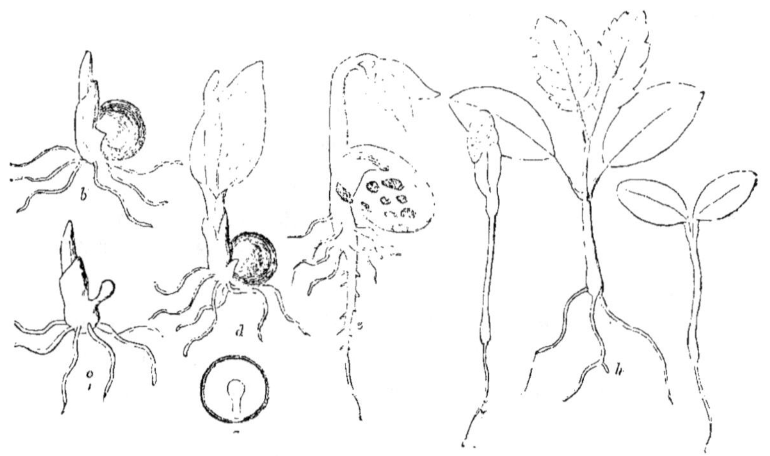

La plante à son premier âge.

— Voilà encore, dit André, un mot que vous aurez besoin de nous expliquer.

— En effet, mes enfants, la plupart des termes de botanique sont tirés du grec ou du latin, mais je ferai en sorte de vous les rendre tous compréhensibles.

Le mot *embryon* vient du grec, il signifie : qui *pousse dans un autre,* et il désigne la partie essentielle de la graine,le rudiment, le principe de la plante nouvelle que celle-ci est destinée à produire.

Mais cet embryon, — cette plante minuscule — a besoin de nourriture pour se développer, et c'est pour lui que la Providence a préparé la matière succulente des amandes que vous croyiez avoir été créée uniquement pour vos dents friandes.

Revenons à notre haricot, dont nous allons continuer l'étude, et je vais vous montrer la plante enfant, la plante endormie, l'embryon, en un mot.

Cette plante est en quelque sorte enveloppée de ses langes dont nous allons la dépouiller. L'épisperme se déchire facilement; je l'enlève avec précaution, et vous voyez maintenant deux disques blancs exactement appliqués l'un contre l'autre et formant deux moitiés égales.

Ces disques, un peu convexes à leur intérieur, sont les *cotylédons* (cavités).

Les cotylédons forment une sorte de petite écuelle renfermant le lait qui doit nourrir la jeune plante; ils en sont les premiers organes alimentaires, et, après la germination, constitueront ses deux premières feuilles.

Nous allons maintenant, avec un peu d'attention, distinguer les différentes parties constituantes de l'embryon, et qui sont, avec les cotylédons, la *radicule* et la *gemmule* ou *plumule*.

Vous voyez cette petite pointe conique qui semble glisser sur un des points de jonction des cotylédons, c'est la *radicule* (petite racine), principe de la vraie racine, qui, plus tard, fixera la plante à la terre. Séparons les deux cotylédons : voici dans leur intérieur deux petites feuilles plissées, mais parfaitement distinctes constituant la *gemmule* (petite perle ou petit bourgeon) qui est, dans le cas qui nous préoccupe, le rudiment de la jeune tige de haricot, et qui, dans un gland, est le commencement d'un grand chêne.

Ce sont ces trois organes réunis : cotylédons, radicule et gemmule qui constituent la petite plante, — la *plantule*, — le végétal qui doit se développer par la germination, et qui n'est autre chose que l'embryon débarrassé de ses langes.

Mais cette amande n'offre pas toujours les deux disques; les deux cotylédons que vous avez observés dans le haricot; souvent elle n'en présente qu'un seul, comme dans les céréales, froment, orge, etc. L'embryon est, dans ce cas, *monocotylédoné* (à un seul cotylédon), tandis qu'il est *dicotylédoné* (à deux cotylédons) quand l'amande est composée des deux parties charnues que nous connaissons déjà.

— Je vois maintenant, dit Laurence, que toutes les plantes dont l'amande ne présente qu'un cotylédon sont des plantes *mono-cotylédonées*, tandis que celles dont l'amande possède deux cotylédons sont des plantes *dicotylédonées*.

— C'est bien cela ; mais il existe encore des plantes dont les organes reproducteurs, improprement appelés *graines*, n'offrent ni embryons, ni cotylédons : telles sont les fougères. Ces plantes sont appelées *acotylédonées*.

Cependant, la division des plantes en *dicotylédonées, monocotylédonées* et *acotylédonées* n'est pas rigoureusement exacte, car il existe des végétaux, surtout des arbres résineux, chez lesquels on a observé jusqu'à douze cotylédons.

Le *périsperme* (enveloppe du germe) prend quelquefois le nom d'*endosperme* (au-dedans du germe) ou d'*albumen* (blanc d'œuf.)

C'est, nous l'avons dit, la partie de la graine qui forme quelquefois autour ou à côté de l'embryon, un corps accessoire qui en est entièrement distinct. La comparaison de cette substance avec le blanc d'œuf indique parfaitement sa destination qui est de nourrir la jeune plante au moment de la germination, de l'éclosion.

Le périsperme, masse ordinairement blanchâtre de substance farineuse, cartilagineuse, charnue, grasse ou cornée, est entièrement distincte de l'embryon, — plante en miniature, — organisé pour se développer et grandir.

Au moment de la germination, l'albumen devient soluble, sert quelque temps à l'alimentation de la plantule, diminue de volume et finit par disparaître.

Nous apprendrons plus tard comment les différentes positions de l'embryon, de même que l'absence ou la présence du périsperme, ont servi de guide aux botanistes dans la classification des végétaux.

Les enfants commençaient à envisager les plantes d'une façon toute nouvelle. Cependant la longue station qu'ils venaient de faire paraissait les fatiguer, et l'oncle s'en aperçut.

Sultan, — qui toujours savait prévenir les intentions de ses jeunes maîtres, — était déjà debout ; ses mouvements désordonnés indiquaient qu'il était prêt pour le départ et qu'il préférait la promenade à l'immobilité.

Cependant, une circonstance particulière retint encore un instant les jeunes botanistes auprès du rocher.

Laurence avait aperçu un tout petit oiseau qui, à plusieurs reprises, était entré dans la touffe de noisetiers, portant dans son bec quelques brindilles.

André, à qui sa sœur avait fait part de cette observation, s'ima-

Le Roitelet.

gina, avec raison, que le petit oiseau était occupé à construire son nid ; et l'oncle permit aux enfants de s'en assurer.

Tous trois s'avancèrent avec précaution et ne tardèrent pas à voir un charmant roitelet, travaillant à aménager une sorte de boule composée de feuilles, de mousse et de brindilles : C'était le nid dont le volume, comparé à la taille de l'oiseau, leur parut extraordinaire.

Troublé dans son travail, le petit architecte s'éloigna en poussant un cri d'alarme ; les botanistes se retirèrent, à leur tour, pour ne pas l'inquiéter d'avantage ; mais ils se promirent bien de venir revoir le gentil ménage, quand leur oncle dirigerait la promenade de ce côté.

Alors ils se mirent en quête d'un bouquet pour leur mère. Les guirlandes de chèvrefeuille, les chatons du chêne, les épis du bouleau, les grappes de l'érable, les orchis, l'aubépine, les genêts, les pâturins et les brizes, les bleuets et les coquelicots, formèrent bientôt une gerbe que les enfants se partagèrent.

Le spectacle des petits botanistes était bien fait pour rendre heureux le vieux professeur. Mais ce qui n'était pas moins intéressant, c'est que Sultan n'avait pas tardé à comprendre le but des recherches de ses petits maîtres. Il se mit bravement de la partie, et par esprit d'imitation le brave chien s'arrêtait, en poussant un cri d'appel, devant chaque fleur épanouie que Laurence et André s'empressaient de cueillir.

CHAPITRE III

LA PLANTE A SON DEUXIÈME AGE

C'est à l'ombre d'une haute futaie — sous laquelle plusieurs variétés d'orchis se sont épanouies, — que nous rencontrons aujourd'hui nos botanistes.

Sultan est à l'arrêt devant une de ces belles fleurs que Laurence vient avec précaution détacher de sa tige.

C'est, dit l'oncle, un de nos plus beaux orchis indigènes; regardez-le attentivement et dites-moi ce que vous y trouvez de particulier.

— Tous ces orchis, reprit André, ont des physionomies singulières; nous en avons cueilli qui ressemblent à une mouche, à une araignée, à un singe ou à d'autres animaux.

— Celui-ci, dit vivement Laurence, a l'air d'un guerrier.

— C'est en effet, mes enfants, l'*orchis militaire*, ainsi appelé, parce que sa fleur est munie d'un casque bronzé et d'organes vigoureux qui lui donnent un air redoutable, rappelant le caractère martial et le front altier d'un homme de guerre.

Nous réserverons pour plus tard l'étude de ces charmants végétaux ; — il nous faut revenir à notre histoire de la plante, que nous allons envisager à son deuxième âge.

Vous avez lu des contes de fées et vous vous êtes émerveillés au spectacle d'un génie bienfaisant exécutant, d'un seul coup de sa baguette magique, les prodiges les plus extraordinaires.

Si vous voulez y réfléchir, vous ne serez pas moins frappés au spectacle de cette puissance mystérieuse, de cette bonne Providence, qui fait germer les grains, grandir les arbres, mûrir les fruits, et qui, d'un de ces glands que vous foulez aux pieds, fait surgir un de ces grands chênes qui nous protègent de leur ombre.

Il n'existe pas de plus grands prodiges, et notre imagination reste confondue devant la solution de ces problèmes naturels, qui, mieux que tous les autres, prouvent si bien l'existence de Dieu !

Protégée par les enveloppes dures et sèches dont elle est revêtue, la graine résiste à l'intempérie des saisons; elle conserve un principe vital, jusqu'au moment où des circonstances particulières venant réveiller l'embryon endormi, déterminent la *germination*.

Ces agents spéciaux qui doivent provoquer le réveil de la vie, sont : l'air, la chaleur et l'humidité.

Il est bien entendu que, pour *germer*, la graine doit avoir été cueillie après sa maturité complète; que son embryon doit être intact, et qu'elle ne doit pas être trop ancienne. Les vieilles graines perdent, en effet, la plupart du temps, leurs facultés germinatives.

Cependant, il en est qui, préservées de l'influence de la lumière et de l'humidité, résistent à l'action du temps; car, on a vu des graines, retirées de tombeaux égyptiens — où elles étaient enfermées depuis des milliers d'années — germer, lever, sortir de terre, pousser leur tige et fructifier à leur tour.

Mais voyons comment l'eau, la chaleur et l'air provoquent la germination.

L'*eau* agit en pénétrant la substance de la graine; elle en ramollit les enveloppes; elle fait gonfler l'embryon et porte à la plantule ses premiers aliments; elle provoque des changements chimiques qui rendent la substance de l'endosperme ou des cotylédons, propre à servir de nourriture au jeune végétal.

La *chaleur*, — ce grand stimulant des forces vitales, — détend les vaisseaux, les pénètre et rend plus active l'influence de l'eau et l'air.

L'*air* est aussi indispensable à la germination et au développement des graines qu'il est nécessaire à la respiration des hommes et des animaux. C'est pourquoi les graines, trop profondément enfoncées dans le sol, n'y donnent aucun signe de vie.

L'air, nous l'avons dit ailleurs (1), est composé de 21 parties d'*oxygène* et de 79 parties d'*azote*; mais l'oxygène seul est propre à favoriser la germination; des graines placées dans l'azote y périraient infailliblement.

Dès que la graine est confiée à la terre et que les conditions que nous avons indiquées sont réunies, le phénomène de la germination commence : La graine se gonfle, se ramollit; au bout d'un temps plus ou moins long, suivant les végétaux, les enveloppes se rompent; elles donnent passage à la radicule, qui est invinciblement entraînée dans le sol, tandis que la gemmule, obéissant à un instinct contraire, s'élance hors du sol et va chercher l'air et le soleil.

La substance des cotylédons se liquéfie; elle devient laiteuse et sert d'alimentation à la *plantule*; le périsperme, qui paraît remplir les mêmes fonctions, éprouve une transformation analogue.

Bientôt la radicule donne naissance à des ramifications déliées, tandis que la tigelle s'allonge et soulève les cotylédons; les petites folioles qui composent la gemmule s'agrandissent; elles verdissent et commencent déjà à puiser dans l'atmosphère une partie des fluides qui doivent alimenter la jeune plante. A ce moment la germination est terminée.

— Faut-il beaucoup de temps aux graines pour germer et sortir de terre? interrogea André.

— Cela dépend des plantes auxquelles elles appartiennent; car, il s'en faut de beaucoup que l'espace de temps soit toujours le même.

— Le jardinier m'a dit, reprit Laurence, que le cresson levait au bout de deux jours.

— Cela est vrai, le cresson alénois germe eu deux jours; le

---

(1). *Petites Leçons Scientifiques* — Marc Barbou et Cie Éditeurs.

pourpier des cuisines ne met pas beaucoup plus de temps; il faut trois jours environ au haricot, à l'épinard et au navet; la laitue germe en quatre jours; le melon en cinq jours; les graminées er sept ou huit jours; tandis qu'il faut une année au pêcher, à l'abri· cotier et à l'amandier, et deux ans au noisetier et au rosiei ,

Mais tout ce que nous avons dit de la germination ne se rapporte qu'aux dicotylédonées et aux monocotylédonées.

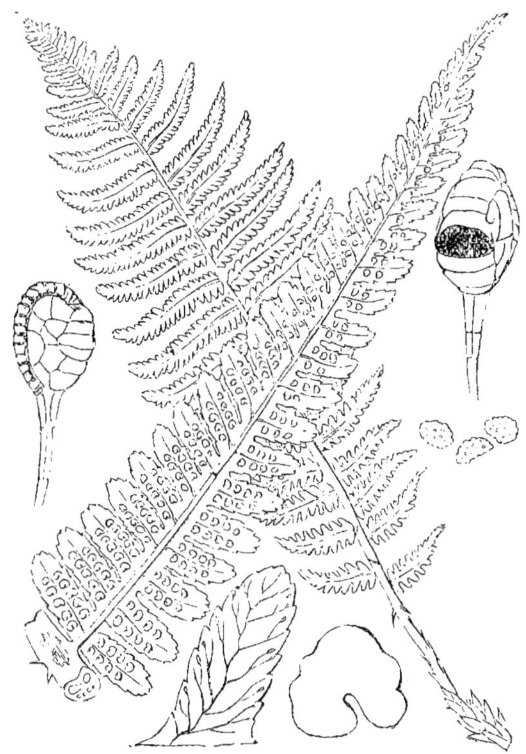

Fougère mâle et femelle. — Spores.

Les plantes acotylédonées qui n'ont ni graines , ni fleurs, ni embryon germent d'une façon toute différente et se reproduisent au moyen de *spores*, dont nous aurons occasion de parler.

Les élégantes fougères qui croissent sous ces grands chênes appartiennent à cette dernière catégorie, et les spores ne sont autre chose que cette sorte de granulation brune répandue à la face inférieure des feuilles.

Les enfants, ce jour-là, devaient être témoins d'un imposant spectacle. Le bois dans lequel ils se trouvaient, en compagnie de leur oncle, n'était pas éloigné d'une grande forêt de l'Etat. Depuis quelques instants le son du cor retentissait dans le lointain, et les aboiements d'une meute indiquaient la poursuite d'un cerf ou d'un chevreuil. Le bruit des fanfares devenait de plus en plus distinct, lorsque nos paisibles botanistes virent passer comme une vision, à la lisière de la futaie, un beau cerf, suivi de près par les chiens et par les chasseurs. L'animal aux abois se dirigeait vers la rivière qu'il se proposait de traverser pour mettre les chiens en défaut.

Arrêté sur la rive opposée par des paysans accourus au bruit de la chasse, le pauvre animal revint sur ses pas en franchissant une seconde fois le cours d'eau ; et, toujours suivi de la troupe hurlante des chiens, il reprit sa course vers la futaie.

Le cerf qui, quelques heures plutôt franchissait halliers et buissons avec la légèreté d'un oiseau, marche maintenant la tête basse, effaré et haletant ; il tente un dernier effort pour échapper au spectre qui le poursuit, et dont les voix infernales sont répercutées par tous les échos des rochers et des bois. Mais les jambes roidies du noble animal refusent de le servir. Un fossé est devant lui ; il essaye de le franchir : ses jarrets ont perdu leur élasticité merveilleuse ; il tombe lourdement sur la terre durcie, et l'un des chiens l'a déjà saisi à la gorge.

Le cerf pousse un rauque bramement, — le dernier, — et vingt mâchoires d'acier mordent dans ses chairs palpitantes.

Les chiens s'abreuvent de son sang pendant que ses flancs s'agitent encore et que les sons éclatants des trompes annoncent le retour des chasseurs.

Sultan, lui-même, — si doux et si bon, — se serait élancé à la curée, si la voix menaçante du vieux botaniste ne l'eût retenu auprès des enfants que ce spectacle avait profondément émotionnés.

André et Laurence avaient bon cœur ; leur oncle leur avait enseigné que l'homme ne doit jamais abuser de sa force ou de sa puissance pour faire souffrir les animaux ; et, c'est presqu'en trem-

Le Rossignol.

blant que de retour chez eux, ils racontèrent à leurs parents l'a-
gonie du cerf et le dernier acte de la sanglante tragédie à laquelle
ils avaient assisté.

CHAPITRE IV

LA PLANTE A SON TROISIÈME AGE

Nos botanistes sont revenus au bord du cours d'eau témoin d'un
des exploits de Sultan. Ils y retrouvent le bambin qui doit la vie au
brave chien, et l'animal prouve, par ses bonds joyeux, qu'il reconnaît le petit garçon. La mère est là, également ; elle promet d'être
plus vigilante, prodigue des caresses au sauveur de son enfant, et
de nouveaux remerciements au vieux professeur et à ses élèves.

Au moyen d'un charmant petit canot, habilement dirigé par
l'oncle, les infatigables excursionnistes pénètrent dans une sorte
d'îlot formé par les deux branches du cours d'eau.

La végétation est là d'une vigueur incomparable : jamais les
enfants n'ont mieux compris ce que peuvent l'influence permanente
de l'air, de l'eau et du soleil.

L'activité de la vie végétale n'est pas sans action sur la vie
animale qui elle aussi se développe dans toute son exubérance.
C'est par légions que les papillons et les coléoptères vivent dans
cet oasis, et l'on se demande comment la nature est assez puissante
pour réparer les dégâts que commettent la dent vorace des chenilles
et des larves de toutes espèces.

Aussi, les oiseaux qui trouvent dans l'îlot table mise, service sans
cesse renouvelé, s'y rendent en grand nombre, et ce n'est pas le
moindre attrait de la promenade si bien dirigée par le vieil oncle.

Sultan, par ses folles gambades, prouvait à sa manière qu'il
n'était pas insensible à ce spectacle ; et puis, il était entouré de son
élément de prédilection ; de temps en temps, un clapottement
caractéristique et des essaims de libellules , qui partaient effrayées

du milieu des roseaux, indiquaient que le vieux chien donnait la chasse à quelque rat d'eau.

Un oiseau chantait à gorge déployée sur l'arbre au pied duquel les botanistes s'étaient reposés; et Laurence montra à son frère, — émergeant d'une branche creuse, — la tête fine d'un autre oiseau, — probablement la compagne du musicien, — qui semblait prendre le plus grand plaisir à ce concert donné en son honneur.

— Je vois, mes enfants, dit le professeur, que vous semblez satisfaits du lieu choisi pour notre excursion ; je savais, du reste,

depuis longtemps, que vous désiriez beaucoup visiter cet îlot. Mais il ne faut pas que le plaisir des yeux et celui des oreilles vous fasse oublier que nous sommes ici pour continuer l'histoire de la plante.

— Nous serions bien ingrats, dit gravement André, si nous ne vous témoignions, par notre attention, combien nous sommes touchés de votre sollicitude.

— Nous avons vu, mes enfants, comment la graine, après s'être gonflée, puis déchirée, avait laissé échapper le plantule ; comment la tigelle était sortie de la terre ; comment la radicule et la gemmule s'étaient développées en sens inverse. La radicule est maintenant une *racine*, et la gemmule une *tige*. Le point où les deux parties se séparent, s'appelle *collet* ou *nœud vital* ; et ce point est extrêmement important, puisqu'il marque l'endroit précis où s'opère dans les fibres un changement tel que les unes tendent toutes à monter, et les autres toutes à descendre.

LA RACINE

La *racine* est la partie du végétal qui le fixe à la terre et qui se développe dans un sens opposé à celui de la tige.

Quelquefois, cependant, dans les plantes aquatiques, la racine flotte au milieu de l'eau. Les lenticules qui couvrent certaines mares vous en offrent un exemple. D'autres fois, commé dans le gui, — cette plante, toujours verte, qui croît en grosses touffes sur les arbres, — la racine s'implante dans un tronc ou dans une branche ; ou bien, comme dans les orobanches, elle adhère aux racines des végétaux aux dépens desquels elle se nourrit.

Indépendamment des racines, — dont le développement est la conséquence de la germination des graines, — certaines parties des végétaux, placées dans des conditions favorables, acquièrent la faculté d'en émettre.

Une branche de saule ou de peuplier, enfoncée dans la terre, convenablement humide, ne tarde pas à pousser des racines, et la branche devient un arbre nouveau. C'est ce qu'on appelle une *bouture*. Vous avez vu le jardinier procéder de cette façon pour obtenir les plants de fleurs des massifs de votre parterre.

Le même phénomène a lieu lorsque, sans séparer un rameau de la tige, on le recouvre de terre en un certain point, tout en laissant sortir son extrémité supérieure : ses racines se développent au point recouvert de terre, et c'est ce qu'on appelle le *marcottage*. C'est au moyen du marcottage que votre mère a multiplié les beaux lauriers-roses qui sont placés à la porte de la salle à manger.

Il y a plus, la tige et la racine peuvent, dans certaines limites, intervertir leur rôle. C'est Duhamel qui, le premier, a fait cette expérience : il a planté un saule par ses branches et a vu les racines libres se couvrir de feuilles, en même temps que les rameaux enterrés donnaient naissance à des racines.

« Deux sœurs, après la mort de leur mère, raconte Bernardin de Saint-Pierre, héritèrent d'un oranger : chacune d'elles prétendait l'avoir dans son lot. Enfin, l'une ne voulant pas le céder à l'autre, elles décidèrent de le fendre en deux et d'en prendre chacune la moitié. L'arbre éprouva la destinée à laquelle fut condamné l'enfant du jugement de Salomon. Il fut partagé en deux. Chacune des sœurs replanta sa moitié; et, chose merveilleuse, l'arbre, divisé par la haine fraternelle, fut recouvert d'écorce et pourvu de racines par la nature. ».

La racine remplit une double fonction : Elle fixe le végétal au sol ou au corps sur lequel il doit vivre, et va y puiser une partie de la nourriture nécessaire à son accroissement.

Cependant, les racines d'un certain nombre de plantes, — celles des plantes grasses, par exemple, — paraissent ne remplir que la première de ces fonctions. Ces végétaux, en effet, absorbent leurs principes alimentaires par tous les points de leur surface, sans le secours des racines. C'est pourquoi la branche de cactus que Laurence a laissée plus de trois semaines abandonnée dans la cour, s'est mise à végéter dès qu'elle l'a placée dans un petit pot avec un peu de sable.

Néanmoins, — dans la majorité des cas, — la fonction essentielle des racines est de puiser dans le sein de la terre les substances qui doivent servir à la nutrition et à l'accroissement du végétal; et il est à remarquer que cette absorption ne se fait que par les *spongioles* (petites éponges) placées à l'extrémité des dernières ramifications des racines.

Vous pouvez facilement vous assurer de ce fait : Prenez deux navets, vous en plongerez l'un dans l'eau par l'extrémité de la radicule qui le termine ; vous placerez l'autre également dans l'eau, mais de manière à ce que la radicule soit hors du liquide. Le premier végétera et poussera des feuilles, tandis que le second ne donnera aucun signe de développement.

C'est avec un instinct admirable que les racines vont chercher les principes nutritifs qui conviennent à la plante ; elles savent, au besoin, forcer les plus grands obstacles, et on en a vu percer les murailles pour aller plonger leurs spongioles dans leur sol de prédilection.

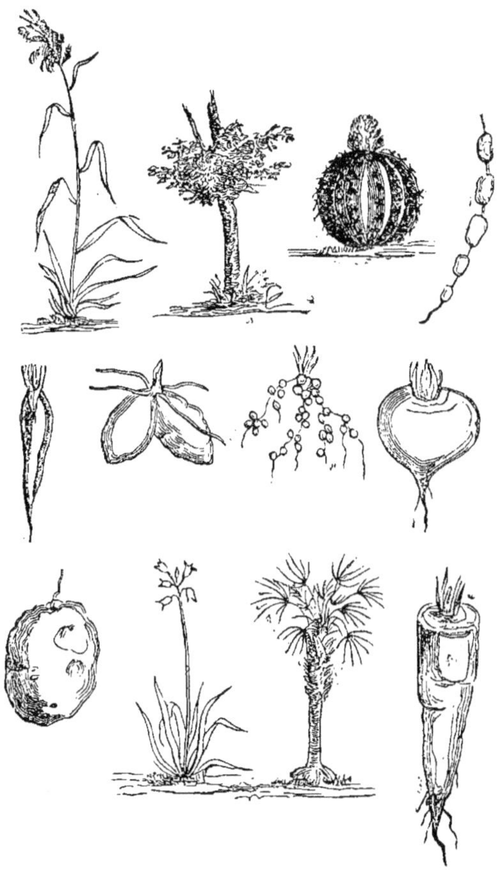

Tiges et Racines.

Elles servent encore aux végétaux d'organes excréteurs ; car c'est par leur intermédiaire que la sève descendante porte dans la terre les principes viciés dont elle a débarrassé la plante. Mais ces excrétions, nuisibles à la plante qui les a produites, sont, au contraire, utiles à d'autres végétaux, et c'est sur ce principe que repose la théorie des *assolements*, consistant à faire alterner dans un même terrain des récoltes exigeant des aliments de nature diverse.

Lorsque les racines se divisent en branches et en ramifications, elles sont appelées *rameuses*. C'est la forme ordinaire des racines des dicotylédonées; elles sont dites *fibreuses* quand elles ne sont formées que de filaments partant d'un même point, et *fasciculées* quand ces filaments sont réunis en faisceaux.

On les appelle racines *granulées* quand elles présentent des étranglements successifs formant une sorte de chapelet, *pivotantes* (en forme de pivot), *fusiformes* (en forme de fuseau), *napiformes* (ayant la forme d'un navet), quand elles s'enfoncent dans la terre sans autre division que les minces chevelus de leur extrémité.

Ces dernières variétés de racines, toutes charnues, ne sont pas seulement pour la plante des réservoirs de sucs nourriciers; elles constituent pour l'homme et les animaux des ressources précieuses et un moyen facile et économique d'alimentation.

LA TIGE

La *tige* est la partie supérieure de l'axe végétal; celle qui, en opposition directe avec la racine, tend constamment à s'élever vers le ciel. Toujours colorée en vert, au moins dans sa jeunesse, quand elle est soumise à l'action de la lumière, elle se distingue encore de la racine par cette particularité. Mais, son caractère propre et presque constant, est de servir de support aux rameaux, aux feuilles, aux fleurs, et, par suite, aux fruits.

Il existe trois sortes de tiges souterraines que je dois immédiatement vous faire connaître, parce qu'on a une tendance naturelle à les confondre avec les racines : Ce sont les *souches*, les *bulbes* et les *tubercules*.

On donne le nom de *souche* ou *rhizôme* (racine) aux tiges *souterraines* de certaines plantes vivaces qui courent sous terre, puis poussent à leur extrémité de nouvelles feuilles et de nouvelles fleurs, pour recommencer encore de la même façon, à mesure que l'extrémité postérieure se détruit.

Vous avez un exemple de ces tiges souterraines dans les iris de votre jardin et dans les charmants muguets dont vous avez cueilli les fleurs embaumées sous la grande futaie.

Le *bulbe* ou *oignon*, est aussi une tige souterraine arrondie vers sa base, et plus ou moins conique à sa partie supérieure.

— Comment, interrompit Laurence, les oignons qui servent à la cuisine sont des tiges ?

— Oui, mon enfant, et aussi ceux de la jacinthe, du lis, de la tulipe, du poireau, etc... Les racines naissent de la partie inférieure de ces tiges singulières ; et c'est du milieu des écailles ou tuniques que s'élancent les rameaux portant des fleurs. Ces rameaux sont de véritables pédoncules, et non pas des tiges comme on le croit ordinairement.

On donne le nom de *caïeux* aux bourgeons latéraux des bulbes. La jacinthe est un bulbe à tunique, comme celui de l'oignon de cuisine ; le lis est un bulbe à écaille, comme celui de l'ail.

Enfin, le *tubercule* (de *tuber*, truffe), qui n'est autre chose qu'un renflement du rhizôme, et dont vous avez un exemple familier dans la pomme de terre, est encore une tige souterraine.

Il se distingue du bulbe en ce que sa masse, enveloppée d'un épiderme, est charnue et compacte, au lieu d'être formée de tuniques ou d'écailles. Sur divers points de cette tige souterraine, plus ou moins irrégulière, sont répandus des bourgeons (yeux de la pomme de terre), d'où naissent des rameaux portant à leur tour des feuilles et des fleurs. C'est grâce à ces yeux, qu'au moment de la plantation, la pomme de terre peut être coupée en morceaux.

Sultan, depuis longtemps couché auprès de ses jeunes maîtres, faisait entendre de petits murmures d'impatience ; la leçon se prolongeait beaucoup trop à son gré.

Etre dans une île, voir couler l'eau, entendre le chant des oiseaux, le bruissement des insectes dans les herbes, le bourdonnement des abeilles autour des fleurs, et rester immobile, constituait pour le pauvre terre-neuve un véritable supplice. Aussi, quand l'oncle donna le signal du départ, ce fut un véritable débordement de folles gambades et de jappements joyeux.

Pendant que les enfants réunissaient en gerbes les œillets et les marguerites, les centaurées et les sauges, les eupatoires, les menthes et les massettes des roseaux, le professeur recueillait dans une petite boîte de brillants insectes : C'étaient de jolis *carabes*, des *chrysomèles* bleues, fauves et rouges, des *donacies*, dont le corps semblait sculpté dans un morceau de bronze florentin, des *hoplies*, sorte de petit hanneton vêtu d'azur et d'argent, et bien d'autres coléoptères étincelants dont les enfants ne soupçonnaient même pas l'existence, et dont la vue les remplit de joie, surtout quand ils purent, sous la direction de leur guide, continuer cette chasse attrayante.

Le moment de revenir à la maison était arrivé : nos botanistes prirent place dans le canot, et récoltèrent, pendant la traversée, plusieurs plantes aquatiques. Ils rentrèrent chez eux triomphants et déposèrent tout leur butin devant leurs parents qui les félicitèrent de leur assiduité aux leçons du vieil oncle.

CHAPITRE V

COMMENT CROISSENT LES VÉGÉTAUX

Pour arriver à la lisière du bois que les excursionistes avaient fixé comme but de leur promenade, il fallait suivre un étroit sentier tracé dans le roc et surplombant de véritables précipices. Le vieil oncle avait recommandé la prudence : il était expressément défendu de s'éloigner de la piste tracée par vingt générations. Laurence ne sut pas résister à la tentation : une touffe de gracieux *polygalas*, objet de sa convoitise, était presque à portée de sa main. L'enfant se pencha sur l'abîme ; l'aspect du gouffre lui donna le vertige ; elle s'affaissa et allait être précipitée, lorsque le brave Sultan, devinant le danger que courait sa jeune maîtresse, s'élança d'un bond, saisit dans ses mâchoires puissantes le bas de sa robe, s'arc-bouta contre le roc, et donna le temps au vieux professeur d'achever ce miraculeux sauvetage.

Il est facile de deviner les témoignages d'affection et de reconnaissance qui récompensèrent le bon chien.

Laurence s'était à peine rendu compte du danger qu'elle avait
couru, tant cette scène émouvante avait été rapide. Quand elle se
retrouva debout, saine et sauve, elle tenait à la main les fleurs, et
paraissait étonnée de l'émotion qui s'était emparée de son frère et
de son oncle.

Quelques instants plus tard, les botanistes étaient assis sur le

talus d'un fossé gazonné et tout couvert de jolies fleurettes de nuances diverses : Un verdier partait d'une touffe d'herbes, presque sous
les pieds des enfants, qui découvrirent son nid, renfermant cinq
petits, à peine couverts de duvet.

Tout près de là, dans les branches d'un grand chêne, une grive
musicienne faisait entendre sa chanson, composée de notes argen-
tines, claires et harmonieuses.

Le vieux professeur, à peine remis de la frayeur que lui avait causée le danger couru par Laurence, continua l'histoire de la plante :

Avant de dire comment les plantes croissent, nous devons, mes enfants, examiner les *éléments* dont elles sont composées, les *tissus* qui les forment, les *fluides* qui les nourrissent.

Nous pourrions, d'une manière générale, dire que les plantes, comme tous les corps organisés, sont formées de charbon, d'air et d'eau.

Noisetier. feuilles, fleurs et fruits.

En effet, les éléments primitifs de la plante sont : le carbone, qui prédomine et qui sert à alimenter le feu qui nous réchauffe ; l'hydrogène, qui s'échappe sous forme de flamme brillante ; beaucoup d'eau qui, pendant la combustion, s'échappe en vapeur, et de l'oxygène, dont l'action se manifeste dans les résidus de la combustion.

Indépendamment des trois éléments constitutifs du végétal, on

y trouve, suivant les espèces, des éléments accessoires : de l'*azote*
dans les champignons ; du *soufre* dans les crucifères (choux, navets,
etc.) ; du *fer* dans les rubiacées ; de la *silice* dans les tiges de graminées, etc.

Ce sont ces éléments combinés qui forment les différents *tissus*
dont se composent les plantes, et qu'on nomme, à cause de cela,
tissus ou organes *élémentaires*.

Les *organes* proprement dits, racines, tiges, feuilles, fleurs et
fruits qui deviennent les agents de la vitalité, sont formés par la
combinaison des organes élémentaires.

Les plantes qui diffèrent tant par leur forme et leur aspect extérieur, offrent une très grande similitude sous le rapport des matériaux qui composent leurs organes.

Si, à l'aide du microscope, on examine la structure intérieure
des végétaux, on trouve qu'il n'existe dans leur composition que
deux espèces de tissus élémentaires : le *tissu cellulaire* et le *tissu
vasculaire*.

Le mot *tissu* indique que les organes élémentaires forment,
par leur réunion, comme l'*étoffe* dont la plante est composée.

TISSU CELLULAIRE

Le *tissu cellulaire* est ainsi nommé parce qu'il est composé de
cellules, sortes de *vésicules* ou *utricules* (petites outres), formées
par des cloisons qui leur sont propres. Ces cellules sont, ordinairement, remplies d'une substance liquide, demi-fluide ou solide ;
elles sont d'abord transparentes ; mais, peu à peu elles se colorent,
et le plus souvent en vert. Tantôt ces petites vessies, de forme ronde,
ne sont que faiblement unies entre elles ; tantôt, — et le plus souvent, — elles sont si fortement pressées les unes contre les autres
qu'elles s'aplatissent dans les points par lesquels elles se touchent ; en même temps, leur union devient si intime, que leurs
cavités paraissent n'être séparées que par des cloisons simples ;
on dirait qu'elles sont creusées dans une masse continue, comme
les cellules d'un gâteau de cire.

Ces cellules, ou utricules, varient beaucoup par leur figure, leurs dimensions et leur constitution intérieure. Tantôt elles ont la forme d'une petite sphère ; tantôt elles constituent des cubes, des colonnes prismatiques ; tantôt, se contournant d'une manière très irrégulière, elles deviennent rameuses ; quelquefois même elles s'aplatissent de façon à ressembler à des lames très minces. Leurs parois sont souvent d'une extrême ténuité ; souvent aussi elles sont épaisses ; tantôt la membrane qui les forme est unie et homogène ; tantôt elle est marquée de points et de lignes qu'on prenait autrefois pour des pores, et qui ne sont que des inégalités dans l'épaisseur de la cloison.

La dimension des cellules varie suivant la consistance du tissu. Si le tissu est de consistance molle, comme dans la moelle du sureau, par exemple, les cellules sont toujours plus larges. Cependant, elles ne prennent jamais un bien grand développement, car les plus volumineuses qu'on ait observées n'ont pas plus d'un millimètre cube.

Le tissu cellulaire, formé par la réunion des utricules, porte le nom de *parenchyme* ; et on appelle *méats* ou *lacunes*, les espaces vides que les cellules, — ordinairement de forme irrégulière, — laissent entre elles. Les *méats* sont destinés à la transmission de la sève ; et les *lacunes* ont probablement pour fonctions de recevoir les gaz des cellules environnantes, et de contenir, pendant quelque temps, l'air extérieur qui s'introduit dans la plante.

Dans les plantes aquatiques, les lacunes sont plus grandes, plus régulières et moins nombreuses.

Dans la moelle des végétaux, dans les jeunes pousses des plantes et dans les parties charnues de certains fruits, le tissu cellulaire existe seul.

TISSU VASCULAIRE

De même que le tissu cellulaire tire son nom des cellules qui le constituent, le tissu *vasculaire* emprunte le sien aux *vaisseaux* dont il est formé.

Ces vaisseaux sont des tubes, ordinairement cylindriques, quelquefois en forme de fuseau, qui s'étendent souvent d'une extrémité à l'autre du végétal, et qui offrent, d'espace en espace, des étranglements plus ou moins prononcés.

Tantôt ces vaisseaux paraissent résulter de l'allongement excessif d'une seule cellule; tantôt ils paraisssnt formés de l'union intime de plusieurs utricules placées bout à bout, et dont les parois se seraient perforées aux points de soudure, de façon à constituer un canal continu, en faisant communiquer entre elles leurs cavités respectives.

Ces vaisseaux se divisent en deux classes : les *vaisseaux ordinaires* et les *vaisseaux propres*.

VAISSEAUX ORDINAIRES

Les *vaisseaux ordinaires*, les seuls, dont les anciens botanistes se soient occupés, ont leurs parois toujours plus ou moins sculptées. Les plus remarquables sont les *trachées,* les *vaisseaux fendus* ou *fausses trachées;* les *vaisseaux ponctués;* les *vaisseaux en chapelet* et les *vaisseaux mixtes.*

Les *trachées* sont des tubes cylindriques, effilés à chaque bout et constitués par un ou plusieurs fils, d'un blanc nacré, enroulés en spirale : le tout ressemble assez à un de ces élastiques en fil de laiton qu'on met dans les bretelles. Les trachées s'observent autour de la moelle dans les végétaux dicotylédonés, tandis qu'on les trouve ordinairement au centre des filets ligneux, dans les monocotylédonés. Il y en a quelquefois dans les racines, mais ils ne se rencontrent jamais dans l'écorce, ni dans les couches annuelles du bois. Dans les jeunes tissus, les fils des trachées sont faiblement unis les uns aux autres, et l'on parvient assez aisément à dérouler l'espèce d'hélice qu'ils forment. C'est dans les tiges des *roses trémières* qu'on les distingue le mieux.

On considère les *vaisseaux fendus* ou *fausses trachées,* comme des tubes coupés par des fentes transversales.

Les *vaisseaux ponctués* ou *vaisseaux poreux* ont leurs parois

criblées d'une multitude de petits trous disposés par lignes transversales.

Les *vaisseaux en chapelet,* que l'on rencontre plus spécialement
aux points de jonction de la racine ou de la tige, de la tige et des
branches, des branches et des rameaux, sont des tubes poreux
successivement gonflés et étranglés d'espace en espace.

Les *vaisseaux mixtes* sont ainsi appelés parce qu'ils participent
aux caractères de tous les autres. Ainsi, dans une partie de leur
longueur, ils offrent une structure voisine de celles des trachées;
un peu plus loin, ils ont la forme d'un vaisseau en chapelet, d'un
vaisseau fendu ou d'un vaisseau ponctué.

VAISSEAUX PROPRES

Les *vaisseaux propres,* — ainsi nommés, parce qu'ils contiennent des sucs particuliers à la plante dans laquelle on les rencontre, — sont des tubes communiquant librement entre eux par des
branches transversales, de façon à constituer un réseau diversement ramifié. Leurs parois sont toujours unies, sans aucune sculp-
ture. Nous savons que les vaisseaux ordinaires sont fermés aux
deux bouts, tandis que les vaisseaux propres sont ouverts.

STRUCTURE INTIME DES VÉGÉTAUX

Envisagés au point de vue de leur structure intime, les végétaux
se distribuent en trois groupes.

Au premier de ces groupes se rapportent les espèces de l'ordre
le plus inférieur. Ces plantes, nommées *plantes cellulaires,* parce
qu'elles sont privées de vaisseaux, appartiennent aux acotylédones
ou cryptogames. Les *nostocs,* qui ont l'apparence d'une gelée d'un
brun verdâtre, et qui apparaissent après la pluie, appartiennent à
ce groupe.

— J'ai vu dans les allées du jardin, dit André, de ces expansions gélatineuses, mais ce n'est pas ainsi que le jardinier les a appelées.

— C'est qu'en effet, mes enfants, les nostocs ont été gratifiés d'une foule de noms populaires : on les appelle, suivant les contrées, *crachats de lune, beurre magique, perce-terre, salive de coucou, fleurs du soleil*, et ils sont désignés encore par mille autres termes pompeux. Les nostocs passent pour guérir les cancers, les

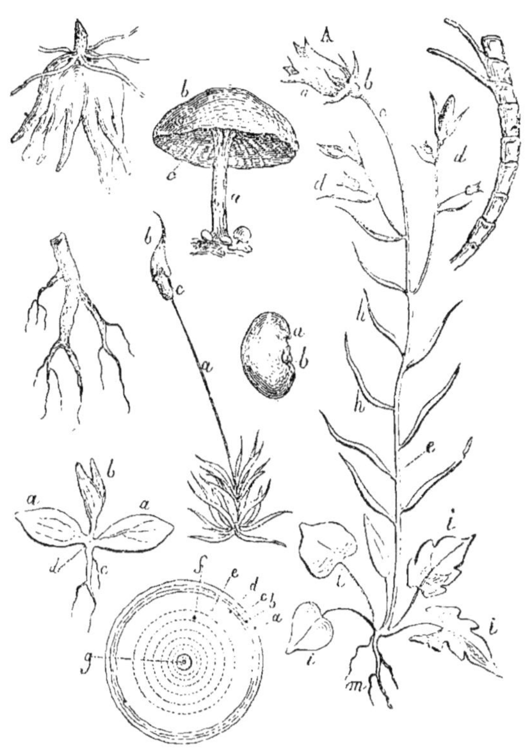

Racines et développement des tiges.

plaies, la toux, la phthisie, les inflammations, etc., et on leur attribuait autrefois une foule de vertus miraculeuses. Cette plante n'est qu'une algue, dont l'apparition subite dans les lieux où rien ne l'annonçait, mais où existaient les germes très prompts à se développer, a fourni un vaste champ aux imaginations trop portées vers le merveilleux. Les *conferves*, — ces espèces de filaments verts que vous avez remarqués sur les mares, particulièrement au printemps, — doivent être rangées à côté des nostocs. Ces végétaux se composent d'un simple rang de cellules placées bout à bout; puis viennent les *algues*, qui présentent assez nettement trois modifications différentes du tissu cellulaire : des cellules régulières; des cellules à cavité prolongées en tube, et des cellules allongées ou ligneuses.

Le deuxième groupe, — qui embrasse la plupart des plantes monocotylédonées, — comprend des végétaux d'un ordre plus relevé, qui, indépendamment des modifications du tissu cellulaire, ont des trachées, des fausses trachées, des vaisseaux poreux ; mais dans lesquels la direction des vaisseaux et l'allongement du tissu ont lieu simplement de la base au sommet de la tige.

Au troisième groupe se rapportent les végétaux dont la structure est la plus compliquée. Ce groupe renferme la plupart des plantes dicotylédonées. Ces plantes, — comme celles du groupe précédent, — offrent toutes les modifications du tissu cellulaire et vasculaire ; mais l'allongement des parties organiques s'opère non seulement de la base au sommet, mais encore du centre à la circonférence.

Les plantes appartenant aux deux derniers groupes s'appellent *plantes vasculaires*. Les vaisseaux, dont la destination est d'établir des canaux de circulation dans leur intérieur, en sont comme les *veines* et les *artères*. Ils supposent l'existence de différents fluides, dont le plus important est la *sève* ou *lymphe* (eau), qui n'est autre chose que le sang du végétal.

CIRCULATION

La sève (de *sebum*, graisse fondue) est un liquide transparent et incolore, qui tient en dissolution les différents principes servant à la nourriture et à la croissance des végétaux.

Lorsqu'on dit, — au printemps, — que la vigne *pleure*, c'est la

sève qui coule en abondance des cicatrices provenant de la taille
de la plante.

Cette eau, cette sève, tire son origine de l'humidité du sol, pom-
pée par les racines, et aussi de l'humidité de l'eau absorbée par
toutes les parties du végétal.

L'eau, — toute chargée des substances qu'elle a dissoute, — suit
une marche ascensionnelle dans les racines, la tige, les feuilles,
les parties vertes de l'écorce. Après avoir acquis de nouvelles propriétés au contact de l'air, elle prend une direction inverse et
retourne, jusqu'à l'extrémité des racines où son absorption avait
commencé.

Lorsqu'elle va des racines aux feuilles, la sève prend le nom
de *sève ascendante;* on l'appelle *sève descendante* ou *cambium,*
quand elle retourne des feuilles aux racines.

C'est à la sève descendante, obstruée par des ligatures, que sont
dûs les bourrelets circulaires qui se remarquent sur les troncs ou
sur les branches de certains arbres.

Ainsi, la sève exécute un mouvement de va et vient qu'on peut,
jusqu'à un certain point, comparer au mouvement du sang chez les
animaux, et c'est ce mouvement de translation qui est désigné en
botanique sous le nom de circulation. Le froid ralentit, sans l'interrompre, la marche de la sève, puisque les bourgeons grossissent
pendant l'hiver.

Mais, outre la sève, il y a encore dans certaines plantes des *sucs
propres,* fluides plus épais, diversement colorés, et qui sont con-
duits par les *vaisseaux propres,* dont nous avons parlé. Ces sucs,
que vous connaissez bien, sont résineux dans le pin, gommeux dans
le caoutchouc; ils ont, dans le figuier, dans certaines euphorbes
et dans le pavot, l'apparence d'un lait épais; ils sont jaunes dans
la chélidoine, vulgairement appelée herbe aux verrues, etc.

Le moment du retour était venu; la leçon avait été longue, mais
l'attention des enfants avait été à peine distraite par la chanson
de la grive, qui continuait de se faire entendre sous la feuillée, et
à laquelle les roulades sonores du loriot répondaient comme un
écho retentissant.

CHAPITRE VI

A la prière d'André et de Laurence l'oncle avait choisi comme but de la nouvelle excursion, un des lieux les plus pittoresques de toute la contrée: c'était au confluent de la rivière et d'un ruisseau torrentueux, dont le nom était à peine connu, et au bord duquel, cependant, plus d'un artiste, peintre ou poète, avait trouvé de précieuses inspirations.

La rivière, à cet endroit, coupait à pic les hautes collines; et, du plateau de la rive gauche, le torrent s'élançait, formant une succession de cascades mugissantes dont la dernière se précipitait dans la rivière, d'une hauteur de plus de trente pieds, avec un bouillonnement formidable.

Les vapeurs produites par ces chutes successives s'élevaient au-dessus de la vallée, formant un voile transparent que, les rayons du soleil coloraient de toutes les couleurs du prisme. Çà et là, d'énormes blocs de granit, détachés de la montagne et roulés par le torrent, donnaient à son lit l'aspect d'une ville en ruines. Quelques grands chênes, de hautes fougères, — parmi lesquelles on distinguait à son port majestueux et à ses longues touffes de feuilles, l'osmonde royale, — étouffaient presque, sous leur végétation puissante, les rares arbustes qui s'étaient implantés dans ce sol tourmenté.

Une pierre druidique, un *dolmen*, auprès duquel nos botanistes vinrent s'installer, complétait l'ensemble de ce féérique décor, dans lequel tout parlait puissamment à l'imagination.

— J'hésitais, mes enfants, dit l'oncle, à vous imposer les fatigues de cette promenade à travers tous ces enchevêtrements de lianes, de ronces et d'épines ; mais, je reconnais que vous avez bravement supporté l'épreuve, et que nous sommes amplement récompensés de notre peine.

— Je croyais, dit André, qu'il fallait aller bien loin pour jouir d'un pareil spectacle, et je n'aurais pas cru qu'il existât rien de pareil aussi près de notre demeure.

— Et moi, ajouta Laurence, j'en veux presque à notre bon oncle de ne pas nous avoir imposé plus tôt les fatigues qu'il redoutait.

— Il ne faut pas, mes amis, que la vue de ce spectacle sauvage nous empêche de continuer nos leçons, qui sont précisément destinées à nous initier de plus en plus aux choses de la nature.

Nous allons reprendre, où nous l'avons interrompu, notre entretien sur la sève et les autres sucs végétaux.

Il ne faudrait pas croire que la sève circule de la même manière dans toutes les plantes. Il en est qui manquent complétement de vaisseaux, et, — chez celles qui en sont pourvues, — ces vaisseaux sont diversement disposés.

Voyons donc comment la sève se comporte : 1° dans les plantes *cellulaires;* 2° dans les plantes *vasculaires.* Nous apprendrons ainsi comment les végétaux croissent et se développent.

PLANTES CELLULAIRES

De tous les végétaux, les plantes *cellulaires,* proprement dites, qui correspondent aux acotylédonés, sont les plus simples, puisque, dans tout le cours de leur existence, leur tissu n'est qu'une masse homogène de cellules, dont la couleur est rarement verte, et dont les formes, très variées, ne ressemblent guère à celles des végétaux ordinaires. On ne distingue, dans ces plantes, ni racines, ni organes analogues aux tiges ou aux feuilles, ni fibres, ni vaisseaux à travers lesquels la sève puisse monter et descendre. L'absorption paraît avoir lieu par toute l'étendue de leur surface. Tels sont les *champignons*, les *lichens*, les *algues.*

Chez un grand nombre de plantes cellulaires, la sève paraît suivre, dans chaque cellule, un courant particulier, par lequel les granules contenues dans le liquide glissent contre le contour des parois. La sève monte d'abord dans un sens le long d'une paroi latérale ; elle tourne la paroi supérieure pour redescendre le long de l'autre paroi latérale ; puis elle prend une marche horizontale pour recommencer à monter au point d'où elle était partie. Le mouvement cellulaire, qui s'opère dans chaque cellule, constitue le phénomène de la *rotation* (roue). La tige de ses plantes paraît s'accroître simplement par l'allongement de l'extrémité supérieure, où vient s'ajouter une nouvelle quantité de matière ; c'est ce mode particulier d'accroissement qui les a fait nommer *acrogènes* (qui croît par l'extrémité).

PLANTES VASCULAIRES

Palmier.

L'organisation des végétaux *vasculaires* ou plantes à vaisseaux, est beaucoup mieux connue que celle des végétaux cellulaires ; mais ici, le mode de croissance impose deux subdivisions correspondant, l'une aux *monocotylédones*, l'autre aux *dicotylédones*.

Nous prendrons, pour exemple de monocotylédones, le *palmier* majestueux, dont le tronc cylindrique nommé *stipe* (tige), se dresse en forme de colonne, et porte à son sommet une couronne de longues feuilles disposées en forme d'éventail.

Aussitôt après la germination, on voit se dérouler les feuilles qui forment sur le collet de la racine un faisceau circulaire. La deuxième année, un second bouquet de feuilles sort du centre du premier qu'il repousse en dehors. L'extrémité des feuilles se flétrit ; mais, en même temps, leur base durcit, adhère au sommet de la racine, persiste, se soude et constitue un anneau solide qui forme la base du tronc ou stipe, et tient lieu d'enveloppe corticale. Un troisième bouquet, partant du centre du second qu'il rejette également en dehors, se forme la troisième année pour constituer un nouvel anneau, et ainsi de suite.

Le développement de la tige des monocotylédones se fait donc absolument par l'intérieur : c'est ce qui a valu à ces végétaux la dénomination d'*endogènes*, mot qui signifie : *croître en dedans*.

Si nous coupons en travers un stipe de palmier, nous verrons que la moelle en remplit tout l'intérieur; les faisceaux de fibres y sont dispersés sans ordre dans le parenchyme, et sont plus serrés vers la circonférence qu'au centre, où ils laissent une colonne de tissu cellulaire, présentant peu ou point de vaisseaux. Dans les végétaux dicotylédones, au contraire, la coupe transversale nous montre des zones régulières et concentriques de bois dur, de bois tendre, d'écorce, au milieu desquelles se trouve un canal renfermant la moelle.

Il résulte de ce mode de croissance que le stipe des monocotylédones ne se développe que très peu en épaisseur, puisque ce développement ne peut avoir lieu qu'autant que l'anneau, formé par la base persistante des feuilles des années précédentes, ne s'est point encore assez endurci pour s'opposer à la pression exercée de dedans en dehors par le nouveau bourgeon. C'est ainsi que des palmiers de quarante mètres de hauteur ont un stipe qui souvent n'atteint pas quatre décimètres de diamètre.

Nous voyons que le bourgeon terminal est l'agent essentiel de l'augmentation du stipe, et que ce dernier ne tarderait pas à périr si le bourgeon était détruit. Aussi, les végétaux de cette catégorie n'ont pas de sève descendante.

Enfin, les végétaux acrogènes ne sauraient avoir de véritables ramifications ; si quelques-uns, dans nos climats, comme l'*asperge* et le *petit houx* paraissent avoir des branches, on remarque que les faisceaux de ces prétendus rameaux ne pénètrent pas au centre de la plante : fixés entre l'écorce et la tige, ils restent isolés de celle-ci, croissent comme elle, et leur partie extérieure est toujours la plus dure.

DICOTYLÉDONES

Il nous sera facile de comprendre le mode de croissance des *dicotylédones* et la marche suivie par la sève, dans ces végétaux, lorsque nous connaîtrons leur conformation. Disons d'abord que leur tige porte le nom de *tronc*.

Voici, tout près de nous, des troncs de sapins sur lesquels on a opéré des coupes transversales, et qui paraissent avoir été placés là tout exprès pour nous servir d'exemple.

— Vous voyez, bon oncle, interrompit Laurence, qu'il nous était impossible de mieux choisir le lieu de notre promenade.

— Est-ce que le tronc d'un chêne n'aurait pas pu servir à notre observation? demanda André.

— Il nous aurait servi de la même manière; mais le sapin est là, à quelques pas, et c'est sur lui que nous allons étudier la structure des dicotylédones.

Vous voyez au centre du tronc la *moelle :* c'est une sorte de petit rouleau de tissu cellulaire, sec et blanchâtre; le canal qui la renferme s'appelle *étui médullaire* (de *medulla,* moelle); c'est une sorte de gaîne formée de faisceaux vasculaires, composés en grande partie de trachées, proprement dites.

En dehors de l'étui médullaire, vous distinguez d'autres couches formées de fibres et de vaisseaux fortement enlacés, plus durs et plus foncés vers le centre; plus tendres et plus blancs à l'extérieur : ce sont les couches *ligneuses* (de *lignum,* bois). La partie la plus rapprochée de l'étui médullaire et par conséquent la plus dure, est le *bois,* proprement dit; la partie la plus tendre et la plus éloignée du centre, est l'*aubier* (d'*albus,* blanc).

Après les couches ligneuses, voici l'écorce, composée elle-même de deux couches superposées : la couche intérieure est le *liber* (écorce); elle est ainsi nommée parce qu'elle est formée de minces feuillets se détachant les uns des autres. La couche extérieure comprend l'*épiderme* (sur la peau), sorte de pellicule qui recouvre toutes les parties du végétal; l'*enveloppe herbacée,* — lame de tissu cellulaire, ordinairement verte et située sous l'épiderme, — et les *couches corticales* (de *cortex,* écorce), appliquées sur le *liber,* dont il est quelquefois difficile de les distinguer.

Ainsi, mes enfants, si nous considérons les couches concentriques de notre tronc de sapin en allant du centre à la circonférence, nous trouverons la *moelle,* l'*étui médullaire,* le *bois,* l'*aubier,* les *couches corticales,* l'*enveloppe herbacée* et l'*épiderme.*

Vous remarquerez encore les lignes blanchâtres qui partent du centre et aboutissent à la circonférence, — comme les *jantes* qui unissent le *moyeu* d'une voiture à la roue : — ce sont les *rayons médullaires*. Telle est l'anatomie du tronc dans les arbres dicotylédonés.

Nous allons examiner maintenant comment la sève circule dans l'arbre ; on s'est rendu un compte exact de ce phénomène en colorant l'eau que pompent les racines. La sève monte par les vaisseaux de l'étui médullaire ; elle arrive au sommet du végétal où, — modifiée à la surface des feuilles par le contact de l'air, — elle se convertit en *cambium* pour redescendre en dehors de ces mêmes vaisseaux, entre le bois et l'écorce. Là, elle se divise en deux couches, dont l'une se fixe sur l'écorce pour ajouter au liber un nouveau feuillet, et dont l'autre s'attache au bois pour l'augmenter d'un nouvel anneau concentrique.

A mesure que l'arbre grandit, la sève cesse peu à peu de couler dans les vaisseaux oblitérés de l'intérieur, et cette partie devient le *bois dur*, le *cœur du bois ;* mais la circulation continue dans les nouveaux canaux qui forment l'*aubier* ou *bois blanc*. C'est de là que provient la différence de dureté et de coloration entre les couches du centre et celles qui se rapprochent de la cime.

Cette théorie explique d'une façon très simple l'accroissement en grosseur et en hauteur des végétaux décotylédonés.

Ainsi, c'est d'une partie du cambium qui, en se solidifiant, produit sous l'écorce une nouvelle couche de bois, que résulte l'*accroissement en grosseur*. L'aubier, formé l'année précédente, se resserre, acquiert plus de densité et se change en bois dur. Le *liber* n'éprouve aucune transformation ; mais il se dilate et s'accroît d'un mince feuillet au moyen d'une autre partie du cambium.

Pour comprendre l'*accroissement en hauteur*, il faut envisager la plante au moment où la germination vient de se produire. Les feuilles séminales étant hors de terre, la première couche du *cambium* s'organise et forme un premier cône composé des parois de l'*étui mdullaire* renfermant la moelle, et ce cône est terminé par un bourgeon. Quand, au moment de l'automne, la couche de *cambium* est transformée en *liber* et en *aubier*, l'accroissement s'arrête pour reprendre sa marche au retour du printemps. Alors les sucs

nourriciers, entraînés par la sève dont la plante est imprégnée, vi-
vifient le bourgeon terminal, du centre duquel s'élève bientôt une
pousse nouvelle qui éprouve, dans son développement, les mêmes
phénomènes que la couche précédente. A la seconde pousse, en suc-
cède une troisième, qui, l'année suivante, est surmontée d'une quatrième, et ainsi de suite jusqu'au complet développement du végétal.

Le tronc se compose donc d'une suite de cônes allongés, s'em-

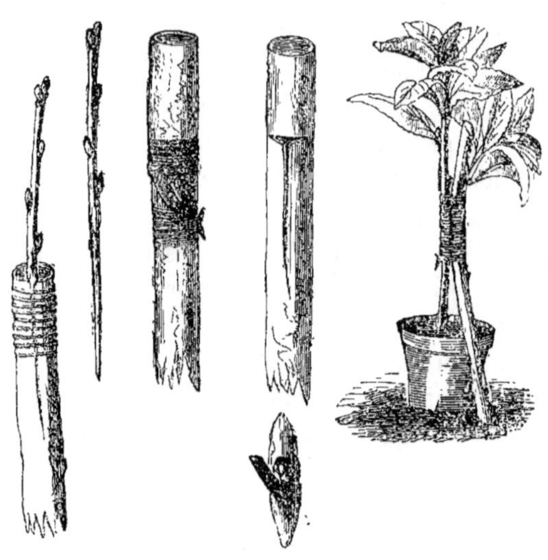

Greffes et bourgeons.

boîtant les uns dans les autres. C'est le tissu le plus intérieur qui
est le plus ancien, et son sommet s'arrête à la seconde pousse, comme le sommet du cône suivant s'arrête à la troisième, etc. Ce n'est
donc qu'au bas du tronc qu'on trouve autant de couches ligneuses
que la plante compte d'années. Ces couches sont d'épaisseurs différentes; elles sont d'autant plus minces que le cône a plus de longueur; un accident, une maladie, des circonstances atmosphériques
défavorables, peuvent modifier le développement des couches. La
plus grande épaisseur correspond toujours au côté où se trouve les
plus fortes racines, et elle résulte de la nourriture plus abondante

que celles-ci prenaient dans la terre. Ceci vous explique comment
— dans les arbres placés à la lisière des bois, — les couches ligneuses les plus épaisses sont du côté extérieur, parce que les racines
qui suivent cette direction ne sont pas gênées par celles des autres
végétaux, et que, — n'éprouvant aucun obstacle, — elles puisent plus
facilement une nourriture plus abondante. Les rameaux et les branches des arbres dicotylédonés s'accroissent, en grosseur et en hauteur, de la même manière que le tronc.

Vous saurez désormais, mes petits amis, pourquoi les vieux saules creux sous lesquels nous nous sommes assis lors de notre première excursion, continuent à recevoir la vie par la mince lame de
bois et d'écorce qui les soutient.

Vous comprenez aussi comment nous pouvons déterminer les
années de ce sapin en comptant le nombre des anneaux qui enveloppent, à sa base, la couche médullaire.

C'est cette même théorie de la circulation qui vous explique
comment la tige et les rameaux des arbres dicotylédonés sont plus
gros à leur base qu'à leur extrémité.

C'est aussi pourquoi tous ces arbres qui croissent par la super-
position des couches extérieures, ont reçu le nom d'*exogènes*, mot
qui signifie, littéralement, *croître en dehors*.

Enfin, la *marcotte*, la *bouture*, la *greffe*, ne sont que des applications de lois que nous venons d'exposer.

La leçon de botanique avait été longue : Sultan en avait profité
pour se livrer à plusieurs reprises au plaisir du bain. Suivant leur
habitude, les enfants recueillirent une brassée de fleurs et de grandes fougères, après quoi on se mit en route pour rentrer au logis.

Chemin faisant, l'oncle dut répondre à de nombreuses questions
sur le *dolmen* — la *pierre levée*, comme l'appelaient les habitants
du pays, — sur les Gaulois, nos aïeux, sur les druides et les euba-
ges. Il intéressa vivement ses élèves en leur décrivant les drames
sanglants qui se déroulaient sous les grands chênes, où il leur
montrait le sacrificateur immolant les victimes humaines sur l'au-
tel rustique que les siècles avaient respectés, et qui reste un sujet
de terreur superstitieuse pour les habitants des campagnes voisines.

CHAPITRE VII

L'oncle, ce jour-là, dirigea la promenade de ses neveux vers les ruines d'un château féodal, qui dressait encore les hautes murailles de ces vieilles tours sur le sommet d'une colline voisine.

C'était, sur les fossés comblés de l'ancienne forteresse, un pêle-mêle des plantes les plus disparates, un luxe de végétation extraordinaire.

Les vieilles murailles du donjon, — toutes festonnées de guirlandes de lierre, de vignes vierges et de grandes viornes, — laissaient échapper de leurs fissures les touffes muticolores des gueules de lion et les rameaux d'or des giroflées.

Des tilleuls, autour desquels bourdonnaient des milliers d'abeilles ; deux grands platanes, à l'écorce blanche comme celle du bouleau ; cinq à six grands chênes, dont les troncs, couverts de mousse, paraissaient aussi vieux que les ruines, complétaient le décor imposant donné par la nature à l'ancien manoir des seigneurs du pays.

Des crécerelles planaient au-dessus des tours en poussant des cris discordants, pendant que Sultan, bondissant parmi les ruines et les hautes herbes, faisait fuir de nombreux oiseaux troublés dans leur douce quiétude et surpris de cette invasion inattendue.

Les botanistes s'installèrent commodément à l'ombre d'un chêne, et le vieux professeur reprit la suite de ses entretiens sur l'histoire de la plante.

DIFFÉRENTES PARTIES DE LA TIGE

Les parties accessoires de la tige sont les feuilles, les bourgeons, les branches, les rameaux, les vrilles, les épines et les aiguillons, les poils, les stipules et les bractées.

Les plantes vasculaires seules portent des feuilles, cette brillante parure des végétaux. C'est sous leur ombrage protecteur que s'abri-

tent les oiseaux, dont les joyeux gazouillements parviennent en ce
moment même à vos oreilles. La feuille parle à notre âme un mys-

térieux langage ; son éclosion signifie joie et gaieté, comme sa chute
signifie deuil et tristesse.

Si la feuille, avec sa teinte si douce, toujours en harmonie avec
la fleur qui s'épanouit auprès d'elle, réjouit et charme nos yeux,
nous devons nous dire, cependant, qu'elle est encore moins agréable qu'utile : elle contribue à l'accroissement du végétal qui la porte,
et elle épure l'air que nous respirons. Cet air, nous l'avons vu
ailleurs, est vicié par l'acide carbonique, dont nous l'imprégnons
sans cesse ; mais en même temps que nous privons l'air de son
oxygène, la plante le lui restitue et s'empare de l'acide carbonique.
Cette importante propriété est le résultat de la *respiration* des feuilles.

— Comment, interrompit André, les feuilles respirent donc ?
Vous nous avez dit déjà qu'elles se livrent au sommeil, et tout cela
est vraiment extraordinaire.

— Cela est vrai, pourtant, mes amis, et nous aurons à nous occuper non seulement de la respiration et du sommeil des plantes, mais
encore de leur *transpiration* et de leur mouvement.

Mais avant d'exposer ces différents phénomènes, nous devons
étudier la structure de la feuille.

Les *feuilles*, — vous en avez de nombreux exemples sous les yeux,
— sont des expansions latérales de la tige, en forme de lames, et
de couleur verte ; elles sont formées par des faisceaux de fibres
qui s'échappent de la tige et se développent en s'écartant les unes
des autres.

Tant que les fibres restent réunies et serrées les unes contre les autres, elles forment la *queue* de la feuille, ce support plus ou moins
long que l'on nomme *pétiole*.

Disons que ce pétiole, — suivant les végétaux auxquels il appartient, — se présente sous des formes diverses ; le plus souvent, il
est de forme *arrondie*, mais quelquefois il porte en dessus un petit sillon, et on le dit *canaliculé;* vous avez un exemple de cette
forme dans la feuille de l'érable, qui croît ici près, au milieu des
ruines ; d'autres fois, ce pétiole est comprimé, comme vous pour-
rez vous en assurer en examinant des feuilles de peuplier : cette
dernière disposition donne au feuillage cette grande mobilité, qui
a valu à certaines espèces le nom de *tremble*.

Après avoir acquis un certain développement, les fibres du pétiole se divisent, se ramifient et forment une sorte de réseau qui est la charpente de la feuille. Mais les mailles de ce réseau ne restent pas ouvertes, elles se remplissent d'un tissu cellulaire qui s'épanche d'une fibre à l'autre, et qui porte le nom de *parenchyme*, d'un mot grec, qui signifie *épanchement*. Vous avez vu, sous les grands peupliers, des squelettes de feuilles que les insectes avaient soigneusement privées de tout leur parenchyme. Vous pouvez obtenir le même résultat en frappant à petits coups, avec une brosse un peu dure, les feuilles sèches.

La partie évasée de la feuille s'appelle le *limbe* (développement) ; et on appelle *nervures* les faisceaux de fibres qui traversent le limbe. La principale nervure, formée par le prolongement du pétiole, est la côte ou nervure médiane (de *medium*, milieu). Il arrive que la nervure médiane divise la feuille en deux parties égales ; alors, les nervures secondaires qui s'en détachent deux à deux sont désignées sous le nom de *nervures pennées* (de *penna*, plume), parce qu'elles sont disposées comme les barbes d'une plume. Lorsque, dès leur naissance, les nervures se divisent comme les doigts de la main, et offrent trois, cinq, sept, neuf nervures principales se ramifiant elles-mêmes en petites nervures pennées, sans présenter de côte médiane, elles sout dites *palmées* (de *palma*, paume de la main).

On peut, au moyen des nervures des feuilles, distinguer les monocotylédones des dicotylédones.

Dans les monocotylédones comme le lis, la jacinthe, les différentes sortes de graminées, les nervures sont parallèles ou convergentes (*tendant à se réunir*), et elles n'ont pas de division. Au contraire, dans les plantes dicotylédones, comme la vigne, la violette, les nervures sont ramifiées, divergentes (*tendant à s'éloigner*), et forment un réseau parfait. Cependant, les *aroïdées*, de la classe des monocotylédones, font exception à la règle.

La feuille est *simple* quand le parenchyme réunit toutes les nervures, de manière qu'il n'y ait pas séparation totale de toutes leurs parties jusqu'à la côte médiane, quels que soient, d'ailleurs, les *dentelures*, *lobes*, *divisions* ou *segments* qui puissent exister. Elle est *composée* quand chacune des nervures secondaires, formant elle-même une petite feuille complète ou *foliole*, vient s'articuler sur la grande côte qui sert de pétiole commun.

La feuille *simple* ne doit pas être confondue avec la feuille *entière*, dont le parenchyme comble tous les interstices existants entre les faisceaux, de telle sorte que le bord n'ait absolument aucune échancrure, tandis que la feuille simple peut en avoir de plus ou moins profondes.

Quand les découpures sont courtes et aiguës, avec des enfoncements arrondis, la feuille simple est dite *dentée; dentée en scie*, quand les enfoncements sont aigus; *crénelée* quand les dents sont obtuses et les enfoncements aigus. Les dentelures pouvant elles-

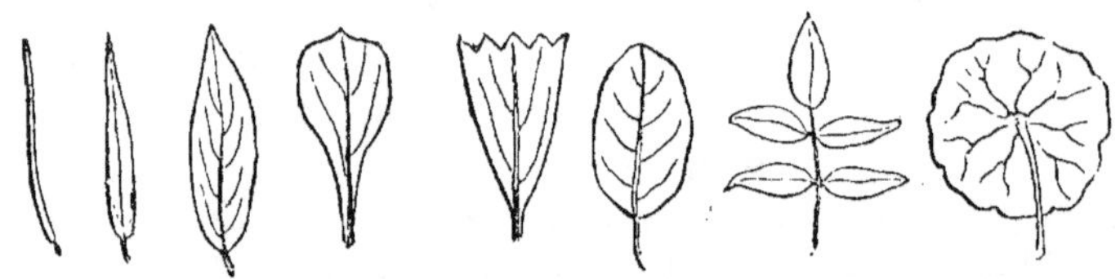

Feuilles.

mêmes être découpées, la feuille, suivant les cas, est *bidentée, tridentée, biserrée* (de *serra*, scie), *trisserrée*, etc...

Très souvent, les découpures qui bordent les feuilles sont plus profondes que les précédentes; ces découpures s'appellent *lobes* (parties arrondies), et la feuille est dite *lobée* si elles sont larges et arrondies, sans s'étendre jusqu'au milieu de l'espace qui sépare le bord de la nervure médiane; on la dit *fendue* ou *fide* (de *fidi*, j'ai fendu), si, sans atteindre le milieu de cet espace, elles sont aiguës et séparées par des enfoncements aigus ; *partite*, si elles dépassent le milieu du limbe; *séquée*, si elles se prolongent très près de la côte médiane. Et, suivant la quantité de lobes, de fentes, de partitions ou segment, la feuille est *bilobée. trifidée, quatriséquée*, etc.

Au moyen des mêmes désinences, on désigne à la fois le système de nervation auquel appartient la feuille et la nature de ses divisions. Ainsi, suivant les cas, la feuille est *palmatilobée, pennatifide, palmiséqatée*, etc.

Les feuilles pennatifides, pennatipartites ou pennatiséquées sont dites *lyrées* quand la division terminale est arrondie et plus grande que les autres segments ; et *roncinées* quand les découpures sont aiguës ou dirigées du sommet vers la base.

Examinée dans son ensemble, la feuille est *obtuse* quand son sommet est arrondi ; *aiguë* quand son sommet est effilé ; elle est *linéaire* quand ses bords parallèles comprennent une surface étroite et allongée ; *cordiforme* — ou *en cœur* — quand sa base est creusée en deux lobes et son sommet terminé en ovale ; *réniforme,* — en forme de *reins* — quand son sommet est arrondi, bien que sa base soit bilobée ; *hastée,* — c'est-à-dire en fer de lance — quand les deux lobes de la base sont perpendiculaires au pétiole.

Elle est *ovale* quand la limbe présente la forme d'un œuf ; *obovale* quand le gros bout de l'œuf est tourné en haut ; *elliptique,* quand l'ovale allongé est également élargi aux deux extrémités ; *lancéolée* quand elle se termine insensiblement en pointe aiguë ; *subulée* — ou en alène, — quand elle se termine en pointe très aiguë ; *sétacée,* — en forme de soie de sanglier, — quand elle est très étroite, rigide et aiguë ; *capillaire,* si elle est fine et flexible comme un cheveu, etc.

Nous aurons à revenir sur une foule de ces détails lorsque nous en aurons terminé avec toutes ces notions un peu arides, et que nous nous occuperons à former nos collections.

Disons encore, cependant, que les feuilles sont *sessiles* quand elles sont dépourvues de pétiole ; *peltées,* quand le pétiole part du centre du limbe arrondi ; *radicales,* quand elles partent du sommet de la racine ; *caulinaires,* lorsqu'elles accompagnent la tige ; *florales,* quand elles se rapprochent de la fleur ; souvent, alors, elles sont colorées et ressemblent à des bractées.

Elles sont *opposées* quand elles se trouvent en face l'une de l'autre de chaque côté de la tige ; *géminées,* quand elles se présentent deux à deux au même point ; *alternes,* quand elles sont disposées une à une et comme en échelons ; *éparses,* quand elles sont dispersées sans aucun ordre ; *verticillées,* quand elles sont opposées plus de deux à deux et qu'elles forment une sorte d'anneau autour de la tige ; *distiques,* quand elles naissent sur deux lignes parallèles de chaque côté de la tige, etc., etc.

En ce qui concerne les feuilles composées, elles sont *pennées*

ou *ailées*, quand les folioles viennent s'articuler sur les parties latérales du pétiole commun ; on les dit *palmées* ou *digitées*, lorsqu'elles partent toutes du sommet du pétiole. Si, comme dans
le trèfle, il n'y a que trois folioles, la feuille est dite *trifoliée*.

Cette nomenclature ne comprend que les termes les plus communs ; nous y reviendrons pour chaque plante au moment de nos
herborisations.

RESPIRATION

Nous savons que la sève ascendante, arrivée dans les feuilles et
dans le parenchyme de l'écorce, subit le contact de l'air et change de propriétés en même temps qu'elle change de direction :
C'est l'acte par lequel la plante absorbe les gaz propres à sa nutrition, et exhale ceux qui lui seraient nuisibles ou inutiles, qui constituent le phénomène de la *respiration*. L'air, nous l'avons dit, est
indispensable aux plantes : il est l'élément dans lequel les feuilles
respirent, et les feuilles sont en quelque sorte les poumons de la
plante.

Les deux surfaces de la feuille désignées sous le nom de *pages*,
sont percées d'une multitude de petits trous, nommés *stomates*,
par où la plante respire ; mais c'est surtout la *page* ou surface
inférieure qui est littéralement criblée de ces petites ouvertures.

Indépendamment de l'oxygène et de l'azote dont il est composé,
l'air atmosphérique contient une quantité variable de vapeur d'eau
et environ un millième d'*acide carbonique*, résultant en partie de la
respiration des hommes et des animaux. C'est aux dépens de cet
acide carbonique , composé lui-même de 8 parties d'oxygène sur
3 parties en poids de carbone que s'opère le phénomène de la respiration. Il pénètre dans les feuilles par les stomates de la page inférieure. Pendant le jour, et sous l'influence de la lumière, les
feuilles décomposent l'acide carbonique, dont elles retiennent le
carbone, et exhalent l'oxygène. C'est ainsi que les plantes resti-
tuent à l'atmosphère ce même oxygène, ou air vital, que les hommes et les animaux lui avaient enlevé par la respiration. Mais, répé-

Les oiseaux trouvaient table mise (page 29).

tons-le, l'action de la lumière est nécessaire pour la fixation du
carbone et l'exhalation de l'oxygène ; et, lorsque les plantes sont
dans l'obscurité, l'acide carbonique est exhalé par les stomates
sans avoir subi aucune décomposition. C'est pourquoi les végétaux
s'étiolent quand ils sont soustraits à l'action du soleil, et c'est pourquoi encore il est dangereux de conserver, pendant la nuit, des
plantes dans les chambres à coucher ; l'air, promptement vicié,
peut amener l'asphyxie.

Le carbone, séparé de l'oxygène sous l'influence de la lumière,
se liquéfie, et redescend à l'état de cambium. Par conséquent, c'est
à la respiration des feuilles que la plante doit la presque totalité du
carbone dont elle est formée.

Si nous placions sous l'objectif du microscope une mince partie
de l'épiderme de la feuille d'un jeune arbrisseau, nous verrions, au

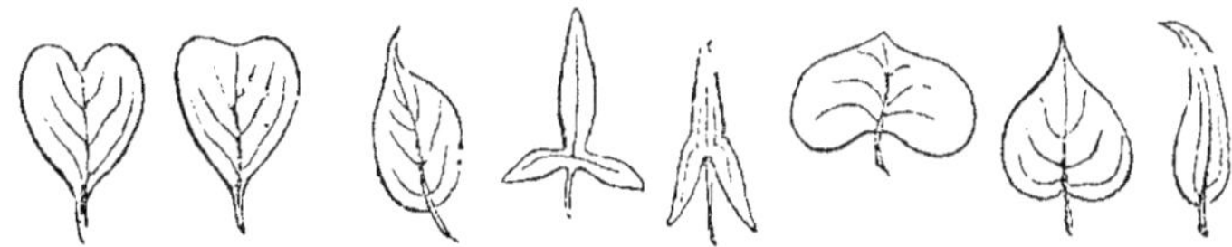

Feuilles.

milieu des cellules innombrables, de petites bouches ovales dispersées çà et là, et rappelant vaguement la forme d'un O majuscule.
Ces petites bouches sont les *stomates*.

A côté du phénomène de la respiration, il faut ranger celui de la
transpiration, car les végétaux transpirent ; c'est-à-dire que la sève, parvenue dans les feuilles, laisse échapper la quantité sura-
bondante d'eau qu'elle contient. C'est, en général, à l'état de vapeur que cette eau se répand dans l'atmosphère ; mais, si elle est
trop abondante et que la température passe rapidement du chaud
au froid, on la voit s'épancher sous forme de gouttelettes limpides
qui restent suspendues à l'extrémité des feuilles.

Pour qu'une plante végète bien, il faut que l'équilibre entre l'absorption et la transpiration soit bien entretenu ; voilà pourquoi une
plante, qu'on laisse trop longtemps sans l'arroser, se fane et perd

sa vigueur, parce qu'elle rejette plus de matières aqueuses qu'elle
n'en absorbe.

C'est en partie à la transpiration des végétaux que nous devons
nos bienfaisantes rosées et nos pluies salutaires.

Nous ne reviendrons pas sur un autre phénomène curieux, le
sommeil des plantes, dont nous avons parlé au commencement de
nos entretiens, et nous allons passer à l'intéressante étude du
bourgeon.

LE BOURGEON

Vous avez, mes enfants, remarqué dans nos arbres, vers la fin
de l'été, à l'époque de la seconde sève, un *œil* ou *bourgeon* qui se
développe à l'aisselle des feuilles et à l'extrémité des rameaux, et
qui grossit peu à peu : c'est le rudiment d'un axe et de ses expansions latérales ; c'est la promesse des feuilles et des fruits de l'année suivante ; c'est le berceau d'un nouveau germe que ce bourgeon
enferme, enveloppe, protège, défend du froid comme une bonne mère le ferait pour son enfant.

Dans nos climats, la végétation arrêtée par l'hiver ne reprend
son activité que l'année suivante, et c'est seulement alors que le
bourgeon acquiert son développement.

Donnez-vous à cette époque, vers le mois de mars, la satisfaction de disséquer un bourgeon de marronnier, par exemple : Vous
trouverez d'abord, extérieurement, de petites écailles durcies, im-
prégnées d'un enduit visqueux, d'une sorte de vernis qui les rendent
imperméables ; à l'intérieur, vous rencontrerez un épais et moel-
leux duvet qui lui fait une seconde enveloppe et le protège contre le
froid. Détournez avec précaution ce dernier abri, et vous apercevrez
les feuilles et les fleurs parfaitement formées, mais si bien appliquées,
plissées et roulées les unes dans les autres que vous ne pouvez vous
empêcher d'admirer et de bénir la main de la prévoyante nature,
qui a su enfermer tant de richesses dans un si petit volume.

Dès que le soleil a rendu à la sève engourdie son activité bienfaisante, les liens tombent, les écailles se séparent et laissent les

jeunes feuilles impatientes, s'échapper de cet asile, qui avait protégé leur enfance.

Cet état des feuilles, dans le bourgeon, est nommé *préfoliation*,
et les botanistes qui l'ont étudiée l'ont trouvée soumise à des lois
constantes.

Parfois les feuilles sont simplement *appliquées* face à face ; d'autres fois, elles sont *plissées*, suivant leur longueur, comme un éventail ; il en est qui sont *pliées*, tantôt en longueur, tantôt de haut
en bas ; enfin, on en voit qui sont *roulées* sur elles-mêmes, tantôt
dans un sens, tantôt dans un autre.

Les bourgeons sont dits *foliifères* quand ils ne renferment que
des feuilles ; mais il en est qui sont *florifères* et ne contiennent que
des fleurs sans feuilles ; et d'autres qui sont *mixtes*, c'est-à-dire
qu'ils réunissent à la fois des feuilles et des fleurs.

LES BRANCHES ET LES RAMEAUX

Les *branches*, qui sont les divisions de la tige ; les *rameaux*, qui
sont les divisions des branches ; les *ramuscules*, qui sont les divisions des rameaux, commencent nécessairement par un bourgeon ; et, dans un cas comme dans l'autre, l'organisation est semblable à celle de la tige principale, sur laquelle ils sont implantés.

Bien que les bourgeons ne se développent pas tous, les branches et les rameaux conservent la régularité observée dans les feuilles qui marquaient leur point de départ. Ils sont donc dits *alternes*, dans le chêne ; *opposés*, dans le marronnier ; *verticillés*, dans
le sapin.

Du reste, ils affectent une grande variété dans leur direction ;
dressés dans le peuplier d'Italie, ils sont *étalés* dans le griottier ;
divergents, dans l'érable ; *pendants*, dans le saule-pleureur.

LES VRILLES

Les *vrilles* sont de petits filets herbacés, des espèces de petits rameaux sans feuilles, plus souples et plus flexibles que les autres, qui

se tortillent, se roulent en tire-bouchon et s'accrochent aux corps qui les avoisinent ; les pampres de la vigne sont munis de vrilles que vous connaissez bien. Ces vrilles, vous le voyez, mes enfants, sont des sortes de mains que la Providence a données aux tiges faibles et flexibles, pour se soutenir, se soulever et porter à l'air et au soleil leurs fleurs et leurs fruits.

Les vrilles ne sont pas toujours des rameaux dégénérés. Dans la clématite, ce sont les longs pétioles des feuilles qui s'enroulent autour des supports mis à leur portée ; le pois cultivé allonge la côte médiane de ses feuilles, qui se termine comme un fil enroulé et accrochant ; dans la grenadille, c'est le pédoncule de la fleur qui remplit l'office de vrille.

Feuilles.

Lorsque, comme dans les grands convolvulus du bord de la rivière, la tige manque de vrille et s'enroule en spirale autour des supports, on dit cette tige *volubile*.

LES ÉPINES ET LES AIGUILLONS

Il y a, aux yeux des botanistes, une différence sensible entre l'épine et l'aiguillon. L'*épine*, dont l'origine est analogue à celle de la vrille, est une pointe droite, roide et acérée, essentiellement fibreuse, faisant corps avec le rameau qui la porte, et dont on ne peut la détacher sans rompre les fibres qui l'attachent ; l'*aiguillon*, dont vous avez des exemples dans l'églantier, n'est qu'une espèce de poil endurci, de structure cellulaire, qui se détache très facilement de l'épiderme auquel il adhère.

LES POILS

Les *poils*, souvent répandus à la surface des tiges et des feuilles, sont le résultat d'une ou plusieurs cellules qui s'allongent et se pressent. On les dit *simples* et *capillaires* quand ils sont effilés et sans divisions : c'est leur forme la plus ordinaire ; mais ils se présentent tantôt en *massue*, tantôt *rameux*, tantôt *bifurqués*, *étoilés*, etc.

On dit que la surface que recouvrent les poils est *pubescente*, quand cette surface est garnie de poils fins, doux, rapprochés les uns des autres ; elle est dite *poilue* quand les poils sont allongés, mous et peu nombreux ; *velue*, quand les poils sont longs, mous et rapprochés ; *soyeuse*, quand ils sont fins, très doux, soyeux ; *cotonneuse*, quand ils sont longs, blancs, doux au toucher, etc.

Les poils semblent destinés à protéger les parties qu'ils recouvrent, en même temps qu'ils multiplient les points d'absorption dans les plantes qui en sont pourvues.

LES STIPULES

Les stipules sont de petits organes protecteurs, ordinairement foliacés, quelquefois *membraneux*, ou même en forme d'*épines*, qui accompagnent de chaque côté le pétiole de la feuille. Les stipules sont *caulinaires* quand elles restent complètement indépendantes sur la tige ; on les appelle *pétiolaires* quand elles sont plus ou moins unies au pétiole ; et *axillaires*, quand elles sont placées entre l'axe et la feuille.

La durée des stipules pétiolaires est subordonnée a celle du pétiole auquel elles sont attachées ; les autres espèces persistent quelquefois après la feuille mais tombent le plus souvent avec elle.

LES BRACTÉES

Les *bractées* ou *feuilles florales* offrent une transition toute naturelle de la tige à la fleur. L'axe né dans l'aisselle des véritables feuilles, est destiné à porter d'autres feuilles. Mais, à mesure que sa vie avance, le végétal se couvre d'autres organes qui ne sont, nous l'avons déjà dit, que des feuilles modifiées. Les plus remarquables de ces organes sont les fleurs; mais, entre les fleurs et les véritables feuilles, se montrent des feuilles modifiées, dissemblables des autres, non seulement par leur grandeur, mais aussi par leur forme et souvent par leur couleur : ce sont les feuilles florales ou *bractées*.

Mais Sultan nous prévient qu'il est temps de partir. Comme toujours, le brave animal a raison; voyez là-bas des nuages qui s'amoncellent; son instinct lui dit qu'un orage est imminent.

Tout le monde fut debout en un instant ; les botanistes eurent bientôt rassemblé des échantillons de toutes les plantes qui croissaient autour des ruines : c'était le couronnement de chaque leçon. Les gerbes de fleurs étaient destinées aux vases de la salle à manger, en attendant que les enfants, plus instruits, eussent commencé une collection.

CHAPITRE VIII

LA PLANTE A SON QUATRIÈME AGE. — LES FLEURS

A mesure que la saison s'avance, le développement de la végétation s'accentue ; les fleurs se multiplient : les plus brillantes s'épanouissent, dessinant dans la prairie les plus capricieuses arabesques.

Sultan bondit dans l'herbe parfumée et fait de vains efforts pour happer au passage les insectes bourdonnants dont la vue l'importune.

Les botanistes sont assis au bord de la rivière, sous un berceau naturel, formé par d'épaisses guirlandes de houblon qui se sont elles-mêmes disposées en voûtes élégantes, dont les branches des peupliers forment les arceaux.

— Nous allons, mes enfants, dit le vieil oncle, étudier la période la plus intéressante de l'existence du végétal.

Nous avons vu la plante naître, croître et grandir ; nous connaissons les organes qui servent à sa nourriture et à son développement. Mais les êtres organisés n'ont pas seulement fa faculté de vivre ; ils possèdent aussi celle de se reproduire, c'est-à-dire de donner naissance à des individus doués de toutes les propriétés et de tous les caractères essentiels à l'espèce qu'ils ont mission de perpétuer.

Lorsque, du milieu des feuilles du végétal, nous voyons apparaître un bouton d'une forme particulière, nous attendons avec impatience les merveilles qu'il nous promet. Ce bouton, c'est la fleur encore fermée, cachée discrètement à tous les regards, et préparant la parure brillante dont l'éclat nous éblouit.

Mais la *fleur* ne consiste pas tout entière dans l'enveloppe éclatante à laquelle on donne vulgairement ce nom. La *véritable fleur* est un assemblage de feuilles modifiées dans leur grandeur, leur forme et leur couleur, qui naissent à l'époque où la vie du végétal va commencer à s'épuiser, et qui comprennent des organes destinés à créer un germe, dont le développement assurera la perpétuité de l'espèce.

Avec l'ouverture des boutons s'ouvre la période de la *floraison*, que nous allons considérer sous ses différents aspects.

INSERTION DE LA FLEUR

On appelle *insertion* de la fleur la position qu'elle occupe par rapport au végétal qui la supporte.

La fleur peut être fixée de deux manières sur la partie du végétal qui la soutient. Si elle y est attachée immédiatement par sa base, — sans le secours d'aucun appendice, — elle est dite *sessile;* si elle y est fixée par cette partie vulgairement désignée sous le nom de *queue,* — et qui est un *pédoncule,* — la fleur est appelée fleur *pédonculée.*

— Le *pédoncule,* interrompit André, est à la fleur ce que le *pétiole* est à la feuille.

— C'est exactement cela, mon enfant, mais ce pédoncule est tantôt simple, tantôt divisé ; et quand il est divisé, chacune des ramifications porte le nom de *pédicelle* (petit pied). Laurence va, par des exemples, nous indiquer si elle a compris les divers modes d'insertions de la fleur.

— Il me semble, répondit l'enfant, que la fleur de l'abricotier est *sessile;* que celle de l'œillet est *pédonculée,* et que, chacune des petites fleurs qui composent les grappes odorantes du lilas, est *pédicellée.*

— C'est parfaitement compris, et j'ajouterai que le pédoncule porte le nom de *hampe,* quand il part d'un assemblage de feuilles radicales, comme dans les *primevères,* les *jacinthes;* et qu'il est *axillaire,* quand il naît à l'aisselle des feuilles, comme dans l'*acacia;* qu'il est *latéral,* quand il a son origine sur la tige ou les rameaux, mais en dehors de l'aisselle des feuilles, comme dans le *pélargonium;* et, *terminal,* lorsque, terminant la tige, il paraît n'en être que la continuation, comme dans le lilas.

Le pédoncule, — comme la hampe, — sont appelés *uniflores, biflores, triflores, multiflores,* selon qu'ils portent une, deux, trois fleurs ou davantage.

INFLORESCENCE

L'*inflorescence* est l'arrangement des fleurs sur la tige ou les autres organes qui les supportent.

Les fleurs sont dites *solitaires* quand elles naissent isolées et assez éloignées les unes des autres sur différents points de la tige.

Les fleurs solitaires sont *terminales* ou *axillaires*, selon qu'elles se développent à l'extrémité de la tige ou à l'aisselle des feuilles.

Les fleurs sont *géminées* quand elles sortent deux à deux d'un même point de la tige ; *ternées*, quand elles se présentent trois à trois ; *fasciculées*, c'est-à-dire en faisceaux, quand elles sortent plus de trois ensemble ; *verticillées*, quand elles sont disposées en anneaux autour de la tige.

On les dit en *épi* quand elles sont sessiles ou presque sessiles sur un pédoncule commun, non divisé ; en *grappe*, quand les pédoncules s'allongent tous à peu près également autour de l'axe com-

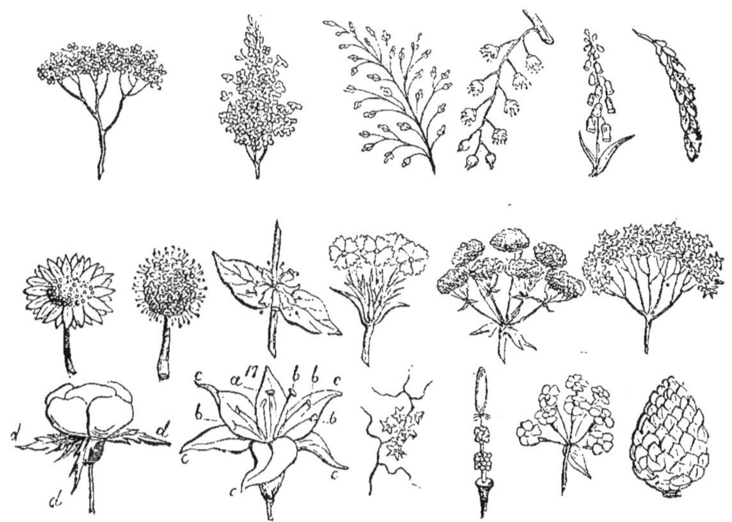

Inflorescences diverses.

mun ; en *panicule*, lorsque l'axe commun se ramifie et que les divisions secondaires s'allongent et s'écartent les unes des autres ; en *thyrse*, lorsque les axes du milieu de la panicule s'allongent plus que ceux de la base et du sommet ; en *capitule*, quand les fleurs très serrées et très rapprochées au sommet du pédoncule forment, comme dans le trèfle, une tête plus ou moins arrondie.

On dit la fleur en *corymbe*, quand, — comme dans l'achillée, — les pédoncules et les pédicelles, partant de points différents, arrivent à la même hauteur ; elle est en *cyme* lorsque, — comme dans le sureau, — les pédoncules partent d'un même point et les pédicelles de points différents, pour arriver, les uns et les autres, à la même élévation ; enfin, elle est en ombelle, lorsque les pédoncules partent du même point, pour arriver à la même hauteur. L'ombelle est *simple* quand les pédoncules ne sont pas ramifiés ; elle est *composée*, quand les pédoncules portent des pédicelles dont les fleurs arrivent toutes au même niveau.

PRÉFLORAISON

On donne le nom de *préfloraison* à la disposition affectée dans le bouton par les différentes parties de la fleur. Elle n'est pas moins intéressante à étudier que la préfoliation, puisqu'elle peut servir de caractère pour distinguer les genres et les familles.

Lorsque les pétioles de la fleur se recouvrent latéralement les uns les autres par une petite portion de leur largeur, comme dans un bouton de rose, on a la *préfloraison imbriquée*.

On nomme *préfloraison chiffonnée*, celle des fleurs dont les pétales, — avant leur épanouissement, — sont repliés sur eux-mêmes, en tous sens, comme dans le pavot.

La plante est à *préfloraison valvaire*, lorsque les pétales, — dans le bouton, — sont rapprochés bords à bords comme les battants d'une porte double ; telle est la fleur du lierre, qui grimpe contre nos vieilles murailles.

Lorsque, — comme dans la mauve, — les pétales sont contournés en hélice, on a la *préfloraison spiralée*.

Dans le liseron, dont la corolle est pliée sur elle-même, à la manière d'un filtre en papier, c'est la *préfloraison pliée*.

La *préfloraison quinconciale* a lieu quand deux pétales sont placés vis à vis l'un de l'autre, et extérieurement à tous les autres ; puis deux autres intérieurement, et un cinquième recouvrant les intérieurs par un de ses côtés, et les extérieurs par l'autre, comme dans l'œillet flamand simple.

DIFFÉRENTES PARTIES DE LA FLEUR

La *fleur complète* comprend quatre parties bien distinctes, qui sont, en allant de l'extérieur à l'intérieur, le *calice*, la *corolle*, les *étamines* et le *pistil* ou *carpelle*.

Cependant, toutes ces parties n'ont pas la même importance au point de vue de la propagation de l'espèce : les *étamines* et le *pistil* sont seuls indispensables pour la reproduction de la graine, et sont, pour cette raison, appelés *organes reproducteurs*.

Le calice et la corolle qui n'ont d'autre destination que de protéger les *étamines* et le *carpelle*, sont nommés *organes protecteurs*.

LE CALICE

Le *calice* doit son nom à sa forme : c'est l'enveloppe la plus extérieure d'une fleur complète ; il est de couleur verte et de nature foliacée. Le calice fait suite à l'écorce du pédoncule, de sorte que toutes les fois que les organes reproducteurs n'ont qu'une seule enveloppe florale, comme cette enveloppe fait suite à l'écorce du pédoncule, on la désigne sous le nom de *calice*, quelle que soit sa couleur. Ainsi, le *lis*, — comme toutes les monocotylédones, — n'a qu'un calice et point de corolle ; et ce calice est composé des six pièces blanches et odorantes qui forment l'enveloppe unique des étamines et du pistil.

Pour éviter toute confusion, on nomme *périanthe* (autour de la fleur), l'enveloppe florale quand elle est simple ; on dit le périanthe *calicinal* quand il est vert, et *pétaloïdal* quand il est coloré.

On considère toujours le calice comme formé de plusieurs pièces : ces différentes pièces, qui se nomment *sépales*, sont tantôt sans adhérence, tantôt plus ou moins soudées.

Le calice est *polysépale* (à plusieurs sépales) quand les sépales sont libres dans toute leur étendue, et qu'on peut enlever chacun d'eux sans déchirer les autres ; il est *monosépale* (à un seul sépale) quand les pièces qui le composent sont soudées entre elles, soit en totalité, soit seulement dans une partie de leur longueur.

Dans le calice monosépale, on distingue trois parties : le *tube*, qui en est la partie inférieure ; le *limbe*, qui en est la partie supérieure, correspondant à la séparation des pièces ; et la *gorge*, qui n'est autre chose que la ligne où finit le tube et où commence le limbe.

Le calice *monosépale* peut être plus ou moins divisé. S'il ne l'est pas du tout, on le dit *entier;* s'il porte des divisions peu profondes, n'atteignant pas son milieu, ces divisions sont des *lobes* ou des *dents*, et le calice est appelé *bilobé* ou *tridenté*, etc.

Si les divisions atteignent le milieu du calice, elles se nomment *fissures ;* et, suivant leur nombre, le calice est *bifide, trifide*, etc. Enfin, si les divisions atteignent presque jusqu'au fond, elles portent le nom de *partitions*, et le calice est *bipartit, tripartit*, etc.

On dit le calice *régulier* quand toutes ses divisions sont de même forme et de même grandeur ; il est *irrégulier* quand les parties correspondantes n'ont ni la même figure, ni les mêmes dimensions.

Si on le considère au point de vue de sa durée, le calice est *fugace* quand il tombe avant l'épanouissement de la fleur ; il est *caduc* quand il ne tombe qu'avec la corolle, et *persistant* quand il subsiste après la chute des pétales.

Le calice étant l'enveloppe immédiate et particulière d'une fleur complète, ne doit pas être confondu avec les *écailles*, l'*involucre* et le *spathe*.

Les *écailles*, — qui doivent leur nom à leur aspect, — sont de petites feuilles appliquées à la base du calice auquel elles servent de support.

L'*involucre* est une sorte de grand calice renfermant plusieurs fleurs.

La *spathe* est une espèce d'involucre ou de calice très imparfait, qui protège les fleurs des monocotylédones ; la plus remarquable est la spathe des *arums*.

LA COROLLE

Après le calice, — qui n'est qu'un premier rempart, — se trouve une seconde enveloppe plus parfaite, mieux disposée pour attirer le regard, remarquable par son brillant coloris, sa forme variée et son suave parfum : c'est la *corolle* (de *corolla*, petite couronne) dont les parties, la forme et l'éclat, couronnent si admirablement la plante. Les fleurs qui sont privées de corolle et qui ne sont munies que d'un calice, sont des fleurs *apétales*.

La corolle diffère du calice en ce qu'elle fait suite au corps ligneux et non pas, comme lui, à l'écorce de la plante. Vous savez quelles variétés de couleurs présentent les corolles des fleurs.

Les divisions de la corolle portent le nom de *pétales*. Si les pétales sont entièrement libres, la corolle est *polypétale;* si les pièces sont plus ou moins soudées, la corolle est *monopétale*. Les pétales sont donc à la corolle ce que les sépales sont au calice.

La partie inférieure et rétrécie du pétale, celle par laquelle il est attaché, se nomme *onglet;* la partie supérieure s'appelle *lame* ou *limbe;* la *gorge* est, — comme dans le calice, — la partie ou finit l'onglet et ou commence le tube.

La corolle est *régulière* quand ses différentes parties ont la même forme et les mêmes dimensions ; elle est irrégulière dans tous les autres cas.

LES ÉTAMINES

Après le calice et la corolle, on trouve, — dans la fleur complète, —un troisième cercle plus central, formant les étamines (de *stamen,* fil). Une étamine complète comprend le *filet* et l'*anthère*.

Le filet est la mince colonne au moyen de laquelle l'étamine s'attache soit sur la corolle, soit sur le calice, soit à la base du point central, nommé *thalamus* (lit). Le filet sert de support à l'*anthère*, sorte de petit sac membraneux, fixé à sa partie supérieure et dont la cavité intérieure est ordinairement composée de deux logettes soudées ensemble. Lorsque l'étamine manque de *filet* et ne possède que l'*anthère*, elle est appelée *sessile*. L'anthère contient, — dans son intérieur, — une sorte de poussière ténue et visqueuse, connue sous le nom de *pollen*. Cette poussière est destinée à être transportée sur le *carpelle* ou *pistil*, pour le rendre fertile. Lorsque, au moment où s'ouvrent les anthères, les pluies surviennent, elles entraînent le pollen et empêchent son action : on dit alors que les fleurs coulent.

Envisagées au point de vue de l'insertion des étamines, les plantes sont *corolliflores* quand les étamines sont portées par la corolle ; *caliciflore*, quand elles sont implantées sur le calice, et *thalamiflores*, quand elles naissent sur le réceptacle nommé thalamus.

Si le nombre des étamines d'une même fleur ne dépasse pas douze, elles sont appelées *définies ;* elles sont *indéfinies*, lorsque ce chiffre est dépassé.

Définies ou indéfinies, les étamines peuvent être *libres* ou distinctes, comme celles du lis ; ou s'unir entre elles et devenir *soudées* ou *connées*. Si cette adhérence a lieu entre les anthères, comme dans les *composées*, les étamines sont *synanthérées* (anthères soudées ensemble) ; si l'adhérence a lieu entre les filets, on donne le nom d'*adelphie* (frère), à chacun des groupes qui peuvent en résulter. Dans ce cas, les étamines sont *monadelphes*, quand elles se tiennent toutes ; *diadelphes*, quand elles forment deux groupes, etc. Il existe même des plantes chez lesquelles les étamines sont soudées à la fois par les filets et par les anthères, et d'autres où elles sont soudées avec le style du carpelle.

LE PISTIL OU CARPELLE

Le dernier anneau de la fleur, celui qui est placé à l'extrémité de l'axe floral et qui forme, par conséquent, le centre de la fleur, est le *pistil* ou *carpelle* (fruit) : c'est là le vrai trésor que la Providence entoure de tant de soins !...

Le pistil est formé de trois parties : L'*ovaire* (d'*ovulum*, petit œuf) qui est placé en bas ; le *style*, qui se trouve au milieu ; et le *stigmate*, tout à fait au sommet.

L'*ovaire* est la masse inférieure et renflée du carpelle : c'est l'ovaire qui contient les *ovules*, petits corps ovoïdes, destinés à devenir plus tard les graines.

Lorsque l'ovaire est libre au fond du calice, on dit qu'il est *supère* (au-dessus) ; quand il est placé sous les autres parties de la fleur et soudé avec le tube du calice, il est *infère* (au-dessous).

Le *style* (colonne) est la petite colonne creuse en dedans que surmonte l'ovaire. Lorsque le style est placé au sommet de l'ovaire, il est *terminal;* quand il est placé à côté, il est *latéral;* quelquefois, mais plus souvent, il parait sortir de la base de l'ovaire; et alors il est *basilaire.*

Le *stigmate* (marque, trou) est la partie dilatée qui surmonte le style, et dont la surface, — ordinairement inégale, — est plus

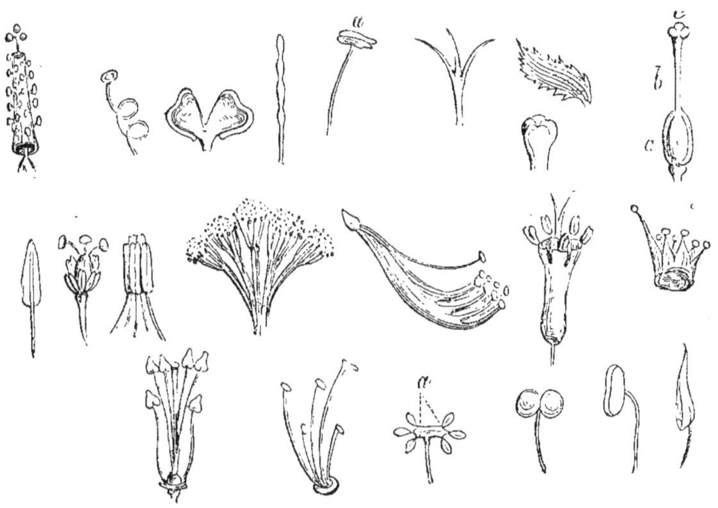

Etamines et pistils.

ou moins visqueuse. C'est le stigmate qui reçoit le pollen des anthères et le transmet, — par le canal du style, — jusque dans l'intérieur de l'ovaire. Là, ce pollen communique aux ovules la fécondité.

Indépendamment des organes principaux que nous venons d'énumérer, on rencontre, dans certaines fleurs, d'autres organes de moindre importance, ce sont : les *nectaires* (nectar), ainsi nommés à cause de la liqueur ordinairement mielleuse qu'ils con tiennent. Les nectaires sont des sortes de glandes destinées à secréter un liquide qui a la viscosité et le goût du miel.

Ces organes ont des formes très variées : tantôt ils ressemblent à de petites corolles ; tantôt ils ont l'aspect de minces écailles, de légers filets, de courtes lanières. Parfois, ils imitent de petits bourrelets ou de petites coupes, oubien encore des tubes.

PARTICULARITÉS RELATIVES AUX FLEURS

Ordinairement, chaque fleur contient — réunies ensemble — les *étamines* et les *carpelles* ; mais il arrive aussi que ces deux organes sont enfermés dans des fleurs différentes.

Parfois, les fleurs à étamines et les fleurs à pistils sont réunies séparément sur une même plante, comme dans le melon, la citrouille, la châtaigne, le noisetier, etc. On dit alors que ces végétaux sont *monoïques*.

D'autres fois les fleurs à étamines et à carpelles se trouvent sur des pieds différents, comme dans le chanvre ; dans ce cas, les végétaux sont *dioïques*.

Enfin, il arrive que des fleurs à étamines, des fleurs carpellées et des fleurs complètes, — c'est-à-dire munies en même temps d'étamines et de carpelles, — se rencontrent sur la même plante, comme dans la pariétaire, qui tapisse les vieux murs, et dans le gaillet ou caille-lait, qui tapisse nos haies, au printemps.

Le vieux professeur interrompit sa leçon, et les enfants s'empressèrent auprès de Sultan qui donnait la chasse à de jeunes oiseaux.

André se permit de tirer les oreilles à son vieux terre-neuve pour lui montrer que sa conduite était répréhensible, et le bon chien s'éloigna tout penaud et comme repentant de la faute qu'il avait commise.

Cette impression, bientôt dissipée, il recommença ses sauts et ses gambades pendant que ses jeunes maîtres confectionnaient le bouquet traditionnel destiné à leur mère.

CHAPITRE IX

LA PLANTE A SON CINQUIÈME AGE

Il est huit heures, la pluie tombe à torrent; l'oncle est en retard. Le mauvais temps l'avait fait hésiter à accomplir sa promenade hebdomadaire. Cependant, Sultan s'agitait; la délicatesse de ses sens lui annonçait l'approche d'un visiteur, et les enfants aperçurent le vieux maître marchant bravement sous l'averse. L'accueil empressé et joyeux qu'on lui fait le dédommage amplement des désagréments de la course qu'il vient d'accomplir; et le feu de la cuisine a promptement raison des dégâts occasionnés par la pluie.

Il faut faire le sacrifice de la course à travers champs; mais la leçon n'en aura pas moins lieu. On s'installe commodément; la température permet de tenir les fenêtres ouvertes, et la campagne déroule, à perte de vue, ses massifs de verdure et ses coteaux couverts de moissons.

Nous avons, mes enfants, commença le vieil oncle, étudié la plante dans tout l'attrait de son quatrième âge, dans tout l'épanouissement de sa beauté; à l'agréable, va succéder l'utile; à la fleur, va succéder le fruit.

Dès que les étamines et les pistils ont accompli les fonctions pour lesquelles ils ont été formés, tous les soins de la nature se concentrent sur l'ovaire qui subit des changements importants et nombreux. L'ovule, — devenu apte à reproduire la plante qui le porte, — prend le nom de graine; et l'ovaire, — qui enveloppe les graines, — prend le nom de *péricarpe*.

Les étamines et la corolle, désormais inutiles, se flétrissent et tombent. Les folioles du calice résistent plus longtemps; et nous savons que, dans certains cas, le calice est adhérent à l'ovaire; alors il reste attaché au péricarpe.

LE PÉRICARPE

L'enveloppe de la graine se nomme *péricarpe* (autour du fruit). Le péricarpe est cette partie du fruit qui est formé par les parois de l'ovaire après son développement, et qui contient une ou plusieurs graines. Vous connaissez ces pêches, dont le noyau s'ouvre souvent quand on les coupe. Au milieu se trouve l'*amande,* qui est la graine ; le noyau et tout le reste du fruit forment le péricarpe. Dans une pomme, les pépins sont les graines : leur enveloppe et toute la pulpe de la pomme sont le péricarpe.

Nous avons dit que le fruit est l'ensemble du péricarpe et des graines. Ces deux parties, essentielles, ne manquent presque jamais ; mais le péricarpe est quelquefois si mince et si intimement uni à la graine, qu'à moins d'un examen attentif, on pourrait croire qu'il n'en existe pas.

Le péricarpe se compose de trois parties : 1° la *base,* c'est-à-dire le point par lequel il est fixé au pédoncule ; 2° le *sommet,* qui n'est autre chose que le point occupé par le style ou le stigmate ; 3° l'*axe,* c'est-à-dire la ligne vraie ou imaginaire qui réunit la base au sommet. Quand l'axe est vrai, comme dans les ombellifères, il prend le nom de *columelle* (petite colonne).

On distingue encore trois autres parties dans le péricarpe ; ce sont : 1° L'*épicarpe* (sur le fruit), c'est-à-dire l'épiderme, — la membrane qui le recouvre entièrement, — et que, dans la pêche, dans la pomme ou dans la poire, on nomme vulgairement la *peau ;* 2° l'*endocarpe* (dans le fruit), qui est l'enveloppe tapissant la cavité intérieure immédiatement en contact avec la graine ; dans la prune ou dans la cerise, c'est le noyau ; dans la pomme, c'est l'espèce d'étoile qui loge les pépins ; 3° la partie plus ou moins développée qui existe entre l'épicarpe et l'endocarpe, et qui est ordinairement appelée *mésocarpe* (milieu du fruit), mais plus spécialement nommée *sarcocarpe* (chair du fruit) quand elle est épaisse et charnue, comme dans les poires, les pommes, les abricots, les pêches, etc.

Lorsque l'ovaire est *infère*, — c'est-à-dire placé sous les autres parties de la fleur, — l'épicarpe se confond avec le tube du calice, comme vous pouvez l'observer dans la rose.

On nomme *hile* (de *hilum*, petite marque) le point de la graine par lequel elle communique avec le péricarpe duquel elle reçoit sa nourriture. Le *hile* forme la limite précise entre le péricarpe et la graine.

On appelle *trophosperme* (qui nourrit la graine) ou *placenta* (gâteau) le point intérieur du péricarpe sur lequel la graine est attachée. Si le *trophosperme* présente plusieurs prolongements déliés à l'extrémité de chacun desquels est attachée une graine, il prend le nom de *podosperme* (pied de la graine). On distingue très bien le trophosperme dans le haricot. Il s'arrête ordinairement au con-

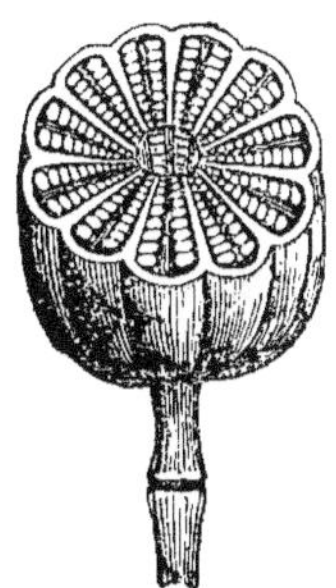

Fruit de Pavot. — Cavité divisée du péricarpe.

tour du hile; cependant il se développe quelquefois de manière à couvrir la graine dans une certaine étendue, et ce prolongement prend le nom d'*arille*.

La cavité intérieure du péricarpe peut être simple comme dans la cerise; mais elle peut aussi être divisée, par des lames verticales, en plusieurs cavités partielles, comme dans le pavot; dans ce cas, les divisions se nomment des *loges*, et les lames de séparations sont des *cloisons*. Un péricarpe est *uniloculaire, biloculaire, triloculaire, multiloculaire*, suivant qu'il possède une, deux, trois loges distinctes ou davantage.

Considérés sous le rapport de leur *composition*, les fruits sont *simples* quand ils résultent d'un seul pistil dans une seule fleur, comme la cerise; ils sont *multiples* quand ils proviennent de plusieurs carpelles renfermées dans une même fleur, comme la fraise ou la framboise; ils sont *composés* ou *agrégés*, quand ils sont formés de plusieurs carpelles, d'abord distincts, ensuite plus ou moins soudés, mais provenant de fleurs différentes très rapprochées les unes des autres. Exemple : le mûrier, la pomme du pin.

Envisagés sous le rapport de la *nature de leur péricarpe*, les fruits sont dits *secs*, quand le péricarpe est mince, sec et membraneux, comme les haricots, les petits pois; ils sont *charnus*, comme dans le melon, quand le péricarpe est épais et succulent.

Sous le rapport de leur *ouverture*, les fruits sont *déhiscents* (qui s'ouvrent) quand ils s'ouvrent par un nombre plus ou moins grand de pièces nommées *valves* (battant de porte); il y a deux valves dans le haricot. Ils sont *indéhiscents* (ne s'ouvrant pas) comme dans la poire ou le grain de blé, quand ils restent constamment fermés de toutes parts.

Enfin, sous le rapport de leurs *graines*, les fruits sont *monospermes* (une seule graine) quand ils ne renferment qu'une graine; on les dit *oligospermes* (graines peu nombreuses) quand ils renferment un nombre déterminé et peu considérable de graines, le fruit est alors *bisperme*, *trisperme*, *pentasperme*, etc., selon qu'il contient deux, trois, cinq graines. On les appelle *polyspermes* (beaucoup de graines) lorsqu'ils en ont un nombre indéfini et considérable, comme dans le pavot; et enfin, ils portent le nom de *pseudospermes*, quand le péricarpe est tellement adhérent à la graine, qu'il se confond entièrement avec elle comme dans les céréales.

Nous formerons plus tard un tableau général des différentes espèces de fruits. Mais, comme nous devons, pour le moment, interrompre nos leçons bien incomplètes, je dois vous dire quelques mots de la dernière partie de l'existence du végétal.

LA PLANTE A SON SIXIÈME AGE

Les plantes *bisannuelles* naissent et croissent la première année, puis fleurissent et meurent la deuxième année.

Mais celles dont la vie est plus longue sont de beaucoup les plus nombreuses. Les unes, — dites *vivaces*, — ont des racines qui résistent à l'action du temps; mais leur tige, de consistance herbacée, se flétrit en automne et gèle en hiver. D'autres, — qui prennent le nom d'*arbustes* ou de *sous arbrisseaux*, — ont des racines qui persistent et des tiges de consistance ligneuse qui supportent l'hiver, bien que l'extrémité des rameaux périsse par le froid. Enfin, les *arbrisseaux* et les *arbres* résistent au froid dans toutes leurs parties : racines, tige, rameaux.

Les *arbrisseaux* sont les végétaux dont les branches, privées de tronc, se ramifient dès leur base ; les *arbres* ont un tronc, des branches et des rameaux.

Nous aurons plus tard à nous étendre davantage sur cette dernière partie de nos entretiens, et à faire l'application de toutes nos leçons à la *classification des végétaux*.

D'après les différences que nous venons de signaler dans le péricarpe, on voit que les fruits présentent de nombreuses diversités. Afin d'en faciliter l'étude, nous allons les partager en trois sections : la section des fruits *simples*, celle des fruits *multiples*, et celle des fruits *composés*.

La première section, celle des fruits simples, sera elle-même subdivisée en deux groupes bien distincts. Le groupe des fruits *secs* et celui des fruits *charnus*.

— § Ier —

SECTION DES FRUITS SIMPLES

Le premier groupe de la section des fruits simples, celui des FRUITS SECS, peut lui-même se diviser en deux tribus : celle des fruits secs et indéhiscents, c'est-à-dire qui ne s'ouvrent pas, et celle des fruits secs et déhiscents, c'est-à-dire qui s'ouvrent.

Les *fruits secs et indéhiscents* sont les véritables *pseudospermes,* dans lesquels on distingue les formes suivantes :

Le *cariospe* dont le péricarpe très mince se confond avec la graine unique et est protégé, en mûrissant, par un calice libre. Les graminées, froment, avoine, orge, riz, seigle, nous fournissent des exemples de cariospe. Le son que l'on obtient de ces graines, après en avoir séparé la farine, quand elles sont broyées, n'est autre chose que le péricarpe.

L'*akène* qui diffère du cariospe en ce que le péricarpe adhérent à la graine en est cependant distinct et a été formé par le durcissement du calice. Les renoncules, les roses, la dent-de-lion, le chardon, le soleil, nous offrent des exemples d'akènes dont la disposition est variable.

Dans le *polakène,* le péricarpe paraît unique bien qu'il soit formé de la réunion de plusieurs akènes qui se séparent à la maturité, comme il est facile de le remarquer dans la graine du cerfeuil.

La *samare* se distingue par un péricarpe fibreux, couronné d'une lame membraneuse qui s'étend en forme d'aile. L'orme et l'érable présentent des exemples de ces fruits singuliers. Souvent deux samares s'accolent comme on le voit dans le sycomore.

Le *gland,* dont le péricarpe coriace ou ligneux porte à son sommet les débris du limbe ou calice et se trouve plus ou moins enveloppé dans une sorte d'involucre écailleux ou foliacé nommé *cupule* (coupe). Tel est le fruit du chêne, celui du noisetier, etc.

Le *gynobase* est un fruit dont les loges semblent constituer autant de fruits différents tant elles sont séparées les unes des autres.

Dans les fruits *secs et déhiscents* (deuxième tribu du premier groupe de la section des fruits simples qu'on nomme aussi *capsulaires*), nous signalerons :

Le *follicule* (petite feuille) dont le fruit rappelle le mieux l'origine du carpelle et n'est autre chose qu'une feuille repliée sur elle-même. C'est un péricarpe libre à une loge, avec une valve s'ouvrant par une suture longitudinale à laquelle sont attachées les graines. Le laurier-rose, le pied d'alouette, l'ancolie, la pervenche nous en fournissent des exemples.

La *silique*, qui a son péricarpe trois ou quatre fois plus long que large, renferme deux loges et deux valves séparées par une mince cloison portant sur ses deux faces les graines qui partent de ses bords comme on le voit dans le colza.

Le *silicule* diffère de la silique en ce que son péricarpe est à peu près aussi long que large. Exemple : Le thlaspi.

La *gousse* ou *légume* dont le péricarpe n'a qu'une loge continue ou articulée avec deux valves et deux sutures. Les graines sont attachées alternativement d'un seul côté de la suture verticale au bord de chaque valve, ainsi qu'il est facile de s'en rendre compte dans les pois, les fèves, les haricots, etc.

La *pyscide* (petite boîte) est formée par un péricarpe à une seule loge à deux valves superposées qui s'ouvrent horizontalement comme dans le pourpier.

L'*élatérie* (long grain) dont le péricarpe ordinairement marqué de côtes se partage, au moment de la maturité, en autant de côtes distinctes s'ouvrant longitudinalement, qu'il y a de valves. La plupart du temps, ces coques sont réunies par une columelle centrale qui persiste après leur chute, comme on le voit dans l'euphorbe.

La *capsule*, commune dénomination à tous les fruits secs et déhiscents qui ne se rapportent à aucune des catégories précédentes: Tel est le fruit du pavot.

Les FRUITS CHARNUS, formant le deuxième groupe sont toujours indéhiscents. Voici quelques-uns des noms sous lesquels ils sont connus.

La *drupe*, remarquable par un péricarpe charnu, pulpeux, contenant un noyau unique, comme on le voit dans l'abricot.

La *noix* dont le péricarpe charnu, mais fibreux et coriace, porte le nom de *brou*, comme dans la noix et l'amande.

La *nuculaine* (petite noix) formée d'un péricarpe charnu, provenant d'un ovaire libre, avec deux ou trois petits noyaux groupés au centre, ainsi qu'on peut le remarquer dans le fruit du sureau.

L'*hespéridie* (fruit des hespérides) péricarpe libre, à peau plus ou moins épaisse, dont l'endocarpe est membraneux et entoure des loges remplies de vésicules succulentes. Exemple : l'orange, le citron.

La *péponide* dont le péricarpe adhérent, gros et charnu, laisse

dans son centre une cavité aux parois de laquelle sont attachées des graines nombreuses entourées de pulpe.

La *balauste* dont le fruit multicolore de la grenade, couronné par les dents du calice persistant, nous fournit un exemple.

La *baie* dont le nom s'applique à tous les fruits charnus différant des formes qui précèdent. La baie peut provenir d'un ovaire libre comme dans la pomme de terre, ou d'un ovaire adhérent comme dans la groseille.

— § II —

SECTION DES FRUITS MULTIPLES

Dans la section des fruits multiples on distingue :

La *mélonide* dont le fruit charnu n'est simple qu'en apparence et résulte en réalité de plusienrs ovaires réunis et soudés avec le tube du calice. Ce tube souvent très épais et très charnu se confond avec les ovaires comme nous en avons des exemples dans la pomme et dans le fruit du rosier. La partie charnue ne provient donc pas du péricarpe, mais d'un épaississement considérable du calice.

Il existe deux sortes de mélonides : Celle dans laquelle l'endo-carpe est osseux comme dans la nèfle : c'est la mélonide à *nucules* ; et celle dont l'endocarpe est simplement cartilagineux comme dans la pomme et la poire.

La *syncarpe* est un fruit multiple provenant de plusieurs ovaires réunis dès leur premier développement comme nous en avons un exemple dans le magnolia.

Remarquons en passant, que le fruit multiple de la ronce, la *mûre*, n'est qu'une réunion de petites drupes ; que celui du bouton d'or n'est qu'une réunion de petites akènes ; celui de l'hellébore une réunion de petites follicules, etc.

— § III —

SECTION DES FRUITS COMPOSÉS

La section des fruits composés ou agrégés comprend :

Le *cône* ou *strobile* particulier aux conifères, sapins, pins, cèdres, etc. Ce fruit résulte de l'agrégation des ovaires d'un même chaton ; les écailles qu'on y trouve semblent être des bractées ou même des feuilles carpellaires repliées. Tantôt les écailles restent indépendantes comme dans le sapin ; quelquefois elles sont ligneuses et soudées, comme dans le cyprès ; ou bien encore elles sont charnues et figurent une baie, comme dans le genévrier.

Le *sycone* dont le fruit charnu, formé par un involucre d'une seule pièce, et fermé, contient un grand nombre de petites drupes qui proviennent d'autant de fleurs à carpelles : La figue est un sycone.

La *sorose* dont l'ananas nous offre un exemple, est un fruit dans lequel les bractées et l'axe lui-même deviennent charnus et succulents. La sorose est donc composée de plusieurs fruits soudés ensemble par le moyen de leurs enveloppes florales gorgées de sucs et s'entregreffant pour ainsi dire.

***

La nomenclature qui précède ne comprend que les types principaux auxquels on peut rapporter à peu près tous les autres. Mais la science de la classification des fruits exige encore, avant d'être complète, de longues et patientes analyses.

Parmi ces fruits, les uns fournissent une nourriture substantielle, les autres des rafraîchissements délicieux.

Vous en connaissez un grand nombre, mes enfants, et ils sont, en général, si appétissants que tout nous invite à les cueillir. Leur forme, leur couleur, leur parfum, le feuillage qui les entoure éveillent en nous l'idée de reconnaissance envers la Providence qui nous les a prodigués avec tant de libéralité.

CHAPITRE X

LA PLANTE A SON SIXIÈME AGE

Le mauvais temps et une légère indisposition de Laurence empêchent encore les botanistes de faire la promenade accoutumée.

C'est dans le cabinet servant habituellement de salle d'étude que l'oncle s'installe pour continuer ses entretiens intéressants.

Il s'agit ce jour là, d'envisager la plante à son sixième âge.

La maturité du fruit, dit le vieux professeur, marque, en général, le commencement de la dernière période de l'existence du végétal. La vie des plantes est limitée : elle doit avoir un terme ; elle doit finir suivant la loi fatale qui s'applique à tous les êtres organisés.

Mais l'existence de toutes est loin d'avoir la même durée.

Les plantes *annuelles* naissent, croissent, fleurissent, donnent leurs fruits et meurent dans l'espace d'une année.

— Le blé, le chanvre, les pois-fleurs, l'œillet d'Inde, dit André, doivent être des plantes annuelles.

— C'est cela, mon ami, et il en est de même des balsamines, des résédas, des reines-marguerites, que le jardinier renouvelle à chaque printemps dans les plates-bandes du jardin.

Les plantes *bisannuelles* naissent et croissent pendant la première année, puis elles fleurissent, donnent leurs graines et meurent au bout de la deuxième année.

— La rave et la carotte qui ne montent en graine que la seconde année sont des plantes bisannuelles, dit Laurence.

— Et aussi le violier qui met une année à croître et qui fleurit et meurt l'année suivante, reprit vivement André.

— Mais le groupe des plantes dont l'existence est plus longue est de beaucoup le plus nombreux, continua le vieil oncle.

Les plantes dites *vivaces* sont celles dont les racines résistent à l'action du temps, mais dont les tiges, de consistance herbacée, se flétrissent en automne et gèlent en hiver. L'oseille et la luzerne appartiennent à la catégorie des plantes vivaces.

D'autres plantes prennent le nom d'*arbustes* ou de *sous-arbrisseaux* : Celles-là ont des racines qui persistent et des tiges de consistance ligneuse qui supportent l'hiver, bien que l'extrémité des rameaux périsse par le froid : La pervenche, la douce-amère, etc. sont des sous-arbrisseaux.

Les *arbrisseaux* et les *arbres* sont des végétaux dont tous les rameaux supportent l'hiver et résistent au froid.

On donne spécialement le nom d'*arbrisseaux* aux végétaux de cette dernière catégorie dont les branches, privées de tronc, se ramifient dès leur base, comme la ronce, le groseillier, le framboisier, etc.

On réserve la dénomination d'*arbres* aux végétaux dont la tige est un véritable tronc supportant des branches et des rameaux. Le pommier, le poirier et le prunier; le chêne, le hêtre et le bouleau, sont des arbres.

⁎⁎

Mais nous voici à l'automne, et vous pouvez, mes enfants, suivre les phénomènes qui se produisent sur les végétaux qui vous entourent.

Jusque-là, les fruits ont attiré les sucs qui étaient nécessaires à leurs fonctions et à leur développement; la séve s'y portait en circulant dans l'arbre; depuis quelques jours, ce mouvement s'est ralenti parce que l'époque de la maturité approche. Peu à peu les vaisseaux s'oblitèrent; les feuilles vont cesser de respirer. Le vert de leur surface va prendre des teintes jaunes ou rougeâtres parce que l'oxygène qu'elles n'ont plus la faculté de rendre à l'atmosphère pénètre leur tissu.

Le pétiole perd sa flexibilité, son élasticité; il se dessèche insensiblement; bientôt il ne pourra plus résister au souffle de la bise; et la feuille sera emportée sur les ailes de ces vents d'automne dont les sifflements sont comme le prélude des froids plus rudes de l'hiver.

Les tiges herbacées de vos plantes subsistent encore; mais elles ne vont pas tarder à mourir. Seuls vos arbres verts semblent survivre aux deuil de la nature pour reposer vos yeux et vous rappeler les beaux jours et nos longues promenades. Cependant, ils sont sans végétation sensible et sans mouvement apparent de séve.

Encore quelques semaines, et tout va paraître mort : La vie se cache-t-elle donc pour ne plus reparaître?...

Nous n'avons rien de pareil à redouter, mes petits amis, car les plantes qui vont mourir, de même que celles qui cessent seulement de végéter pendant quelques mois, ont laissé dans leurs fruits les

A mesure que la saison s'avance, le développement de la végétation s'accentue (page 66).

éléments d'une *postérité* nombreuse qui se perpétuera d'âge en âge avec toutes les qualités et toutes les perfections de l'espèce à laquelle elles appartiennent.

La vie, nous l'avons vu plus haut, est en germe dans chaque graine qui ne demande pour se développer qu'à être placée dans un milieu convenable.

Rien n'est curieux comme les moyens employés par la Providence pour assurer la dissémination des graines ; n'ayons donc aucune crainte sur leur frêle existence ; et disons-nous que malgré les mille dangers nouveaux qui assiègent leur berceau, il en sera sauvé suffisamment pour assurer la perpétuité de l'espèce.

Voici comment Auguste de Saint-Hilaire s'exprime sur cet intéressant sujet :

« Les précautions prises par la nature pour assurer la dispersion des graines ou leur dissémination sont admirables. Quand le fruit mûr est succulent, il ne tarde guère à se désorganiser ; ses parties se séparent, ses graines devenues libres s'étalent à terre, et, dans les débris des enveloppes charnues, elles trouvent un engrais qui favorise leur germination.

L'*Esbalium élastique*, vulgairement *concombre d'âne*, est fréquent sur les tas de décombres au bord des chemins. Ces fruits, âpres et petits concombres d'une amertume extrême, ont la grosseur d'une datte. Pendant la maturation, la pulpe centrale de ce fruit se fond en eau, tandis que l'enveloppe extérieure reste compacte. Le pédoncule articulé avec celle-ci s'en détache, un trou se forme, et l'eau centrale, ainsi que les semences qu'elle contient, trop longtemps comprimées dans un petit espace, s'échappent au loin en un jet vigoureux.

« Les valves du fruit de la balsamine se roulent tout-à-coup sur elles-mêmes, et s'élançant, entraînent avec elles les semences. La capsule de la pensée s'ouvre en trois valves qui portent les graines dans leur milieu et présentent la forme d'une nacelle. Après avoir été étalés, les bords de ces valves se rapprochent peu à peu et pressent les semences, qui glissent, s'échappent et se dispersent.

« Quand les fruits ne s'ouvrent pas, tantôt ils sont pourvus d'ailes qui permettent aux vents de les transporter au loin ; tantôt ils sont hérissés de pointes qui s'accrochent aux poils des animaux et aux

vêtements de l'homme. Les aigrettes des valérianes et des composées soutiennent dans l'air les semences de ces plantes. Après avoir
parcouru des espaces considérables, de telles graines tombent sur
la terre et germent à des distances énormes du lieu où elles sont
nées. L'*érigeron du Canada*, apporté d'Amérique comme matière
d'emballage, s'est, à l'aide de ses aigrettes, répandu dans toute
l'Europe avec la plus étonnante rapidité. En 1800, l'abbé Delarbre
n'en observait qu'un pied dans toute l'Auvergne; six ans plus tard,
je trouvais cette plante à chaque pas dans les champs de la Limagne.

Inflorescences diverses.

C'est aujourd'hui la plus répandue des mauvaises herbes de nos
terres cultivées.

« Quand il n'existe ni ailes, ni pointes, ni aigrettes, d'autres moyens de dissémination viennent y suppléer. Dans nos climats, c'est
en général en automne que la maturation s'achève, et alors les
vents règnent avec violence. Des tourbillons soulèvent les semences,
les transportent d'un lieu dans un autre, et quelquefois nous voyons,
presque au faîte de nos édifices, des herbes, des arbrisseaux croître
dans les fentes des pierres, où le temps a réuni quelques rares parcelles de terre. Des giroflées jaunes croissaient en abondance sur
une corniche extrêmement élevée. On craignit que leurs racines

n'entretinssent, dans la muraille, une humidité nuisible. Les giroflées furent soigneusement arrachés, et l'on construisit un toit
incliné sur la corniche. La végétation ne tarda pas à envahir le
toit. J'y vis d'abord croître quelques lichens, puis, quelques mousses ; un pied de sedum blanc y parut à son tour, et aujourd'hui le
toit offre un tapis de fleurs blanches qui se pressent les unes contre
les autres.

« Les rivières, les torrents et les fleuves sont encore, pour les fruits
et les graines, un moyen puissant de dispersion. Ces dernières,
lorsqu'elles sont mûres, tombent, le plus ordinairement, au fond
de l'eau ; mais souvent aussi, elles présentent des appendices remplis d'air, qui leur permettent de surnager. Enfin quand elles ne se
soutiennent pas à la surface de l'eau, elles peuvent être entraînées
par le courant. C'est ainsi que bien loin de la source des grandes
rivières, on trouve souvent sur leurs bords, dans les contrées les
moins élevées, des espèces qui appartiennent aux sommités des
montagnes. L'*avicennia*, arbre de rivage qui ne craint pas l'eau de
mer, y laisse tomber ses graines, qui ont commencé à germer dans
le fruit ; le flot les enlève, et va les déposer sur d'autres plages.

« Si les animaux dévorent une foule de graines, ils contribuent
puissamment à en répandre d'autres. Les chevaux et les mulets mangent les tiges et les feuilles des plantes, et, n'en pouvant toujours
digérer les semences, ils les rejettent intactes et propres à germer.
Les oiseaux disséminent de la même manière les graines et les
noyaux des fruits charnus dont ils se sont nourris. Les rats, les loirs
et d'autres rongeurs font sous terre des magasins de fruits pour
l'arrière-saison ; mais souvent obligés de prendre la fuite, ils aban-
donnent leurs provisions, et les graines qu'ils avaient réunies germent quand le printemps ramène la chaleur. C'est ainsi que, par
une admirable providence, les animaux ressèment eux-mêmes les
plantes qui leur fournissent des aliments.

« Mais de tous les êtres, il n'en est aucun qui, autant que l'homme,
contribue à répandre les plantes et à les multiplier. Par ses soins,
une foule d'espèces qu'il fait servir à sa nourriture, se sont répandues dans des espaces immenses, et le moindre de nos jardins
offre des végétaux de l'Inde, de la Chine, de l'Egypte, de la Nou-
velle-Hollande. Sans parler de ceux que nous cultivons avec tant

de peine et d'ardeur, il en est une multitude que nous disséminons sans le vouloir et souvent même contre notre volonté. En semant nos céréales, nous semons aussi, chaque année, le bluet et le coquelicot. Certaines espèces qui contribuent à la destruction de nos murailles se sont originairement échappées de nos parterres. Avec nos effets et nos marchandises, nous avons transporté dans les quatre parties du monde une foule de plantes européennes, et quelques-unes se sont tellement multipliées que, bien loin de leur patrie, elles semblent aujourd'hui indigènes. Au voisinage des villes de l'Amérique du Sud, on trouve notre verveine, notre ortie, notre mouron des oiseaux, nos mauves, notre bourrache, notre violette et une foule d'autres. »

Ecoutons maintenant Bernardin de Saint-Pierre :

« Les semences des chardons, des bluets, des pissenlits, des chicorées, etc, ont des volants, des aigrettes, des panaches et plusieurs autres moyens de s'élever, qui les portent à des distances prodigieuses. Celles des graminées, qui vont aussi fort loin, ont des barbes, des balles. D'autres, comme celles de la giroflée jaune, sont taillées comme des écailles légères, et vont, au moindre vent, s'installer dans la plus petite fente d'un mur. Les graines des plus grands arbres des montagnes ne sont pas moins organisées pour de lointains voyages. Celles de l'érable ont deux ailerons membraneux, semblables aux ailes d'une mouche. Celles de l'orme sont enchassées au milieu d'une foliole ovale. Celles du cèdre sont terminées par de larges et minces feuillets qui forment un cône par leur agrégation.

« Les semences trop lourdes pour voler ont d'autres ressources. Les balsamines sont renfermées dans des cosses dont les ressorts les lancent fort loin. Il y a aux Indes un arbre dont je ne me rappelle plus le nom, qui lance au loin les siennes avec un bruit semblable à un coup de mousquet.

« Celles qui n'ont ni panaches, ni ailes, ni ressorts, et qui, par leur pesanteur, semblent condamnées à rester au pied du végétal qui les a produites, sont souvent celles qui vont le plus loin. Elles volent avec les oiseaux. C'est ainsi que se ressèment une multitude de baies et de fruits à noyaux. Leurs semences sont renfermées dans des croûtes pierreuses indigestibles. Les oiseaux les avalent et vont les planter sur la corniche des tours, dans les fentes des rochers, sur les troncs des arbres, au-delà des fleuves et même des mers. La plupart des oiseaux ressèment ainsi le végétal qui les nourrit. Divers mammifères en ressèment d'autres qui s'attachent à leurs poils au moyen de crochets. Les loirs, les hérissons, les marmottes, transportent dans les parties les plus élevées des montagnes, les glands, les faînes et les châtaignes.

« Les graines des plantes aquatiques sont construites de la manière la plus propre à voguer. Il y en a de façonnées en coquilles, d'autres en bateaux, en pirogues simples, en doubles pirogues semblables à celles de la mer du Sud. Le pin maritime a ses pignons renfermés dans des espèces de petits sabots osseux, crénelés au-dessous et recouverts en dessus d'une pièce semblable à une écoutille. Le noyer, qui se plaît tant sur le rivage des fleuves, a sa graine entre deux esquifs posés l'un sur l'autre. Le coudrier, qui devient si touffu sur le bord des ruisseaux, porte sa semence enclose dans une espèce de tonneau susceptible des plus grands trajets. Les graines des joncs ressemblent à des œufs d'écrevisses; celle du fenouil est un véritable canot en miniature, creusé en cale avec deux proues relevées. Il y en a d'autres encastrées dans des brins qui ressemblent à des pièces de bois flotté et vermoulu : telles sont celles du pavot cornu. Celles qui sont destinées à germer sur le bord des eaux qui n'ont pas de courants, vont à la voile; telle est la semence d'une scabieuse qui croît sur les bords des marais.

« A la différence de celles des autres espèces de scabieuses, qui sont couronnées de poils crochus pour s'accrocher à la fourrure des animaux qui les transplantent, celle-ci est surmontée d'une demi-vessie ouverte et posée à son sommet comme une gondole. Cette demi-vessie lui sert à la fois de voile et de véhicule. »

— Toutes ces considérations sont véritablement intéressantes, dit Laurence, et nous ne nous étonnerons plus de voir tant de formes différentes dans les graines.

— Vous savez déjà, mes enfants, que les plantes ne se reproduisent pas seulement par leurs graines. Les unes se multiplient au moyen de stolons qui rampent et s'enracinent sur le sol, les autres au moyen de bulbes, de tubercules, de tiges souterraines. Il en est qui renferment dans toutes leurs parties des germes cachés qui se développent dès qu'ils se trouvent dans des conditions favorables. C'est ainsi qu'une feuille charnue de begonia placée sur une terre humide et légère, après avoir subi de petites incisions sur les principales nervures, ne tarde pas à développer des racines et à reproduire une plante semblable à celle d'où elle a été violemment détachée.

— Nous savons aussi, reprit André, que les végétaux se reproduisent par la greffe, la bouture et la marcotte.

Les deux enfants, et plus qu'eux encore le fidèle Sultan regrettaient les longues courses dans la campagne. Mais le vieil oncle fut cependant écouté avec la plus grande attention, et les jeunes botanistes se promirent bien de suivre avec le même intérêt les leçons qu'il se promettait de leur faire à domicile pendant la mauvaise saison.

CHAPITRE XI

LES MALADIES DES VÉGÉTAUX

Les botanistes sont chaudement installés dans leur petite salle d'études. Sultan est étendu sous la table et témoigne par de légers murmures sa satisfaction d'être auprès de ses jeunes maîtres.

Au dehors, le vent souffle en rafales et emporte au loin les feuilles jaunies des arbres du jardin.

— L'histoire de la plante ne serait pas complète, commença le vieil oncle, si je ne vous parlais des maladies qui peuvent altérer son existence, abréger ou même détruire sa vie.

Les plantes, en effet, ne sont pas plus que l'homme et les animaux, à l'abri des dangers et des accidents.

Nous allons donc examiner rapidement les causes de ces maladies; et, chaque fois que cela sera possible, je vous indiquerai les moyens de les prévoir et de les guérir.

LES MILIEUX

Deux choses sont essentielles pour qu'une plante se maintienne en bonne santé. Il faut qu'elle soit placée dans des milieux convenables, et que tous ses organes soient sains et assez vigoureux pour s'approprier tout ce qui peut servir à sa nourriture.

Les *milieux*, c'est-à-dire les espaces, de nature souvent très différents, dans lesquels vivent les plantes, sont l'air *atmosphérique* dont il ne faut pas séparer la chaleur, la lumière et l'électricité qui coopèrent activement à la vie et à la croissance des végétaux; 2° le *milieu aqueux*, c'est-à-dire l'eau à l'état liquide ou à celui de vapeur; 3° le *milieu terrestre,* qui n'est autre chose que la terre dans laquelle les plantes sont fixées par leurs racines.

Nous savons que, pendant la végétation, la plante emprunte à l'air son acide carbonique dont elle s'assimile le carbone et le remplace par de l'oxygène qui serait impropre à son existence. La feuille associe par sa respiration le charbon soutiré au gaz carbonique avec les éléments de l'air et de l'eau arrivés par la voie des racines; et, le tout réuni compose un liquide, la sève descendante, qui s'infiltre entre l'écorce et le bois, depuis le sommet du végétal jusqu'à sa base.

De son côté, l'animal retient l'oxygène de l'air atmosphérique et laisse échapper son azote qui seul ne peut entretenir ni son existence, ni celle du végétal.

Il résulte de ces phénomènes que si l'on enferme ensemble un grand nombre de plantes dans une serre ou une orangerie, elles ne tardent pas à languir et même à mourir si l'on n'a pas soin de renouveler l'air, de temps à autre, en ouvrant les portes et les fenêtres, parce que l'acide carbonique qui leur est indispensable sera bientôt complètement absorbé. Il en sera de même, pour une raison absolument opposée, si un grand nombre de personnes séjournent longtemps dans un appartement bien clos. Elles auront bientôt absorbé tout l'oxygène, et elles mourront véritablement étouffées par la quantité considérable d'acide carbonique répandue dans l'atmosphère environnante.

LA LUMIÈRE

La lumière n'est pas moins nécessaire que l'air au développement de la plante, puisque c'est elle qui favorise la décomposition
de l'acide carbonique et la fixation du carbone dans la substance
même du végétal.

Les plantes des montagnes élevées qui se trouvent beaucoup
plus longtemps et beaucoup mieux éclairées que celles des vallées

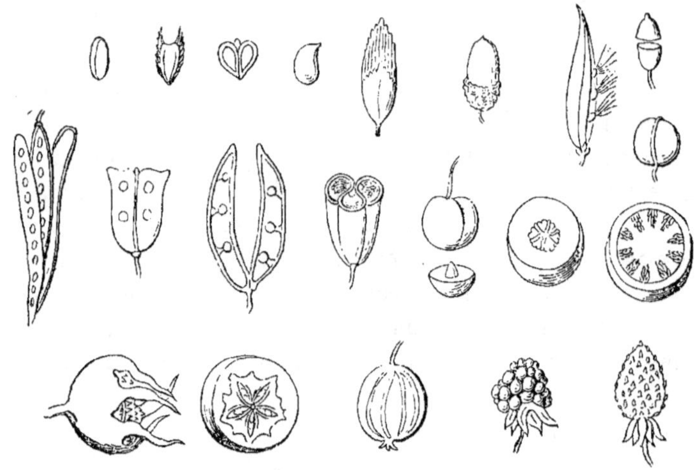

Diverses variétés de fruits.

opèrent rapidement leurs floraisons et leurs fructifications, malgré la
fraicheur toujours plus grande de ces hautes régions.

La maladie qui résulte pour les plantes de la privation de la
lumière se nomme *étiolement*. On ne peut les en guérir qu'en leur
rendant peu à peu la lumière et les accoutumant de nouveau à
vivre au grand jour.

— Les chicorées et les scaroles s'étiolent et deviennent toutes
blanches, dit André, quand le jardinier les recouvre d'une couche
de paille ou de feuilles, ou qu'il les enferme dans un endroit non
éclairé.

— C'est cela-même, mon enfant, et c'est précisément dans cet état que nous les préférons pour notre alimentation. Les fleurs que vous avez voulu cultiver dans votre chambre et qui n'ont pu fleurir malgré tous vos soins se sont également étiolées.

L'action directe des rayons du soleil est donc indispensable pour que les plantes puissent absorber le carbone qui leur est nécessaire et dégager de l'oxygène qui régénère l'air atmosphérique; la clarté la plus pure produite par l'action de lampes ne suffirait pas pour tenir la plante en bonne santé. A plus forte raison, les plantes ne respirent pas régulièrement pendant la nuit et n'absorbent pas l'acide carbonique.

« En observant l'Univers, dit Senebier, on voit bientôt qu'une des formules suivies par le Créateur a été d'employer la plus grande économie de temps, de formes et de matériaux pour donner aux effets qu'il a voulu produire la plus grande énergie et la plus grande magnificence. On ne peut donc imaginer que les torrents de lumière qui se répandent à chaque seconde sur notre globe le pénètrent sans utilité, et qu'ils ont rempli toutes leurs fonctions quand ils cessent d'ébranler la rétine de quelques animaux. Si les plantes ne peuvent vivre sans le secours de la lumière, si elles ne peuvent porter des graines fécondes sans lumière, ne sommes-nous pas forcés de trouver la lumière dans nos aliments, dans nos combustibles. Le temps viendra où l'on reconnaîtra dans la lumière le grand agent de la vie. »

LA CHALEUR

La chaleur n'est pas moins essentielle que la lumière à la végétation ; mais la quantité de *calorique* nécessaire varie considérablement suivant les différentes plantes. Ainsi, l'hellébore noir s'épanouit pendant les grands froids du mois de décembre, tandis que la plupart des fleurs de nos jardins ont besoin pour ouvrir leurs corolles des chaleurs des mois de juin et de juillet. La *soldanelle* des Alpes fleurit sous la neige tandis que l'*ananas* a besoin de 65 à 70 degrés de chaleur. L'excès ou le manque de calorique sont également nuisibles à la végétation : Lorsque la chaleur est trop intense, il se produit une évaporation si rapide que l'absorption des racines ne suffit pas à réparer les pertes; la plante, dans ce cas, ne tarde pas à languir, à se flétrir, à se dessécher. Si, au contraire, le froid est trop considérable, surtout lorsqu'il y a en même temps de l'humidité, la plante gèle et est absolument perdue.

L'EAU

Après l'air, la lumière et la chaleur, l'eau est un des agents les plus importants de la végétation. Elle agit sur les plantes, non seulement pour leur fournir l'humidité qui leur convient, mais encore comme véhicule des matières nutritives qu'elle peut dissoudre.

Lorsque l'eau est employée comme corps humectant, il ne faut pas la prodiguer en trop grande quantité, et elle ne doit pas séjourner trop longtemps dans les plantes. Trop abondante, elle relâche et distend les tissus des végétaux qui ne tardent pas à périr de *pourriture*, surtout quand la lumière et la chaleur ne viennent pas exciter le mouvement de la séve.

— Maman m'a fait remarquer, dit Laurence, que mes fleurs étaient mortes parce que je les avais trop arrosées.

— C'est surtout pendant l'hiver que l'eau doit être employée avec discrétion. Si elle est en excès et qu'il gèle, les cellules se dilatent jusqu'à se briser et lorsqu'une trop grande quantité de vaisseaux ont été rompus, leur destruction entraîne la mort du végétal.

Tous les horticulteurs savent, par expérience, que les arbres sont capables de résister à un froid plus intense lorsque l'automne a été sec.

— Alors il vaudrait mieux, interrogea André, ne pas arroser les plantes de nos appartements ?

— Si l'excès de liquide fait mourir le végétal, le manque d'eau ne lui est pas moins préjudiciable surtout si cette privation est unie à une vive lumière et à une chaleur prolongée. La plante alors se fane, se dessèche, se flétrit; la vie cesse bientôt complètement.

La quantité d'eau nécessaire aux plantes varie suivant les espèces; on peut dire qu'elle est en rapport avec la quantité des petites bouches ou *stomates* percées dans l'épiderme et servant à la respiration dont nous avons parlé dans un de nos précédents entretiens.

Plus la quantité de stomates d'une plante est grande, plus grande aussi est la quantité d'eau qui lui est nécessaire; voilà pourquoi certaines plantes, les nymphéas, par exemple, dont l'épiderme est semé d'une quantité innombrable de ces petites bouches ont besoin d'être continuellement plongées dans l'eau. Au contraire, les plantes grasses, les cactus, presque entièrement privés de ces organes, peuvent supporter une chaleur très intense et la privation presque absolue d'eau sans se flétrir.

Mais l'eau n'a pas seulement son utilité comme corps humectant, elle sert encore de véhicule pour porter dans l'intérieur de la plante les substances nutritives qu'elle tient en dissolution. Pour cela, il ne faut pas qu'elle soit épaissie à l'excès par ces substances autrement elle ne peut pénétrer dans les spongioles qui pompent les sucs nourriciers. Les agriculteurs disent très énergiquement que le fumier brûle les plantes quand il est trop abondant et que les pores des extrémités des racines se trouvent obstrués, encroûtés par un liquide trop épais.

LA TERRE

Le milieu essentiel dans lequel les plantes puisent une partie de leur nourriture, en même temps qu'elles y trouvent leur point d'appui, c'est la *terre*.

Puisque les racines puisent dans le sol les sucs destinés à former la sève, la qualité de la terre exerce une influence prépondérante sur la santé des végétaux.

L'argile, la silice et le carbonate de chaux sont les éléments principaux constituant la terre *arable*, c'est-à-dire la partie du sol qui peut être cultivée; mais ces trois substances sont mélangées dans des proportions très variables.

L'*argile*, ou glaise, est une terre onctueuse retenant l'eau qui ne peut la pénétrer et se fendillant en petits fragments lorsqu'elle se dessèche.

La *silice*, ou sable pur, se compose de tout petits cailloux extrêmement durs, ne formant jamais une pâte avec l'eau qui la traverse facilement.

Enfin le carbonate de chaux est une réunion de matières pierreuses et terreuses dont on peut extraire de la chaux.

Aucun sol, propre à être cultivé, ne doit se composer exclusivement d'une de ces trois sortes de terre sous peine d'être à peu près improductif; mélangées ensemble et en proportions convenables, ces substances constituent, au contraire, un excellent terrain.

La terre dite *argileuse* est celle où l'argile domine; la terre *siliceuse*, est celle dont le sable forme la partie principale; la terre *calcaire* tire son nom de l'excès de carbonate de chaux qu'elle contient.

Les terrains dans lesquels la proportion d'argile est considérable sont trop compactes, ils deviennent imperméables à l'eau qui croupit à leur surface sans pouvoir pénétrer dans leur intérieur; dès lors, les plantes dont les racines s'enfoncent peu ne tardent pas à pourrir, tandis que celles dont les racines s'enfoncent profondément sont bientôt desséchées.

Si, au contraire, le terrain est trop sablonneux, il se dessèche très vite; le sol n'offre pas aux racines des sucs suffisants et les plantes sont bientôt flétries.

Chaque espèce de végétal exige un terrain d'une nature particulière; il n'est pas nécessaire d'être un profond observateur pour voir que les plantes qui croissent spontanément dans les terrains granitiques, par exemple, ne sont pas les mêmes que celles qui se développent dans les mêmes conditions sur les terrains calcaires ou sablonneux.

Les plantes qui vivent indifféremment dans toute espèce de terrain constituent une exception et sont très peu nombreuses.

La terre la meilleure et la mieux appropriée à chaque plante par sa constitution peut devenir, si une cause accidentelle la vicie, un principe de dépérissement et de mort.

Nous avons parlé ailleurs des excrétions particulières que les racines des plantes laissent suinter à leurs extrémités; ces excrétions sont quelquefois cause des antipathies de certaines plantes les unes pour les autres.

C'est ainsi qu'une variété de chardon est très nuisible à l'avoine, que l'*érigeron âcre*, ou vergerette, a sur le froment une influence redoutable, que la scabieuse produit dans les cultures de lin des effets déplorables, etc.

Tous les jardiniers savent qu'un arbre fruitier planté en remplacement d'un autre de même espèce n'aura qu'une végétation languissante si l'on n'a pas eu la précaution préalable de changer la terre à une grande distance et à une assez grande profondeur.

Quelquefois le terrain est accidentellement détérioré par des détritus contenant des substances vénéneuses (acide sulfurique ou autres) qui y ont été fortuitement introduites.

Telles sont quelques-unes des causes des maladies des plantes ayant pour origine la viciation des milieux.

CHAPITRE XII

ANIMAUX NUISIBLES ET PLANTES PARASITES

Malgré la bise glaciale de novembre, André et Laurence étaient partis à la rencontre de l'oncle dont ils connaissaient les habitudes régulières. Sultan bondissait autour des enfants, et témoignait, par des aboiements continus, la satisfaction de se trouver en plein air avec ses petits maîtres. De temps en temps il s'élançait à la poursuite des corbeaux dont les bandes voraces picoraient au milieu des terres fraîchement labourées; et le brave chien, qui croyait saisir facilement une proie, s'arrêtait consterné lorsque les oiseaux à la noire livrée s'envolaient en croassant. Les enfants riaient de sa déconvenue et l'excitaient à recommencer une tentative dont le résultat était toujours le même.

Arrivés au point culminant de la colline, les jeunes botanistes aperçurent le vieux professeur détachant avec sollicitude de jolies mousses qui croissaient en abondance sur le revers d'un fossé. Le turbulent Sultan fut le premier à lui souhaiter la bienvenue au grand détriment de la cueillette dont une partie fut dispersée sur la route. Les enfants accourus embrassèrent l'oncle ; et, après avoir grondé Sultan, firent une nouvelle récolte de mousse.

Corbeaux.

— Où sont maintenant les jolies fleurs dont vous formiez des bouquets parfumés? disait tristement le vieillard ; où sont les feuilles élégantes qui formaient de gracieuses couronnes à tous ces végétaux maintenant dénudés? où sont les oiseaux dont les chants avaient pour vous tant d'attraits?

Comme pour protester contre ces dernières paroles, un trille joyeux partit du buisson voisin, et les enfants virent, se glissant à travers des faisceaux d'épines, un mignon petit roitelet tout semblable à celui dont ils avaient trouvé le nid pendant leurs courses du printemps précédent.

— J'avais tort de me plaindre, reprit le vieux professeur. Chaque époque a ses tristesses et ses joies; et voyez, mes enfants, s'il existe rien de plus gracieux que ces urnes remplies d'imperceptibles semences qui s'élèvent au milieu des élégantes rosettes de nos mousses. Approchez-vous du buisson, voyez tous ces lichens qui s'étalent en larges tapis et sur lesquels les froids les plus rigoureux n'auront aucune prise; ils reproduisent en miniature les formes répétées de toutes les forêts de la terre.

Le groupe des promeneurs fut bientôt de retour à la maison, et chaudement installé dans la petite salle d'étude où l'oncle reprit la suite de la leçon précédente.

Nous allons, mes enfants, rechercher les causes de certaines maladies qui attaquent les organes des végétaux, les déforment, les détruisent et qui sont dues, la plupart du temps, à des animaux nuisibles; nous examinerons ensuite d'autres affections qui ont leur principe dans la présence de plantes parasites ou de certaines secrétions qui, en recouvrant les plantes, interceptent leur communication avec l'air et les empêchent d'exercer leurs principales fonctions.

— § I —

ANIMAUX ET INSECTES NUISIBLES

Si la *taupe* est dans certains cas le fléau des plantations, on ne peut nier, pourtant, qu'elle n'ait son utilité. Elle est l'ennemie acharnée des *vers blancs*, larves des hannetons, qu'elle recherche avec avidité et dont elle détruit un nombre considérable dans ses

pérégrinations souterraines. Mais en creusant ses galeries soutenues
de distance en distance par des cloisons et des piliers, elle boule-
verse le sol, brise les racines qui la gênent dans ses excursions.
Les plantes ainsi maltraitées jaunissent, se fanent et languissent
ou meurent suivant qu'un plus ou moins grand nombre de racines
ont été brisées. La taupe ne doit donc être tolérée que dans les terrains infestés de vers blancs. Partout ailleurs, les jardiniers lui
donnent la chasse. Ils la détruisent soit en plaçant des pièges dans
les galeries qu'elle parcourt, soit en la seulevant à l'aide d'une
bêche pendant qu'elle fouille vers la surface du sol. On peut également lui faire déserter certains espaces en y faisant affluer l'eau,
car elle la craint beaucoup; ce procédé est quelquefois usité pour
préserver les prairies.

Si la taupe doit bénéficier de certaines circonstances atténuantes,
il ne saurait en être ainsi de la *courtilière* ou *taupe-grillon* que les
horticulteurs placent au premier rang parmi les animaux nuisibles
aux plantes. Vous connaissez ces singuliers et hideux insectes dont
on a détruit un grand nombre en enlevant le fumier de la basse-
cour.

La tête de la courtilière est petite, allongée, garnie de deux longues antennes; la bouche est armée de fortes mandibules cornées
et dentelées; derrière les antennes, se trouvent de gros yeux ronds.
Le corselet, qui ressemble à une carapace d'écrevisse, forme une
sorte de cuirasse allongée, presque cylindrique et veloutée; des
élytres fort courtes, croisées l'une sur l'autre, ne cachent qu'en
partie deux grandes ailes repliées et terminées en pointe; le ventre
très mou, se termine par deux appendices. Mais, ce que ces insectes ont à la fois de particulier et de redoutable, c'est la disposition
et le mécanisme de leurs deux pattes de devant. Très grosses, très
robustes, formées d'une substance écailleuse, elles sont armées de
dents aigues qui font l'office de scie ou de ciseaux. C'est cet appareil formidable, élargi en forme de pelle comme la main de la
taupe, qui a valu à cet insecte le nom de *taupe-grillon*. Quant au
nom de *courtilière*, il vient du vieux mot *courtille* ou jardin, séjour
habituel de ces êtres malfaisants.

Véritable fléau des jardins et des pépinières, les courtilières
portent la destruction sur toutes les plantes placées sur leur pas-

sage; elles en coupent et rongent les racines. Leur action est d'autant plus funeste que lorsqu'on s'aperçoit de leurs ravages, il est trop tard pour les prévenir; en quelques jours, elles peuvent anéantir les plus belles espérances du jardinier.

Malheureusement, cet ennemi redoutable n'est pas facile à atteindre et à détruire. Quelques jardiniers, après avoir trouvé le trou vertical qui conduit à l'habitation de la courtilière, donnent rapidement un grand coup de bêche à environ trente centimètres de profondeur et quelquefois parviennent à enlever non seulement l'insecte, mais encore son nid, de la grosseur et de la forme d'une orange, et qui contient jusqu'à deux ou trois cents œufs ou petits venant de naître.

L'huile est pour ces insectes un poison mortel dès qu'on peut la mettre en contact avec leurs organes respiratoires : on peut donc les détruire en versant dans les trous de l'eau mêlée d'huile. D'autres fois, on place au ras du sol des vases remplis d'eau avec une légère couche d'essence de thérébentine; les courtilières y tombent, s'y noient ou s'y empoisonnent pendant leurs courses nocturnes. Enfin, certains jardiniers disposent çà et là de petits tas de fumier chaud qui servent de pièges; les courtilières s'y rendent, on les y découvre facilement, et l'on s'en débarrasse en les écrasant ou en les brûlant.

Le *ver blanc*, bien connu dans nos campagnes sous le nom de *turc, man, engraisse-poule, chien de terre* n'est autre chose qu'une larve destinée à se transformer en hanneton au bout de trois ou quatre ans. Ces larves, d'une voracité extraordinaire, s'attaquent aux racines des légumes et des céréales, puis à celles des arbustes et des arbres; aucune plante n'est à l'abri de leur appétit toujours renouvelé, jamais assouvi; elles dévorent, digèrent, pour dévorer et digérer encore. Les jardins et les champs, les vergers et les pépinières, les céréales et les prairies sont également exposées à leurs dévastations.

Si vous voyez uue fleur incliner tristement la tête, un jeune arbre se flétrir sans cause apparente, creusez au pied et vous y trouverez un ou plusieurs de ces maudits vers blancs occupés à leur œuvre de destruction.

Les corneilles, les pies et d'autres oiseaux font à ces larves une

guerre acharnée, mais bien insuffisante, au moment des labours.
Les poules en sont très friandes ; elles les détruisent en quantité
dans les champs qui se trouvent à leur portée dans le voisinage
des habitations. Dans certaines contrées on transporte sur les
labours des poulaillers ambulants dont les habitants ont pour mission de nettoyer la terre des larves des hannetons.

Le meilleur moyen de diminuer le fléau en modérant la multiplication de ces terribles insectes consiste à ramasser le matin les
adultes, lorsqu'ils sont encore engourdis. On bat les arbres avec de
longues perches, on réunit les hannetons en tas, et on les brûle, ou
bien on les jette dans l'eau bouillante, car la noyade à l'eau froide
serait illusoire ; les hannetons engourdis reviendraient bientôt à la
vie.

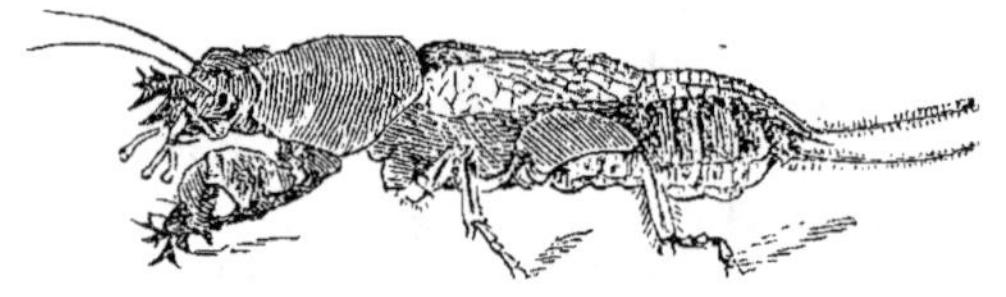

Courtilière.

Les *forficules* ou *perce-oreilles*, dont les enfants ont une grande
crainte, ne sont pourtant nuisibles que pour les jardiniers. Ces insectes entament les fruits, coupent les pétales et les étamines des fleurs,
rongent les jeunes feuilles et les bourgeons encore tendres. Ils s'attaquent surtout aux dhalias et profitent de la nuit pour exercer
leurs dévastations.

Ces insectes se cachent ordinairement sous des pierres, des tas
d'herbes, des tuiles, et l'on met à profit cette particularité pour
arriver à les détruire. On leur prépare, à proximité de la plante
qu'ils ravagent, quelques feuilles de chou ou bien des tuyaux en
roseau, des cornets en terre, des pots renversés qui leur offrent
une retraite commode. Le matin, au lever du soleil, on visite ces
abris artificiels et on fait main basse sur tous les perce-oreilles qui
s'y sont réfugiés.

Les *fourmis* ne se gênent guère pour venir emprunter leur

nourriture sur des fleurs délicates et des fruits succulents, surtout quand ils sont à maturité ou qu'un accident quelconque en a légèrement entamé l'épiderme. Leur nombre prodigieux et leur activité infatigable les rendent quelquefois redoutables pour les espaliers.

On se débarrasse de ces insectes en recherchant les fourmilières dans lesquelles on verse de l'eau bouillante ou de l'huile qui produit sur les fourmis le même effet que sur les courtilières. Un excellent moyen consiste encore à suspendre aux branches des arbres infestés des verres et des flacons remplis aux trois quarts d'eau miellée ou sucrée. Les fourmis, qui en sont très avides, s'empressent de venir s'abreuver ; elles se gorgent de liqueur et se noient. Quand le flacon est plein de fourmis, on remplace l'eau sucrée et on recommence la même opération.

Les nombreuses espèces de *chenilles* sont toutes plus ou moins nuisibles aux végétaux ; rien n'échapperait à leur dent vorace si les oiseaux insectivores n'en détruisaient, pour leur nourriture et celle de leur couvée, des quantités innombrables.

Malgré cela, il faut, chaque année, écheniller avec soin vers la fin de l'hiver. Cette opération consiste à enlever les nids des chenilles et à les brûler ; et aussi à retrancher, au moment de la taille des arbres, ces nombreux anneaux d'œufs que les papillons ont déposés autour des branches.

Il nous serait impossible, mes enfants, d'énumérer même simplement tous les ennemis des végétaux, sans sortir du cadre que nous nous sommes tracés : hannetons et cétoines, bruches et charançons, criocères et cassides, sauterelles et criquets, etc., se répandent par légions sur les arbres et les plantes et auraient bientôt fait disparaître toute trace de végétation, si la Providence ne leur avait suscité de nombreux ennemis qui en tempèrent la multiplication.

La pyrale de la vigne anéantit quelquefois des contrées entières ; et le terrible phylloxéra, contre lequel tous les efforts de l'homme sont jusque-là restés impuissants menace d'anéantir tous les vignobles français.

Nommons encore les *vers de terre* ou *lombrics* qu'on fait périr en arrosant, avec de l'urine de vache, les terrains où ils sont trop nombreux ; les *pucerons* des rosiers et des pêchers qu'on fait mourir avec des fumigations de tabac quand il s'agit d'opérer sur un petit

nombre de végétaux ; le *puceron lanigère* qui s'attaque spécialement aux pommiers et que l'on détruit en arrosant avec une infusion bouillante de feuilles de pêcher, non seulement les branches
de l'arbre, mais encore les pieds des pommiers infestés.

Les *limaces* et les *escargots* se multiplient considérablement
pendant les années pluvieuses ; ils rongent les feuilles et les fleurs
et s'insinuent même dans l'intérieur des tiges herbacées. On emploie,
pour les détruire, la chaux vive éteinte à l'air et réduite en poudre,
l'eau de chaux et plusieurs autres substances caustiques. On leur
prépare aussi des abris humides où ils se réfugient et où l'on profite
de leur inaction pour les exterminer.

— § II —

PLANTES PARASITES

— Je ne croyais pas, dit Laurence, que les végétaux eussent
tant d'ennemis !

— Nous n'en avons pourtant énuméré qu'une bien faible partie,
dit l'oncle.

— Et vous nous avez dit, reprit André, que beaucoup de végétaux utiles ont à redouter l'influence de certaines plantes parasites.

— Oui, mon ami, le parasitisme exerce son action sur les végétaux comme sur les animaux.

La vigne est sujette à une maladie terrible développée par la présence d'un petit champignon nommé *oïdium tukeri*. Dès que les
jeunes grains de raisin sont formés, ils paraissent recouverts d'une
poussière grisâtre. Examinés au microscope, ces grains paraissent
enveloppés dans une toile d'araignée. Peu à peu ce qui avait paru
être une poudre grise se transforme en plaques roussâtres qui enva-
hissent les graines et les empêchent de se développer. Au lieu de
mûrir, les graines durcissent, elles se fendent et finissent par tomber
en une pourriture d'une odeur infecte. Le bois n'échappe pas
toujours à l'action du fléau et conserve souvent pendant plusieurs

années le germe de la maladie. On guérit l'oïdium en répandant de la fleur de soufre sur les ceps malades.

La pomme de terre, cette plante précieuse qu'on a appelé le pain des pauvres a été subitement, vers 1842, attaquée par une maladie qui menaçait d'avoir les conséquences les plus désastreuses et qui est, de nos jours, presque entièrement disparu.

Le mal commence à se développer sur les feuilles qui changent de nuance et offrent, à la loupe, une légère moisissure sur la page inférieure. La maladie ne tarde pas à s'étendre à la tige sur laquelle se développent rapidement des taches noires ; alors, les feuilles se dessèchent, brunissent et la moisissure disparaît. Cependant, au bout de quelques jours, de nouvelles moisissures se produisent sur la plante morte, en même temps que les tubercules se détériorent peu à peu et finissent par pourrir. L'odeur qui s'en dégage ressemble à celle d'un champignon en putréfaction.

On sait par expérience que les pommes de terre printanières ne sont jamais attaquées ; et, il est également démontré que la culture hivernale offre des chances plus certaines de succès. Il y a donc intérêt, d'uue part, à multiplier la culture des espèces précoces ; d'autre part de planter avant l'hiver, dans le courant de novembre, les espèces tardives.

Le blé n'est malheureusement pas à l'abri des parasites. Les anciens appelaient *uredo* la maladie du blé ; et les botanistes comprennent sous ce nom trois espèces de champignons pulvérulents.

La *rouille* (uredo rubigo) se développe sur les gaînes, les chaumes et quelquefois sur les grains du blé. Des points d'un blanc jaunâtre, ovales, allongés, tantôt épars, tantôt plus rapprochés, se montrent d'abord sur les feuilles. L'épiderme se fend longitudinalement, et il en sort une fine poussière qui s'attache aux doigts. Lorsque la rouille est très abondante, les feuilles se flétrissent, les chaumes qui naissent sont maigres, les épis sont petits et peu fournis. Quand la maladie s'est propagée aux glumes, elle en amène la stérilité.

La rouille a été observée de toute antiquité : Moïse en menaçait les Hébreux indociles, et les Romains célébraient chaque année une fête rurale dans le but d'en préserver leurs champs.

Le *charbon* (uredo carbo) se développe sur les pédicules des épillets, les glumes et les graines du froment. Les plantes malades sont moins vigoureuses et d'un vert moins vif. Lorsque les épis sont sortis, les grains sont noirs et rapprochés; l'agitation causée par le vent les réduit en poussière, et il ne reste plus que le squelette de l'épi horriblement défiguré. Dans plusieurs contrées, les cultivateurs donnent à cette poussière noire le nom de *nielle*.

A la différence de la nielle et du charbon, la *carie* (uredo caries) n'affecte jamais que le grain. Ce parasite est d'autant plus à craindre qu'il est moins visible. Les blés barbus et les blés durs sont plus souvent atteints que les blés communs, tendres et blancs. Selon

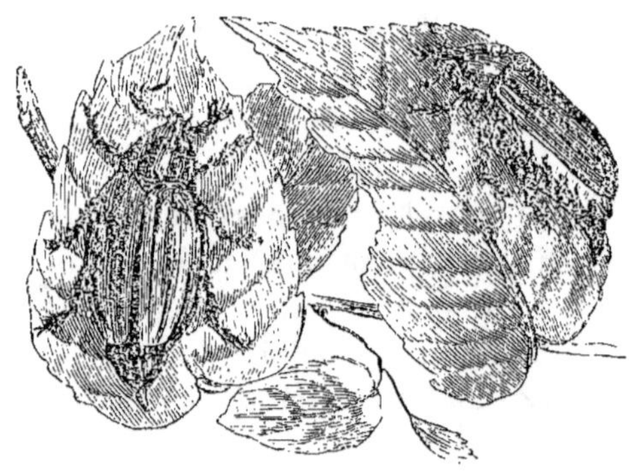

Hannetons.

les contrées, les cultivateurs appellent cette maladie *noir*, *cloque*, *moucheture*, *gras*, *pourrissure*.

Les plantes atteintes de la carie sont pâles et maigres comme celles dont l'épi est charbonné; les grains malades, d'abord gonflés, deviennent plus petits, ridés, marqués de deux ou trois sillons; ils sont de couleur brune. Lorsqu'on les brise, on les trouve remplis d'une matière noire, onctueuse et fétide qui rappelle l'odeur du poisson de mer en putréfaction. C'est à ce caractère que les cultivateurs distinguent le charbon de la carie.

Sans doute parce qu'elle est contagieuse, la carie est regardée comme un fléau plus redoutable que le charbon. Pour peu que le grain employé aux semailles soit atteint, il donne un quart au moins de grains carriés diminuant d'autant la valeur commerciale des grains non cariés, salis au contact du blé malade, et que l'on appelle du blé moucheté.

Si on lave ces grains, l'eau gagne le principe de la carie et le communique au fumier sur lequel on les jette. Ce fumier la transmet à son tour à la terre dans laquelle on l'enfouit; et, par suite, aux récoltes qu'elle produit. On voit donc que les précautions ne sont pas inutiles pour éviter ce fléau. Le meilleur moyen de préserver les céréales de la carie et du charbon consiste à le chauler, c'est-à-dire à laver les grains destinés aux semailles dans une dissolution de chaux vive ou de sulfate de cuivre.

Quant à la rouille, on la prévient et on la guérit quelquefois par l'emploi du soufre.

Le seigle est souvent, dans les années humides, attaqué par un singulier parasite qui se manifeste dans les épis. C'est une sorte d'excroissance, d'une couleur noirâtre, oblongue, droite ou arquée, et assez semblable à un ergot de vieux coq : aussi l'appelle-t-on *ergot* du seigle. On a cru d'abord que cette affection parasitaire n'était qu'une simple dégénérescence des grains; plus tard on y a vu une sorte de galle résultant de la piqûre d'un insecte. On considère aujourd'hui l'ergot comme un champignon désigné par un ancien naturaliste sous le nom de *sclerotium clavus* et que les botanistes appellent *sphacelia segetum*.

Souvent, dans les pays de montagnes, où l'usage du pain de seigle est la règle générale, des accidents graves se sont manifestés lorsque l'ergot se trouvait mélangé à la farine dans des proportions assez considérables.

Le meilleur remède pour préserver le seigle de ce champignon dangereux, consiste, comme pour le froment, à chauler convenablement la semence.

Les *mousses* et les *lichens* dont nous avons admiré les formes élégantes et gracieuses sont des plantes parasites qui s'attachent aux troncs et aux branches des végétaux et qui leur causent un grand préjudice soit en vivant à leurs dépens, soit en empêchant sur l'écorce l'action de l'air et de la chaleur. On en débarrasse les arbres en raclant avec précaution les parties envahies et en les badigeonnant à l'eau de chaux.

Le *gui* est une plante parasite dont vous avez remarqué les grosses touffes toujours vertes dans plusieurs arbres du voisinage. Cette plante, lorsqu'elle est trop abondante, tue les végétaux sur lesquels elle est implantée. On ne peut la détruire qu'en enlevant avec soin les jeunes tiges de gui dès que leur présence se manifeste.

Le *lierre* emprunte à la terre sa principale nourriture; mais il embrasse les arbres, s'y cramponne, les étreint, entretient sur l'écorce une humidité funeste qui les fait languir et dépérir. On supprime le mal en coupant le lierre par le pied. Privé de toute communication avec le sol, il ne tarde pas à se dessécher.

La *cusute* est un dangereux parasite du trèfle, de la luzerne, du lin et de plusieurs autres plantes. Elle s'étend rapidement de proche, comme une véritable lèpre, et a promptement envahi des champs entiers. Ses tiges ténues, semblables à des cheveux roux, ses fleurs blanchâtres analogues à de grosses pustules se fixent sur les plantes s'enroulent autour d'elles et les ont bientôt étouffées.

Le cultivateur ne peut assainir son champ qu'en employant les moyens les plus énergiques. Il doit faucher en entier le champ infesté, brûler tout ce qui est à la surface du sol, donner un labour profond et semer des céréales. Les *orobanches* ne s'attaquent pas aux tiges, mais aux racines des végétaux. Il y en a différentes espèces dont les unes croissent sur les racines des trèfles, d'autres sur celles du chanvre, d'autres enfin sur les racines de certains arbres ou arbustes.

Comme la cuscute, elles se multiplient rapidement et peuvent ravager des champs entiers de trèfle ou de chanvre.

On ne peut s'en défaire qu'en renonçant à la récolte de l'année qu'il faut arracher promptement. On doit ensuite labourer profondément et à plusieurs reprises.

Vous avez quelquefois remarqué sur les bourgeons et sur les feuilles de certains arbres fruitiers, particulièrement du pêcher, de petites excroissances qui apparaissent d'abord avec une teinte rougeâtre. Au bout d'un temps plus ou moins long, les feuilles de l'arbre attaqué se crispent, se boursoufflent, se contournent en s'épaississant. Les jeunes pousses ne tardent pas à mourir, ou tout au moins languissent et deviennent incapables de porter des fruits l'année suivante. Cette maladie qu'on appelle la *cloque*, paraît être la conséquence des vents froids et humides succédant à plusieurs jours de chaleur. Elle est très nuisible aux arbres parce que les bours oufflures absorbent la sève qui se trouve ainsi perdue pour les bourgeons, et encore parce que les petites poches qui se forment servent de refuge aux insectes nuisibles.

Les horticulteurs préviennent cette maladie en adaptant au mur contre lequel se trouvent les espaliers des chaperons ou des abris mobiles. Si, malgré cette précaution, la cloque se manifeste, il faut retrancher les jeunes feuilles attaquées à mesure qu'elles se montrent; mais l'essentiel est d'agir promptement.

Les arbres portant des fruits à noyaux, tels que les cerisiers, les pruniers, les abricotiers, etc., sont sujets à la *gomme*. C'est une substance qui se forme entre l'écorce et l'aubier où elle se coagule et se dépose. Souvent, l'écorce se fend et la gomme s'échappe à l'extérieur : le mal, alors, est peu considérable.

Il n'en est pas ainsi quand l'écorce résiste parce que la gomme entrave la circulation de la sève et entraîne la mort de l'arbre.

Il n'y a pas d'autres remèdes à cette maladie que de supprimer les rameaux attaqués ou de pratiquer sur les branches des incisions longitudinales qui facilitent l'écoulement de cette substance.

Ces quelques indications sur les maladies des végétaux n'ont sans doute pas eu pour vous beaucoup d'attrait; mais elles m'avaient paru devoir former le complément indispensable de l'histoire de la plante.

Des moineaux se cachaient sous ce gracieux abri.

DEUXIÈME PARTIE

CHAPITRE PREMIER

LA BOTANIQUE CHEZ LES ANCIENS

C'était une rude journée de la fin de décembre. La terre était couverte d'un épais manteau de neige, et pourtant toute trace de végétation n'avait pas disparu. A travers les vitres de la petite salle d'étude l'oncle faisait remarquer aux enfants des touffes d'hellébore noir dont les fleurs, appelées roses de Noël, ressemblaient à un dernier et pâle sourire de la nature. Des moineaux aux plumes ébouriffées se cachaient frileusement sous ce gracieux abri, et ce rapprochement des oiseaux et des fleurs, en un pareil moment, rappelait aux enfants leurs courses dans les grands bois quand le chant de la grive retentissait dans la futaie et que des fleurs éclatantes s'épanouissaient sous les chaudes caresses d'un brillant soleil d'été.

— Comme elles sont pâles, dit tout-à-coup Laurence, en indiquant du doigt les fleurs de l'hellébore, et comme les oiseaux paraissent attristés.

— On sent en effet, mes enfants, dit le vieux professeur, que ces couleurs d'un blanc rose n'ont pas été avivées par les feux du soleil ; mais telles que sont vos roses de Noël, elles apparaissent comme un rayon joyeux au milieu de ce deuil général.

En attendant le printemps avec son brillant cortège de fleurs et

d'oiseaux, nous allons reprendre nos entretiens sur les notions géné-
rales de botanique.

— Vous nous avez promis, reprit André, après l'histoire de la
plante, un résumé des découvertes botaniques chez les anciens et
les modernes.

— C'est bien cela, mon enfant, et nous consacrerons à ces
entretiens les rudes journées d'hiver qui nous empêchent de continuer nos études à travers champs.

La science botanique, nous l'avons déjà dit, est peut-être de
toutes les branches de l'histoire naturelle, celle qui présente
l'utilité la plus grande et les agréments les plus variés. C'est
qu'en effet, si l'on arrête son attention sur l'immense quantité de
végétaux qui croissent à la surface du globe, et si en même temps
on réfléchit aux observations gracieuses ou utiles que nous suggère
cette multitude d'être organisés, on doit être frappé d'admiration à
la vue de tant de merveilles intéressantes, et on est en même temps
saisi d'un ardent désir de les connaître. « Cependant, dit un vieil
auteur, il faut avouer que ce vif intérêt qui doit nous porter à rechercher la connaissance des plantes, n'a pas été suffisamment tenté ;
l'empressement de jouir ayant malheureusement précédé trop longtemps l'envie de bien connaître a apporté beaucoup d'obstacles aux
avantages réels qu'on aurait pu retirer de cette jouissance. »

On aurait pourtant dû comprendre, il y a longtemps, que les
innombrables services que les végétaux peuvent rendre à l'homme,
ne résultent pas seulement de leurs vertus particulières, mais qu'il
est indispensable de faire marcher de front la recherche de leurs
qualités avec l'étude suivie des caractères qui distinguent les plantes
et qui sont l'unique moyen d'en perpétuer la connaissance.

Nous trouverons les preuves de cette vérité en envisageant l'état
des études botaniques chez les anciens. A l'époque reculée où cette
science était à peine née, les hommes s'occupaient exclusivement
de son utilité immédiate et ne prenaient aucun soin de transmettre
aux générations futures les heureuses découvertes qu'ils devaient à
l'expérience ou au hasard. Des descriptions incomplètes ou inexactes
ne pouvaient guère survivre à ceux qui en étaient les auteurs.

Les noms de plantes, donnés sans jugement et sans principes,
préparèrent d'avance tous les inconvénients inséparables des efforts

qu'il a fallu dans la suite pour corriger une nomenclature défec-
tueuse.

A cette époque reculée, la botanique ne s'appuyait que sur l'expérience; c'était une science absolument empirique; on ne connaissait
les plantes que par tradition, et l'on ne se rappelait les plus intéressantes que par l'habitude qu'on avait de les voir, sans se préoc-
cuper d'établir les distinctions essentielles existant entre les
espèces.

Comme on se bornait à la connaissance des végétaux les plus utiles dont on ne découvrait que les usages, les premières méthodes
de classification ne furent que des arrangements fondés sur les vertus et les qualités des plantes. Il y a même exagération à qualifier
de méthodes des divisions établies pour les besoins de la médecine
dont l'étude des végétaux formait alors une branche essentielle.

Loin d'éclairer la botanique, de pareilles divisions ne firent que
l'obscurcir en rapprochant souvent sous des dénominations analogues, les choses les plus disparates, en même temps qu'en séparant
les objets les plus ressemblants.

Aujourd'hui qu'on est presque tombé dans l'excès contraire, nous
sommes frappés de cette singularité : C'est que les anciens mettaient toute leur application à la recherche des propriétés des plantes
et négligeaient les moyens de reconnaître avec certitude celles
même dont ils se servaient, tandis que les modernes se préoccupent
surtout du soin de distinguer toutes les plantes qu'ils peuvent observer en négligeant trop d'indiquer l'usage qu'on en peut faire.

Ces deux excès sont également condamnables puisqu'ils nuisent
l'un et l'autre au vrai but qu'on doit poursuivre dans les études
botaniques.

— § Ier —

LES PREMIERS BOTANISTES

L'homme fut tout naturellement porté, dès les premiers âges du
monde, à rechercher la connaissance des plantes; c'est parmi les

végétaux qu'il fit ses premières conquêtes pour satisfaire à ses besoins les plus essentiels. Il était alors sans industrie et pour ainsi dire sans moyen de s'approprier aucun des animaux chez lesquels il trouva plus tard des ressources. Les végétaux furent pendant longtemps ses seuls moyens d'existence, et il dut s'appliquer à distinguer les plantes dont il lui serait possible de tirer quelque utilité.

On peut ajouter qu'ayant nécessairement besoin de pourvoir à sa subsistance avant de chercher à guérir les maladies auxquelles il pouvait être exposé, l'homme a dû faire des tentatives pour multiplier les plantes qui servaient à sa nourriture avant de s'intéresser aux vertus médicinales qu'elles peuvent posséder. Il résulte de cette hypothèse que l'homme a été agriculteur avant d'être médecin.

Cependant, toutes ces suppositions tendent à faire remonter aux temps les plus reculés, les premières connaissances de l'homme sur les végétaux. Aussi, l'on trouve des indices certains qui constatent la haute antiquité de l'étude de la botanique.

Vous trouverez plus tard, dans la mythologie ou dans l'histoire, les noms de Chiron, Esculape, Achille, Mélampe, Orphée qui se sont rendus célèbres par les connaissances qu'ils avaient de beaucoup de végétaux.

La fable raconte que Mélampe guérit avec de l'hellébore les filles du roi d'Argos qui étaient devenues folles, et qu'il obtint en mariage l'aînée d'entre elles.

Hippocrate, le vrai fondateur de la médecine, qui vivait 460 ans avant Jésus-Christ et dont les ouvrages sont encore admirés de nos jours, donne la nomenclature des plantes qu'on employait alors dans le traitement des maladies. Cratéïas, contemporain d'Hippocrate, s'acquit aussi une grande réputation par la connaissance qu'il avait des végétaux.

Le grand philosophe Aristote a également écrit sur les plantes ; mais, toutes ces études se réduisaient à une nomenclature et à la recherche des propriétés.

— § II —

THÉOPHRASTE

Théophraste, disciple d'Aristote, né 395 ans avant Jésus-Christ, est le premier auteur de botanique qui ait fait mention de toutes les plantes connues à cette époque, et dont les ouvrages sont parvenus jusqu'à nous. Le nombre des plantes était, à la vérité, bien peu considérable, puisqu'il ne dépassait pas cinq cents.

Dans son *Histoire des plantes*, Théophrate envisage : 1° le mode de reproduction des végétaux; 2° leur grandeur, leur consistance avec la distinction en *arbres, arbrisseaux* et *sous-arbrisseaux*; 3° l'endroit où chaque espèce a été recueillie, ses qualités; et il donne enfin une division des plantes en *potagères, fromentacées* et *succulentes*.

Le travail de cet ancien botaniste renferme beaucoup de faits intéressants qui dénotent une grande sagacité; malgré cela, l'ouvrage ne contient aucune description suffisante et assez précise, mais seulement des observations éparses et incomplètes. Il paraît aujourd'hui bien difficile, sinon impossible, de savoir à quelles plantes on doit rapporter la plupart des noms cités dans cet antique monument d'histoire naturelle.

Plusieurs siècles s'écoulèrent ensuite sans que la botanique fît de progrès sensibles, et sans qu'il se rencontrât un auteur traitant d'une façon générale, des plantes alors connues.

Néanmoins, plusieurs médecins grecs et latins écrivirent sur les vertus de quelques plantes en particulier : déjà, ils publiaient des figures de plantes et plaçaient au bas de chacune d'elles une description sommaire de ses propriétés.

— § III —

DIOSCORIDE

Dioscoride, le second grand botaniste de l'antiquité, vécut dans le premier siècle de notre ère, environ quatre cents ans après Théo-

phraste. Né dans la petite ville d'Arbaza, en Sicile, il fut un des
plus habiles médecins de son temps. Il rassembla avec soin, et plus
complètement qu'on ne l'avait fait avant lui, toutes les connaissances qu'on avait acquises sur les propriétés des plantes et sur
les différents remèdes employés jusqu'alors.

Dioscoride ne mentionne, dans ses ouvrages que six cents plantes
environ, formant vraisemblablement la totalité de ce qu'on connaissait à cette époque. Il n'en décrit qu'un petit nombre et très briè-
vement, se bornant à rapporter le nom et les propriétés des autres.

Cette particularité nous indique combien étaient lents les progrès
de la botanique, puisque en quatre siècles d'intervalles, il ne fut
ajouté qu'une centaine de plantes au nombre de celles qui étaient
précédemment connues.

Il faut remarquer aussi que Dioscoride n'employa dans ses descriptions que des caractères vagues et insuffisants. De toutes les
plantes dont il a parlé, on ne peut guère reconnaître que les plus
communes, dont l'identité se trouve en quelque sorte confirmée par
les usages qu'on en fait encore.

Dioscoride, comme ses prédécesseurs, ne fit aucune tentative
pour établir dans les plantes alors connues un ordre qui pût en
quelque sorte les caractériser et aider à les retrouver. Il les range
en considérant seulement les qualités et les propriétés qu'on leur a
découvertes. C'est ainsi qu'il mentionne : *les plantes aromatiques,
les plantes alimentaires, les plantes médicinales*. Il parle aussi de
différents *vins médicinaux* et des plantes propres à les fournir ou à
les composer.

Quoique cet auteur n'ait pas décrit assez complètement les plantes
indiquées dans ses ouvrages, aucun botaniste, avant lui, ne s'était
acquis plus de célébrité et n'avait eu la même autorité.

Aussi, ses ouvrages ont été, à diverses époques, traduits, interpré-
tés, commentés et publiés de nouveau par une foule d'auteurs.
Beaucoup de ceux qui sont venus après lui ont puisé dans cet écrivain le fonds principal de leurs travaux.

La bise glaciale de novembre (page 101.)

— § IV —

COLUMELLE, PLINE ET LEURS SUCCESSEURS

Columelle, qui s'était fixé à Rome vers l'an 42 de Jésus-Christ, était très versé dans l'Agriculture et l'Economie rurale et doit être regardé comme le premier auteur des préceptes de cette partie des connaissances humaines. Il possédait des terres considérables qu'il fit valoir lui même et s'occupa surtout, dans ses écrits, des végétaux cultivés. Il s'étend longuement sur les froments et les fourrages, les potagers et les vergers ; mais il fit peu pour les progrès de la botanique considérée d'une façon générale.

On pourrait presque en dire autant de Pline, mais pour d'autres raisons.

Ce savant célèbre, qu'on peut regarder comme le premier historien de la nature, répète à peu près tout ce qui a été |dit avant lui sur les plantes ; il fait même mention d'un nombre de végétaux beaucoup plus considérable. Mais son défaut d'ordre, ses descriptions incomplètes ; ses longs détails sur des propriétés souvent fausses et imaginaires des végétaux dont il parle, l'ont fait, avec raison, négliger par le plus grand nombre des botanistes.

Cependant, après Pline, on ne trouve, pendant près de quatorze cents ans aucun écrivain qui ait traité directement de la botanique et qui ait contribué au progrès de cette science. Il n'y a que les médecins qui se préoccupèrent des plantes employées comme remèdes.

Galien, dans le deuxième siècle, Aribaze au troisième siècle, Paul d'Egine et Aétius au cinquième siècle traitèrent des propriétés des plantes sans se mettre en peine de les décrire. On peut dire qu'ils n'envisageaient les végétaux qu'au point de vue de la matière qu'ils pouvaient fournir, des sucs qu'on pouvait en exprimer, des infusions ou des décoctions auxquelles ils pouvaient servir, sans s'intéresser la moindre des choses à leur organisation, à leur structure et à leurs formes.

Les médecins arabes, tels que Sérapion, Rhazès, Avicennes, etc.. qui depuis le huitième siècle jusqu'au treizième cultivèrent la médecine avec une sorte d'éclat, ne firent pourtant que jeter de plus en plus dans le chaos la nomenclature des plantes.

Après eux, l'ignorance qui répandit partout ses ténèbres ne fut pas moins funeste aux progrès de la botanique qu'à celui des autres connaissances humaines. L'habitude de n'envisager l'étude des plantes que comme une partie de la médecine consignait toujours la botanique dans le cadre étroit de la recherche des végétaux usuels et continuait d'introduire la plus grande confusion dans la nomenclature.

Chaque médecin connaissait de vue un certain nombre de plantes qu'il nommait à son gré et auxquelles il attribuait le plus souvent des propriétés merveilleuses; leur nom variait dans les différents cantons. Quoique souvent chacune d'elles fût considérée comme une panacée universelle, on comprend qu'il n'en était question que pendant un certain temps. Autrefois, comme aujourd'hui, il y avait des remèdes à la mode.

Souvent une p'ante en vogue disparaissait pendant quelque temps pour reparaître ensuite sous un nom nouveau et décorée de nouvelles propriétés.

Pour avoir une idée de l'ignorance, de la crédulité, de la superstition de ces temps de barbarie, il suffit de consulter les auteurs qui vécurent à peu près à cette époque.

CHAPITRE II

Les progrès de la botanique

— § Ier —

LA BOTANIQUE AU XVe SIÈCLE

On était au commencement de janvier ; la série des mauvais jours n'était pas terminée; mais le vieil oncle ne perdait pas de vue l'instruction botanique de Laurence et d'André.

Le matin du jour de l'an, ils avaient trouvé sur la table de leur salle d'étude un beau livre d'histoire naturelle, orné de magnifiques gravures : c'était une *histoire des plantes*.

Inutile d'ajouter que le volume avait déjà été feuilleté à plusieurs reprises et que les enfants avaient éprouvé un vif sentiment de plaisir chaque fois.qu'une plante de leur connaissance s'était offerte à leurs regards.

Ils étaient encore livrés à cette occupation lorsque le vieux botaniste arriva pour reprendre ses leçons.

Je crains bien, dit-il, que cette histoire rétrospective de la botanique ne soit pour vous une fatigue et un ennui et je regrette presque de l'avoir entreprise.

Les enfants protestèrent contre la supposition du vieil oncle.

— Rien de ce qui concerne les plantes, dit André, ne nous est indifférent depuis que vous avez su nous intéresser à l'étude de la botanique.

— Si nous sommes heureux d'admirer les figures de plantes qui se trouvent dans notre beau livre, ajouta Laurence, nous ne sommes pas moins curieux de connaître les noms des hommes qui ont travaillé à faire connaître les végétaux.

— Il ne me reste donc plus, mes enfants, qu'à continuer l'historique de votre science de prédilection.

A l'époque de la renaissance des lettres, c'est-à-dire vers la fin du XVe siècle, on commença à reprendre du goût pour l'étude des plantes.

Il est vrai qu'on adopta encore une mauvaise méthode, car au lieu d'observer la nature et de s'attacher à bien connaître les végétaux dont on s'occupait, on s'efforça simplement de faire renaître, de remettre en lumière la botanique des anciens.

Il semblait qu'il n'y eût rien de bon que dans leurs ouvrages ; il ne fallait pas chercher la vérité ailleurs que dans Théophraste ou Dioscoride.

C'est ainsi qu'un grand nombre de savants se mirent l'esprit à la torture pour restaurer les connaissances des anciens sur les végétaux, au lieu de parcourir les champs et les bois pour étudier les plantes sur le vif.

Cependant, quoiqu'on fût plus préoccupé à déchiffrer les anciens qu'à lire tout simplement dans le grand livre de la nature, il fallut

André et Laurence.

néanmoins en venir à la détermination des plantes dont on voulut
se servir.

Or les descriptions incomplètes et souvent fautives donnèrent lieu à tant de suppositions, firent naître tant d'opinions différentes et furent l'objet de tant de discussions, que chacun des nouveaux chercheurs attacha à peu près arbitrairement à telle ou telle plante le nom et les propriétés d'une autre plante qu'il jugeait à propos d'indiquer dans Dioscoride et dans Pline.

Excepté quelques observations intéressantes auxquelles ce conflit donna lieu, il en résulta bientôt que chaque traducteur, chaque commentateur eut ses opinions particulières.

Les auteurs ne s'accordant plus affectèrent souvent à une même plante quantité de noms différents, et souvent aussi le même nom à des plantes d'espèces diverses.

On peut dire qu'à ce moment la confusion fut à son comble ; la nomenclature établie était incompréhensible et il n'y avait plus possibilité de s'entendre.

L'excès du mal n'allait pourtant pas tarder à produire de bons résultats : Les savants sérieux furent obligés d'étudier les plantes elles-mêmes et de chercher à en connaître les caractères distinctifs afin de parvenir à donner un signalement suffisant de celles dont on voulait parler.

Chacun alors fut amené à examiner soigneusement les plantes de son pays au lieu de s'entêter à découvrir les plantes de Théophraste et de Dioscoride qui avaient vécu dans une autre contrée.

Ce fut alors que commencèrent à se former de vrais botanistes.

Seizième Siècle

— § II —

DISTINCTION ENTRE LA BOTANIQUE ET LA MÉDECINE

On peut affirmer que jusqu'au commencement du XVIe siècle, la science botanique, proprement dite, n'existait pas, puisqu'elle était confondue avec la science médicale qui n'envisageait que la recherche des plantes usuelles.

Les médecins, en effet, absorbés par les devoirs et les travaux de leur profession, ne pouvaient consacrer leur temps aux courses continuelles et souvent considérables qu'exige l'étude des végétaux.

D'ailleurs les moyens par lesquels on arrive à la découverte des propriétés des plantes n'ayant, pour ainsi dire, rien de comparable avec la nature des recherches nécessaires à la détermination des espèces, les médecins ont dû nécessairement sacrifier cette dernière considération.

Telle fut la cause qui, ne laissant envisager dans les plantes que la matière propre à la confection des emplâtres ou à préparer des décoctions, retarda si longtemps les progrès de la botanique.

Ce ne fut qu'au commencement du XVIe siècle qu'on essaya réellement d'étudier cette science, la plus attrayante de l'histoire naturelle.

— § III —

FUCHS ET GESNER

Parmi les nombreux auteurs qui, à cette époque, ont tenté par leurs recherches de poser les premiers fondements de la botanique, nous citerons Fuchs et Gesner.

Fuchs Léonard, médecin et botaniste, naquit en 1501 à Wembdingen, canton des Grisons (Suisse); il professa la médecine à Ingolstadt et à Tubingue et mourut en 1566.

Il a laissé, sur la botanique, d'importants travaux qui ont contribué à la renaissance ou plutôt à la création de cette science.

C'est en l'honneur de Léonard Fuchs qu'une des plantes les plus gracieuses d'Amérique, et qui vous est parfaitement connue, a été appelée *Fuchsia*.

Il ne faut pas confondre ce botaniste avec un autre Fuchs également naturaliste, né à Limbourg en 1520 et mort à Liége en 1587.

Gesner fut le premier qui sentit la nécessité de diviser les plantes en *classes,* en *genres* et en *espèces.* C'est à lui que revient la gloire d'avoir établi avant tous les autres le besoin de chercher dans la fleur et dans le fruit les caractères distinctifs les plus essentiels des classes et des genres.

Né à Zurich (Suisse) en l'an 1516, Gesner cultiva l'histoire naturelle et particulièrement la botanique, avec un zèle des plus ardents.

Presque sans fortune, il eut le premier le courage d'entreprendre la formation d'une collection d'histoire naturelle.

Il fit de nombreux voyages, particulièrement dans les Alpes, la Provence, le Dauphiné, le Milanais et trouva un grand nombre de plantes qui n'étaient pas encore connues.

Ce naturaliste composa divers ouvrages relatifs à la botanique et au règne animal. Malheureusement, la mort le surprit avant qu'il en eût pu terminer la plupart; de sorte qu'on ne connaît pas exactement toutes les découvertes qui lui appartiennent.

Il donna des figures de plantes, gravées sur bois, et qui sont incontestablement supérieures à tout ce qui avait paru avant lui, dans le même genre.

Le siècle dans lequel vécut Gesner est remarquable par le grand nombre de botanistes distingués qu'il produisit et qui, par leurs recherches, leurs comparaisons, leurs observations nombreuses contribuèrent beaucoup à l'avancement de la botanique.

— § IV —

ANDRÉ MATTHIOLE. — ADAM LONICER. — REMBERT DODOENS

Un des auteurs les plus connus, qui fut contemporain de Gesner est Pierre-André Matthiole ou Mattioli, né à Sienne en 1500 et mort en 1577.

Appelé, en qualité de médecin, à la cour de Prague, par l'empereur Ferdinand, Matthiole demeura ensuite et longtemps à Trente, dans le Tyrol.

Ce naturaliste s'acquit beaucoup de célébrité par ses longs commentaires de Dioscoride. Il paraît, néanmoins qu'il connaissait par lui-même les plantes dont il a cité un si grand nombre dans ses ouvrages. D'ailleurs, il est loin d'avoir le mérite de Gesner, et le peu d'exactitude qu'il mit dans les figures ne laisse point une idée qui lui soit bien favorable.

Il faut cependant lui rendre cette justice : C'est que dans les dernières éditions de ses commentaires, il tint grand compte des critiques qui s'étaient exercées contre lui ; il se rétracta en plusieurs endroits, fit beaucoup de corrections et rectifia ses dessins parmi lesquels il se trouve des figures de plantes rares.

Adam Lonicer, Hessois, né en 1528 et mort en 1586 publia un médiocre ouvrage dans lequel il traite des arbres et des arbrisseaux ; puis de la nature et des propriétés des plantes.

Il fit aussi la description des végétaux qui croissent aux environs de Francfort ; mais la plupart de ses travaux ne sont que des copies serviles des auteurs qui l'ont précédé.

Rembert Dodoens, savant hollandais, né dans la Frise eu 1517 et mort à Leyde en 1585, fut un médecin très renommé et un savant d'un réel mérite.

Il s'adonna pendant toute sa vie à l'étude des plantes et se distingua par des résultats remarquables.

Les quatre grandes divisions que Dodoens admettait dans les végétaux sont les suivantes : *Arbres, arbrisseaux, sous-arbrisseaux, herbes.*

Néanmoins, trop préoccupé des qualités des plantes ou de quelques-unes de leurs parties et aussi de leur grandeur, il ne sut pas s'assujettir d'une façon stricte aux divisions qu'il établissait lui-même.

— § V —

JACQUES DALÉCHAMP

Voici maintenant un de nos compatriotes, Jacques Daléchamp, médecin et botaniste, né à Caen (Calvados) en 1513, mort à Lyon en 1586.

Non seulement ce savant pratiqua la médecine avec distinction, mais il fut un des auteurs qui, dans le cours du XVIe siècle, s'adonnèrent le plus à l'étude des plantes de la France.

Homme actif et infatigable, érudit profond, Daléchamp entreprit
de composer une *histoire générale des plantes,* ouvrage immense
dans lequel il voulait consigner toutes les découvertes faites jusqu'à
lui, dans cette branche de l'histoire naturelle.

L'étendue de cette entreprise et les devoirs particuliers qu'il
avait à remplir ne permirent pas à Daléchamp d'achever lui-même
son travail. Il se fit aider par le médecin Desmoulins qui le termina,
et à qui, vraisemblablement, il faut attribuer le plus grand nombre
des défauts de cet ouvrage.

Cette histoire des plantes fut publiée, en deux grands volumes,
après la mort de Daléchamp : Elle est divisée en dix-huit livres
et contient 2686 figures assez médiocres dont plusieurs sont exactement copiées et la plupart imitées de Fuchs, de Matthiole et autres.

Daléchamp décrivit cependant beaucoup de plantes rares qui
croissent aux environs de Lyon, dans le Dauphiné, dans l'Espagne

— § VI —

CLUSIUS ET LOBEL

En 1526 naquit à Arras (Pas-de-Calais) Charles de Lécluse, dit
Clusius, homme d'un rare mérite, et l'un des plus savants botanistes
de son siècle.

Son ardeur pour perfectionner la description des plantes déjà
connues et en découvrir de nouvelles lui fit entreprendre plusieurs
voyages en Allemagne, en Autriche, en Hongrie, dans les différentes
régions de la France, en Espagne et en Portugal. Dans le cours de
ces pérégrinations scientifiques, cet habile botaniste décrivit un
grand nombre de végétaux avec une exactitude et une précision
que les modernes n'ont pas surpassées, si l'on en excepte les détails
relatifs aux différents organes de la fructification dont l'importance
n'était pas encore suffisamment établie.

Dans le premier des deux volumes qu'il publia, Clusius traita

des plantes rares et les distribua d'après leur grandeur, leurs qualités et leur forme générale ; dans le second, il mentionne les plantes étrangères à l'Europe, et donne la description de beaucoup de
fruits, ainsi que des autres parties des plantes exotiques dont il a pu
se procurer la connaissance.

Lobel, bien inférieur à Clusius, tant par ses descriptions qui sont
tronquées et incorrectes, que par le peu d'exactitude de ses observations, distribua les plantes qu'il mentionne, d'après leur grandeur,
leurs qualités et leur port. Il donna les figures de plus de 2000
végétaux dont un grand nombre sont les mêmes que celles de
Clusius.

Il fut aidé dans ses travaux par un Provençal du nom de
Pierre Péna, qui lui fit connaître la plupart des plantes des environs
de Narbonne.

— § VII —

BOTANISTES DIVERS DU XVIe SIÈCLE

Indépendamment des botanistes dont nous venons de parler, il en
parut d'autres dans le cours du XVe siècle, qui certainement contribuèrent chacun à l'avancement de la science, mais sur les noms
desquels le cadre que nous nous sommes tracés ne nous permet
guère de nous arrêter.

Nous dirons simplement que Guillaume Turner, médecin anglais,
donna en 1551 une histoire des plantes d'Angleterre; que Pierre
Belon, un de nos compatriotes, fit un long voyage en Égypte, en
Arabie et en Grèce, et mentionna plusieurs plantes rares dans les
observations qu'il publia. Léonard Rauvolfe, voyagea dans le Levant,
recueillit beaucoup de plantes de cette contrée et les fit connaître
dans la relation qu'il publia. Un certain Camerarius donna une
assez belle édition des plantes de Matthiole et l'enrichit de beaucoup
de figures qu'il tenait de Gesner dont il avait acquis la bibliothèque
et les ouvrages inachevés.

Prosper Alpin, qui voyagea en Egypte, fit connaître un grand nombre de plantes rares: Fabius Columna, d'une illustre famille d'Italie, composa d'intéressants ouvrages dans lesquels on trouve la description et les figures d'un grand nombre de végétaux.

L'Italien Maranta, le Vénitien Louis Anguilluria, l'Espagnol Nicolas Monard, le Napolitain Jean-Baptiste Porta, le Français

Tournefort.

Sarrazin, de Lyon, l'Anglais Jean Gérard, et beaucoup d'autres, s'occupèrent avec passion de l'étude des plantes.

Nous allons nous arrêter maintenant sur deux noms chers à la science et qui appartiennent à la fin du XVIᵉ siècle et au commencement du XVIIᵉ.

— § VIII —

JEAN ET GASPARD BAUHIN

Nous savons que depuis le commencement du XVIe siècle, les études botaniques constituaient une science à part. De tous côtés, on multipliait les recherches pour arriver à la connaissance des végétaux; on s'attachait à trouver des caractères pour en déterminer la distinction. Le goût de cette étude se développait sans cesse, et l'on apercevait déjà quelques traces de méthodes dans les ouvrages publiés sur cette matière.

Malheureusement, le peu d'accord qui régnait toujours entre les auteurs, à l'égard des noms qu'ils attribuaient aux plantes, rendait presque inintelligibles, pour ne pas dire inutiles, tant d'ouvrages intéressants.

C'est alors que parurent les deux illustres frères Jean et Gaspard Bauhin qui, par leurs immenses travaux, apportèrent la lumière dans ce chaos. Ces deux savants sont d'origine française : Leur père, Jean Bauhin, médecin à Amiens, avait été obligé de quitter la France pour avoir embrassé la religion réformée. Il alla s'établir à Bâle, et c'est là que sont nés les deux célèbres botanistes

Jean Bauhin naquit en 1541 et mourut en 1613. Il habita quelque temps à Embrun, fut le disciple de Fuchs et l'ami de Gesner avec lequel il voyagea en Italie. Son ardeur pour la science lui fit parcourir les montagnes de la Suisse, celles des Alpes, la plus grande partie de l'Italie, de l'Allemagne et de la France. Dans ses pérégrinations incessantes, il découvrit un grand nombre de plantes dont il donna de bonnes descriptions.

Il entreprit une *Histoire générale des plantes* qui ne fut imprimée qn'après sa mort et dans laquelle il mentionne un nombre considérable de végétaux.

On trouve, dans ce travail, beaucoup de rapprochements naturels,

une critique juste, et une synonymie exacte de la plupart des
auteurs qui l'ont précédé.

Gaspard Bauhin, né en 1550 et mort en 1624, eut, comme son
frère, la passion de l'étude des plantes. Il fut son émule en botanique
et le surpassa par l'étendue du plan qu'il avait conçu, mais qu'il
n'eut pas le temps de mettre à exécution.

En effet, son *Pinax,* sorte de tableau des études botaniques, fruit
de quarante années de recherches et de travaux, n'est en quelque
sorte qu'un exposé sommaire de l'ouvrage complet qu'il se proposait
d'exécuter. On peut juger de ce qu'aurait été ce grand ouvrage par
l'examen de la première partie qui comprend la description d'environ 600 plantes et dans laquelle l'auteur observe l'ordre qu'il avait
projeté de suivre partout.

Les différents noms donnés aux plantes par les anciens auteurs se
trouvent conciliés par les précieux travaux des Bauhins; on peut
dire qu'à partir de ce moment la botanique changea de face. On put
alors consulter facilement les ouvrages qui existaient sur cette matière; tout le monde fut à même de profiter d'une infinité d'observations intéressantes qu'ils renfermaient.

Ce n'était pourtant point encore tout : Il fallait maintenant un
ordre qui pût donner une idée générale; en un mot; il était nécessaire de classer les plantes.

— § IX —

ANDRÉ CÉSALPIN

André Césalpin, né à Arezzo en 1519, mourut à Rome en 1603.

Ce fut environ à la même époque où les frères Bauhin travaillaient
sans relâche au perfectionnement des études botaniques que Césalpin inventa la première méthode de classification qui eût jamais
existé.

Personne avant lui ne s'était appliqué à trouver dans les plantes de caractères assez généraux pour en embrasser, en réunir à la fois, une certaine quantité et former, par ce moyen, de grandes divisions. On ne peut regarder comme des méthodes les divisions des ouvrages des anciens. Les plantes étaient groupées d'après leurs propriétés et les différents usages qu'on en faisait, et non comme un moyen de les reconnaître et de s'assurer du nom qui leur avait été attribué.

Césalpin a distribué en quinze classes les 800 végétaux qu'il a décrits; et, ces classes sont déterminées d'après des caractères distinctifs et apparents et non d'après les propriétés et les vertus des plantes.

C'est donc avec raison que nous considérons le botaniste d'Arezzo comme le premier qui essaya de trouver une méthode rationnelle pour la détermination des végétaux.

Cette méthode basée sur la forme de la fleur du fruit et le nombre des graines est certainement sujette à beaucoup de critiques. On peut affirmer néanmoins qu'elle était mieux conçue qu'un grand nombre de celles qui l'ont suivie.

Voici, à titre de simple curiosité, comment Césalpin établit ses divisions :

1. — Arbres et arbrisseaux dont l'embryon sort du sommet de la graine.
2. — Arbres et arbrisseaux dont l'embryon sort de la base de la graine,
3. — Herbes et sous-arbrisseaux à graines solitaires.
4. — Herbes et sous-arbrisseaux à fruit charnu ou en baie.
5. — Herbes et sous-arbrisseaux à fruit sec ou en capsule.
6. — Herbes et sous-arbrisseaux à graines géminées.
7. — Herbes et sous-arbrisseaux à fruit à deux loges.
8. — Herbes et sous-arbrisseaux à fruit à trois loges et à racines fibreuses.
9. — Herbes et sous-arbrisseaux à fruit à trois loges et à racines bulbeuses.
10. — Herbes et sous-arbrisseaux à fruit à quatre graines.
11. — Herbes et sous-arbrisseaux à plusieurs graines dans une fleur commune.
12. — Herbes et sous-arbrisseaux à plusieurs graines dans une fleur commune mais solitaires sous chaque fleur.
13. — Herbes et sous-arbrisseaux à plusieurs graines dans une fleur commune.
14. — Herbes et sous-arbrisseaux à fruit capsulaire ou multiloculaire.
15. — Herbes et sous-arbrisseaux à fleur et fruit nuls et non apparents.

Il est bien entendu que cette classification serait loin de répondre aux exigences actuelles de la science ; mais, il ne faut pas perdre de vue qu'elle a précédé toutes les autres.

Puisque nous parlons de classification, disons qu'il en existe de deux sortes : Les *classifications artificielles*, appelées ordinairement *systèmes*, et les *classifications naturelles*, nommées communément *méthodes*.

Dans la classification artificielle, ou *système*, on ne prend pour guide et pour base que la considération d'un seul organe. Nous verrons plus loin que Tournefort n'a envisagé que la corolle et que Linné s'est appuyé uniquement sur les étamines. Ainsi dans la classification artificielle, les objets sont groupés d'après des caractères choisis arbitrairement, sans avoir égard à la ressemblance générale qui peut exister entre les espèces que l'on sépare, ni aux différences qui peuvent s'observer entre celles que l'on réunit.

Dans la classification naturelle ou *méthode*, au contraire, on envisage l'ensemble des caractères tirés de toutes les parties du règne végétal. Les divisions sont fondées sur la nature même même des objets : on les rapproche entre eux d'après leur similitude plus ou moins grande et on les sépare à raison des différences plus ou moins considérables qu'offrent leurs parties les plus essentielles.

On s'est servi très ingénieusement d'un exemple familier pour bien faire comprendre la différence qui existe entre le système et la méthode :

Les mots d'une langue, disposés par ordre alphabétique, sont classés artificiellement ou par système, en prenant arbitrairement pour base de l'arrangement la première lettre dont chaque mot se compose. Au contraire, lorsque les mots sont divisés en noms, adjectifs, pronoms, verbes, comme on le fait dans une grammaire, cette disposition constitue une classification naturelle ou méthode.

Cet exemple nous fait comprendre, en même temps, que l'application d'un système est plus facile que l'application d'une méthode, mais la première de ces classifications ne fait rien connaître sur la nature des êtres, tandis que la seconde a le grand avantage de nous initier à tout ce qu'ils offrent de vraiment remarquable.

Dans l'état actuel de la science, les classifications artificielles, malgré les facilités qu'elles offrent, n'ont plus leur raison d'être ; et les classifications naturelles, qui exigent préalablement une étude attentive et des observations minutieuses, sont les seules admises.

CHAPITRE III

Dix-septième siècle

— § Ier —

PROGRÈS DE LA BOTANIQUE

Le précis historique que nous allons continuer vous montre, mes petits amis, combien il a fallu de travaux et d'efforts avant d'arriver à constituer sur des bases certaines les principes de la botanique.

Il aura en outre l'avantage de vous faire connaître les noms des hommes les plus remarquables qui se sont illustrés par l'étude des végétaux ; et lorsque plus tard, dans vos leçons sur l'histoire naturelle, vous rencontrerez ces noms, ils rappelleront à votre mémoire les précurseurs des savants modernes qui savent rendre l'étude des sciences si attrayante.

Nous avons dit comment les botanistes furent amenés à examiner les plantes dans la nature, et à rechercher leurs caractères distinctifs ; on alla plus loin, et on détermina dans quelles parties de végétaux il fallait chercher les caractères dont la considération était la plus essentielle.

Nous avons vu comment les frères Bauhin mirent de l'ordre dans les nomenclatures défectueuses établies par leurs prédécesseurs, et enfin, dans quelles proportions considérables le nombre des plantes connues augmentait sans cesse par les découvertes qui se produisaient de toutes parts.

Aussi, au commencement du XVIIe siècle, les trésors de la botanique, les précieux matériaux de cette science, sont tellement accumulés qu'ils peuvent servir à l'édification d'un monument remarquable. C'est alors que Césalpin chercha le fil conducteur capable de le guider dans ce labyrinthe scientifique et qu'il imagina le système de classification dont nous avons parlé.

Pendant le XVIIe siècle les savants les plus distingués ne mirent ni moins d'empressement, ni moins d'ardeur à perfectionner les connaissances acquises et à agrandir le cercle de ces intéressantes études.

C'est d'abord Jean Pona, apothicaire de Vérone, qui publia en 1617, un voyage au Mont Baldus, dans lequel il donne la description de plantes très rares, avec des figures passables.

Voici l'Italien Jacques Zanoni qui, en 1652, donna un remarquable travail sur les plantes des environs de Bologne et qui, en 1675, écrivit une *histoire botanique* contenant la description de beaucoup de plantes nouvelles.

Puis, l'espagnol François Fernandez qui observa, au Mexique, un grand nombre de végétaux dont il fit dessiner les figures à grands frais. L'histoire naturelle du Mexique qu'il a laissée contient des descriptions un peu vagues avec des figures malheureusement incomplètes. On prétend que ses premiers dessins avaient été consumés dans un incendie.

Jean Parkinson, apothicaire anglais, composa divers ouvrages sur les végétaux et publia, en 1640, son *Théâtre de botanique.*

Jean Johnston, savant naturaliste, qui vécut longtemps en Pologne, laissa entre autres travaux une *histoire des arbres* et un ouvrage de moindre importance intitulé : *connaissances du règne végétal.*

Jacob Cornatus, médecin parisien, donna une *histoire des plantes* du Canada illustrée d'assez bonnes figures.

Guillaume Pison, médecin de Leyde, et Georges Margraves, composèrent chacun une *histoire naturelle du Brésil,* où l'on trouve la description et les figures de beaucoup de plantes rares.

Henri Rheede, gouverneur de Malabar, publia un excellent ouvrage sur la flore du Malabar. On y trouve la description de 800 plantes de la contrée, avec de bonnes figures et l'indication des usages auxquels ces plantes sont employées dans ces régions.

— § II —

RAY

Après tous ces noms, mais planant bien au-dessus, nous citerons celui du naturaliste anglais Ray, né dans le comté d'Essex en 1628, mort en 1704 et dont la profonde érudition était moins grande

Cactus géants (Mexique).

encore que l'affabilité et la modestie.

Malgré la médiocrité de sa fortune, ce savant s'abandonna dès sa jeunesse à sa passion pour la botanique et il entreprit de longs voyages en Angleterre, en Allemagne, en Italie et en France. C'est ainsi qu'il recueillit de nombreux matériaux qui lui permirent, dans la suite, de se livrer pendant cinquante années aux recherche qu'entraîne l'étude suivie des plantes.

Ray peut être regardé comme un des hommes qui ont le plus travaillé et le plus recueilli dans l'intérêt de la science botanique.

Dans une *histoire générale des plantes,* immense ouvrage qui contient la description de plus de 18,000 végétaux, Ray mit en pratique une méthode de classification qu'il avait conçue et publiée en 1682.

En se plaçant au point de vue des différents organes de la fructification, et aussi quelquefois des autres parties de la plante, il établit vingt-cinq classes de végétaux.

Mais plus tard, en 1703, Ray ayant eu connaissance des travaux de Tournefort, fit à sa méthode de grandes corrections et des additions considérables.

Alors, il divisa les végétaux en trente-trois classes de la manière suivante :

Les Herbes

1. — Plantes marines	*Submarinæ*
2. — Champignons	*Fungi*
3. — Mousses	*Musci*
4. — Fougères	*Capillares*
5. — Plantes apétales	*Apetalæ*
6. — Planipétales	*Planipetalæ*
7. — Discoïdes	*Discoïdeæ*
8. — Corymbifères	*Corymbiferæ*
9. — Cynarocéphales	*Capitatæ*
10. — A semence solitaire	*Solitario semine*
11. — Ombellifères	*Umbelliferæ*
12. — A feuilles en étoile	*Stellatæ*
13. — Borraginées	*Asperifoliæ*
14. — A fleurs verticillées	*Verticillatæ*
15. — A fruits polyspermes	*Polyspermæ*
16. — Pomifères	*Pomiferæ*
17. — Baccifères	*Bacciferæ*
18. — Multisiliqueuses	*Multisiliquæ*

19. — A fleur monopétale..........	*Monopetalæ*
20. — A deux ou trois pétales......	*Di–tripetalæ*
21. — Plantes à siliques...........	*Siliquosæ*
22. — Légumineuses..............	*Leguminosæ*
23. — A fleurs à cinq pétales......	*Pentapetalæ*
24. — A fleurs de peu d'apparence.	*Floriferæ*
25. — A fleurs glumacées..........	*Staminæ*
26. — Anomales....................	*Anomalæ*

Les Arbres

27. — Arundinacées.................	*Arundinaceæ*
28. — A fleurs apétales.............	*Apetalæ*
29. — A fruit couronné.............	*Fructu umbilicato*
30. — A fruit non couronné........	*Fructu non umbilicato*
31. — A fruit sec...................	*Fructu sicco*
32. — A fruit en silique.............	*Fructu siliquoso*
33. — Anomales....................	*Anomales*

Ray fut le premier des modernes qui chercha réellement un ordre naturel dans la distribution des végétaux ; et il pensait que toutes les parties des plantes doivent concourir à leur séparation ou à leur rapprochement.

Les vingt dernières années du XVIIe siècle sont remarquables par les progrès de toutes sortes que firent les sciences en général.

On créa des académies, on entreprit des voyages, on augmenta et on multiplia les collections d'histoire naturelle, les jardins botaniques ; on construisit des serres, on étendit tous les moyens de conserver et d'acclimater les productions les plus rares. On vit partout surgir des hommes laborieux et distingués qui se livrèrent à l'étude des plantes et qui contribuèrent au perfectionnement des méthodes.

Nous allons continuer à mentionner les plus connus de ces botanistes, et nous indiquerons les méthodes les plus dignes d'être remarquées ; mais nous avons hâte d'arriver à Tournefort qui changea la face des choses en occasionnant la révolution la plus favorable au progrès des études botaniques.

— § III —

MORISON

Robert Morison né en Ecosse en 1620, mort en 1683 s'acquit une grande célébrité par ses connaissances et par ses travaux; mais il était loin d'avoir la modestie qu'on a tant admirée dans son contemporain Ray. Il fut attiré en France par Gaston d'Orléans qui lui donna la direction du jardin des plantes de la ville de Blois.

Après dix ans de séjour à Blois, il retourna en Angleterre en qualité de professeur de botanique à l'Université d'Oxford, et enseigna cette science avec distinction.

Ayant été à même de bien observer les plantes et de les étudier aux différentes époques de leur existence, il établit un système de classification basé surtout sur l'examen des fruits. Son *histoire universelle des plantes* établit les dix-huit classes suivantes :

1. — Les arbres.	10. — Les herbes laiteuses ou à aigrettes.
2. — Les arbrisseaux.	11. — Les herbes culmifères.
3. — Les sous-arbrisseaux.	12. — Les herbes ombellifères.
4. — Les herbes grimpantes.	13. — Les herbes à trois coques.
5. — Les herbes légumineuses.	14. — Les herbes à fleurs labiées.
6. — Les herbes à siliques (crucifères).	15. — Les herbes multicapsulaires.
7. — Les herbes tricapsulaires.	16. — Les herbes baccifères.
8. — Les herbes déterminées par le nombre des loges ou des capsules.	17. — Les herbes capillaires.
9. — Les herbes corymbifères.	18. — Les herbes difficiles à classer.

La dernière partie de l'*histoire des plantes* de Morison ne parut qu'après sa mort, et ce fut Jacob Bobart qui prit soin de cette publication.

D'autre part, la partie relative aux arbres, arbrisseaux et sous-arbrisseaux, qu'un contemporain affirme avoir vu entièrement achevée, chez l'auteur même, n'a jamais été imprimée; on ne sait ce qu'est devenu ce travail.

Les figures données par Morison sont passables.

— § IV —

PAUL HERMAN

Le saxon Paul Herman, qui, pendant quelques années exerça la médecine à Ceylan et au cap de Bonne-Espérance et qui, plus tard, fut professeur de botanique à Leyde se distingua dans l'étude des sciences botaniques.

Il a laissé un *catalogue du jardin de Leyde* et une *Flore* qui lui ont acquis beaucoup de célébrité.

Il a composé un système de classification basé, en général, sur la considération du fruit et dans lequel il établit les vingt-cinq classes suivantes :

Herbes dont les fleurs ont une corolle et dont les semences sont nues

1. — Plusieurs semences et des fleurs simples.
2. — Deux semences et des fleurs en ombelles.
3. — Une semence et des fleurs solitaires.
4. — Une semence et des fleurs composées.
5. — Deux semences et des feuilles en étoile.
6. — Quatre semences et des feuilles rudes.
7. — Quatre semences et des fleurs verticillées.

Herbes dont les fleurs ont une corolle et les semences un péricarpe

8. — Une capsule à une loge.
9. — Une capsule à deux loges.
10. — Une capsule à trois loges.
11. — Une capsule à quatre loges.
12. — Une capsule à cinq loges.
13. — Plusieurs capsules.
14. — Des siliques.
15. — Des gousses.
16. — Trois capsules.
17. — Fruit en baie.
18. — Fruit en pomme.

Herbes qui n'ont point de corolle

19. — Munies de calice.
20. — Sans calice.
21. — Munies de balles.

Arbres

22. — A fleurs incomplètes.
23. — A fruit charnu et couronné.

24. — A fruit charnu non couronné.
25. — A fruit sec.

Ce système fort difficile, contient cependant d'excellentes choses qu'on n'avait pas suffisamment appréciées du temps de l'auteur.

— § V —

RIVIN

Auguste Rivin, dit Rivinus, mort en 1723 et qui vécut à Leipsik, paraît être le premier qui, dans une classification, ait envisagé principalement la corolle; son système présente les dix-huit classes suivantes :

Plantes dont les fleurs simples, complètes, régulières ont

1. — La corolle monopétale.
2. — La corolle à deux pétales.
3. — La corolle à trois pétales.
4. — La corolle à quatre pétales.

5. — La corolle à cinq pétales.
6. — La corolle à six pétales.
7. — La corolle polypétale

Plantes dont les fleurs composées ont :

8. — Des fleurs régulières.
9. — Des fleurs régulières et irrégulières.

10 — Des fleurs irrégulières.

Plantes dont les fleurs simples, complètes, irrégulières ont :

11. — La corolle monopétale.
12. — La corolle à deux pétales.
13. — La corolle à trois pétales.
14. — La corolle à quatre pétales.
15. — La corolle à cinq pétales.

16. — La corolle à six pétales.
17. — La corolle polypétale.
18. — Plantes à fleurs incomplètes ou imparfaites.

Le système de Rivin, plus facile que celui d'Herman, a l'inconvénient de conserver beaucoup moins que celui-ci les rapports naturels des plantes.

Néanmoins il faut lui rendre cette justice, que indépendamment des efforts qu'il a fait pour trouver dans la corolle des caractères propres à distinguer les végétaux, il est le premier qui ait compris qu'on ne devait point séparer les arbres d'avec les autres plantes.

— § VI —

BOTANISTES DIVERS DU XVIIe SIÈCLE

Parmi les botanistes célèbres qui ont vécu au temps de Ray ou après lui, jusqu'à Tournefort, nous citerons :

Le dominicain Jacob Barrelier, né à Paris en 1606, qui se livra à la recherche des plantes, et qui, dans ce but, voyagea en Espagne, en Italie et dans les différentes parties de la France.

Il a laissé un important travail qui fut publié en 1714 par les soins d'Antoine de Jussieu, et dans lequel il rapporte à la méthode de Tournefort toutes les plantes dont il fait mention.

Paul Boccone, né à Palerme en 1633, moine de l'ordre de Citeaux se fit un nom célèbre en botanique par ses recherches sur les plantes les moins connues de l'Europe. Il en donna une excellente relation après avoir parcouru, pour cet objet, la Sicile, l'île de Malte, la Corse, l'Angleterre, la France, l'Allemagne et plusieurs autres pays.

Georges-Evrard Rumph, hollandais, a laissé l'*herbier d'Amboine*, dans lequel on trouve la description d'un nombre considérable de plantes des îles Moluques et des pays voisins.

Pierre Magnol, que Linné a voulu honorer en donnant le nom de *magnolia* au bel arbre d'Amérique qui fait l'ornement de nos jardins, professa, avec beaucoup de distinction, la botanique à Montpellier et essaya d'établir, parmi les végétaux, des familles naturelles. Il publia un catalogue des plantes qui croissent aux environs de Montpellier et un autre catalogue de végétaux réunis dans le jardin de cette ville.

Il est l'auteur d'une méthode fondée, en général, sur la considéra-

tion du calice combinée avec celle des autres parties de la fructification.

Le chevalier Sloane, irlandais, étudia la médecine à Montpellier,
visita la Jamaïque ; et, à son retour, reçut les titres de premier
médecin du roi et de Président de la Société royale de Londres. Il
publia, entre autres ouvrages, un catalogue et une histoire des plantes de la Jamaïque.

L'Anglais Pluknet, né en 1642, est de tous les auteurs celui qui a
donné le plus grand nombre de figures de plantes exotiques.

Ainsi, de nombreux et savants botanistes, les uns par les nouvelles découvertes qu'ils publièrent, les autres par les différents arrangements méthodiques qu'ils voulurent établir, avaient considérablement enrichi la science.

Cette confusion qui avait été sur le point de disparaître avec les
frères Bauhin, s'était de nouveau introduite dans les idées ; et la botanique ne s'appuyait que sur des principes vagues et obscures, des
méthodes difficiles, compliquées et rebutantes.

Ce fut alors que parut l'immortel Tournefort qui l'emporta sur
tous ceux qui l'avaient précédé, par la clarté de sa méthode, et qui
sut répandre la plus vive lumière sur toutes les parties de la botanique.

— § VII —

TOURNEFORT

Né à Aix, en 1656, Joseph Pittonde Tournefort eut de bonne heure
tant de goût pour l'étude des plantes et se distingua à un tel degré
qu'il fut appelé à Paris par Fagon, premier médecin de Louis XIV,
et obtint l'emploi de professeur de botanique au Jardin royal des
des plantes.

Tournefort, à cette époque, avait déjà parcouru les montagnes de
Provence, de Languedoc, du Dauphiné, des Alpes, de la Catalogne
et des Pyrénées, et avait rapporté de ses excursions un grand nombre de plantes rares qui commencèrent son herbier.

Ses fonctions de professeur de botanique ne l'empêchèrent pas de continuer ses voyages et de multiplier ses découvertes. Poussé par le désir de faire de nouvelles conquêtes scientifiques, il retourna en Espagne ; puis alla en Portugal, en Hollande, en Angleterre et donna en toute circonstance les preuves d'un profond savoir et d'une activité inexprimable.

Bernard de Jussieu.

Il parcourut par ordre du roi la Grèce, les principales îles de l'Archipel, les bords de la Mer Noire et s'avança jusqu'aux frontières de la Perse.

Dans le cours de ce grand et beau voyage, Tournefort recueillit quantité de plantes intéressantes et nouvelles. Six ans plus tôt, en

1694, il avait publié ses *Éléments de botanique*. C'est dans ce bel ouvrage qu'il donna son système de classification, le plus clair et le plus facile qui eût paru jusqu'alors.

Dans le système de Tournefort, les végétaux sont partagés en vingt-deux classes dont les caractères sont tirés 1° de la consistance et de la durée de la tige, d'où la division des végétaux en *herbes* et en *arbres*; 2° de la présence ou de l'absence de corolle, d'où il forme deux autres divisions : herbes ou arbres *pétalés*, herbes ou arbres *apétalés*; 3° de l'isolement des fleurs dans chaque calice, ou de leur réunion dans un involucre commun, d'où il les partage en *fleurs simples* et *fleurs composées*; 4° de la corolle qui est *monopétale, polypétale, régulière* ou *irrégulière*.

Herbes et sous-arbrisseaux à fleurs simples et qui ont

Une corolle monopétale, régulière et campaniforme.	1. Classe.
Une corolle monopétale, régulière et infundibuliforme.	2. »
Une corolle monopétale, irrégulière et anomale.	3. »
Une corolle monopétale, irrégulière et labiée.	4. »
Une corolle polypétale, régulière et cruciforme.	5. »
Une corolle polypétale, régulière et rosacée.	6. »
Une corolle polypétale, régulière, avec des fleurs en ombelle.	
Une corolle polypétale, régulière, et des fleurs en œillet.	8. »
Une corolle polypétale, régulière et des fleurs de lys.	9. »
Une corolle polypétale, irrégulière, avec des fleurs papilionacées.	10. »
Une corolle polypétale, irrégulière, et des fleurs anomales.	11. »

Herbes et sous-arbrisseaux à fleurs composées, et qui ont

Des fleurons seulement.	les fleurs flosculeuses.	12. Classe.
Des demi-fleurons seulement.	les fleurs semi-flosculeuses.	13. »
Des fleurons et des demi-fleurons.	les fleurs radiées.	14. »

Herbes et sous-arbrisseaux

Sans corolle.	fleurs apétales à étamines.	15. Classe.
Sans fleurs, mais qui portent des semences.		16. »
Sans fleurs et sans fruits.		17. »

Arbres et arbrisseaux et qui ont

Des fleurs sans corolle.	fleurs apétales.	18. Classe.
Des fleurs sans corolle et en chaton.	fleurs amentacées.	19. »

Des fleurs à corolle monopétale. . . . . . . fleurs monopétalées. . . 20. Classe.
Des fleurs à corolle polypétale, régulière. . fleurs rosacées. . . . . 21. »
Des fleurs à corolle polypétale, irrégulière. . fleurs papilionacées. . . 22. »

Le système de Tournefort séduit tout d'abord par son extrême simplicité; et pourtant, il offre de grands inconvénients dont le plus grave est la séparation des végétaux en herbes et en arbres. Cette division est contraire à tous les principes de la science puisque les mêmes plantes peuvent, suivant la latitude sous laquelle on les cultive, être herbacées ou ligneuses, herbe ou arbrisseau.

Pour rendre au savant botaniste toute la justice qui lui appartient, il faut se reporter au temps où il vivait et considérer l'état de la science et le nombre restreint de plantes connues à cette époque.

Alors on reconnaîtra qu'il a introduit dans son système des principes sages et lumineux pour guider dans l'établissement des classes et la détermination des genres. Son système de classification qu'il ne jugea pas lui-même pouvoir être d'une application universelle, fut cependant — par sa facilité, par sa précision, et par la conservation de beaucoup de rapports naturels — très supérieur à tous ceux qui avaient paru jusqu'alors.

Il n'est pas étonnant que certaines des bizarreries qui nous frappent dans la classification de Tournefort n'aient pas été remarquées par lui, car le nombre des plantes alors connues était relativement peu considérable. Si le savant botaniste avait prévu les découvertes nouvelles qu'on allait faire, il n'aurait certainement pas séparé les herbes des arbres.

En replaçant Tournefort à l'époque et au milieu des circonstances où il s'est rencontré, on reconnaîtra tout ce que cet homme éminent a fait pour répandre la clarté dans une science dont tous les principes étaient encore vagues et obscurs.

CHAPITRE IV

La botanique au XVIIIe siècle

— § Ier —

BOTANISTES DIVERS

La botanique, après Tournefort, n'est plus cette science vague sans principe et sans vue qui consistait à décrire confusément le port des plantes, la couleur de leurs fleurs, la grosseur de leurs fruits, sans détails suffisants pour les bien connaître, et à distribuer les végétaux connus d'après la considération de leurs qualités et des propriétés qu'on leur attribuait.

Désormais, la botanique s'appuie sur des principes généraux bien déterminés; on sait les détails sur lesquels il faut s'arrêter quand on décrit une plante; et, si la meilleure méthode de classification n'est point irrévocablement fixée, on peut affirmer que ce qu'on possède est de beaucoup supérieur à tout ce qui a été jusque-là imaginé.

La voie du progrès était tracée, il ne s'agissait plus que de la suivre; et, il faut avouer qu'à cet égard les bonnes volontés et les vrais talents ne firent pas défaut.

Plumet, religieux Minime, contemporain de Tournefort enrichit la botanique des nombreuses découvertes qu'il fit en Amérique.

Le fameux Boerhaave, professeur à l'Université de Leyde, publia en 1710 le *Catalogue des Plantes du Jardin de Leyde*, dans lequel on trouve la description de plusieurs végétaux peu connus à cette époque. Il établit un système qui paraît combiné de ceux de Ray, d'Herman et de Tournefort.

Sébastien Vaillant, botaniste français, né en 1669, s'adonna dès sa plus grande jeunesse, à l'étude et à la recherche des végétaux. Il suivit les leçons que Tournefort donnait au Jardin du roi; et, après avoir donné les preuves d'un grand savoir, il fut pourvu de la charge de Démonstrateur au Jardin royal des plantes.

Son dénombrement des végétaux qui croissent aux environs de Paris, prouve en même temps que son activité infatigable, son aptitude extraordinaire à décrire les plantes qu'il découvrit.

Parmi les ouvrages de Vaillant, on remarque un *Discours* sur la structure des fleurs et sur les fonctions de leurs différentes parties dans lequel il expose les expériences qu'il a faites sur l'explosion de la poussière des étamines et décrit avec une grande compétence les différents organes. Puis, une méthode particulière sur les plantes à fleurs composées; et enfin, d'excellentes observations sur les travaux de Tournefort.

L'Allemand Ruppius, en 1778, essaya de corriger la méthode de Rivin et la simplifia un peu; il signala une assez grande quantité de plantes rares qu'il avait découvertes.

L'Italien Jules Pontedera chercha à perfectionner le système de Tournefort en le simplifiant davantage et en le combinant avec celui de Rivin. Dans son *Anthologie,*, publiée en 1720, ce botaniste définit les différentes parties des fleurs; il établit ce que l'on doit regarder comme calice et ce qu'il faut nommer corolle.

Jacques Dillen, infatigable et heureux dans ses recherches, savant et exact dans ses observations, concourut beaucoup aux progrès de la botanique; il fit connaître de nombreuses plantes qu'on n'avait point examinées ni décrites avant lui.

Le Suisse Jean-Jacques Scheuchzer, homme d'un grand mérite, fit différents voyages dans les Alpes et observa beaucoup de plantes dont il donna les descriptions.

Pierre-Antoine Micheli, né à Florence en 1680, s'acquit une grande célébrité par la nature de ses observations. On a peine à croire, en considérant ses étonnants travaux que cet homme ne fût, dans l'origine, qu'un simple jardinier, à peu près illettré. Micheli a laissé un bel ouvrage dans lequel il signale les singulières découvertes qu'il a faites à l'aide du microscope, sur les champignons, les moisissures, etc. et dont il donna des dessins excellents.

Le Suédois Rudbeck donna, en 1685, un intéressant catalogue des plantes d'Upsal; son fils entreprit sous le titre de *Champs-Élysées,*

un vaste ouvrage qui, malheureusement, fut détruit dans un
incendie.

Le Hollandais Jean Commelin enrichit de notes savantes le *Jardin de Malabar*, lorsque cet intéressant ouvrage parut. Son neveu,
Gaspard Commelin, auteur du *Jardin d'Amsterdam*, publia, en
1703, les *Préludes de botanique* et, en 1715, un autre ouvrage intitulé
Plantes rares du Jardin d'Amsterdam.

Mappus, de Strasbourg, publia en 1742, une histoire intéressante
des plantes de l'Alsace.

Zanichelli, apothicaire de Venise, décrivit les plantes des environs de cette ville et donna le catalogue des végétaux qu'il avait
découverts dans les montagnes des Alpes et du Tyrol.

L'Allemand Kempfer voyagea dans toute l'Asie, vécut deux ans
au Japon et laissa un ouvrage dans lequel il signale un grand nombre de plantes rares.

Le religieux français, Feuillé, de l'ordre des Minimes, parcourut
l'Amérique méridionale et écrivit un Journal d'observations dans
lequel on trouve la description de nombreuses plantes du Pérou et
du Chili.

Le dominicain Labat fit des explorations en Afrique et en Amérique, et donna, dans l'histoire de ses voyages, des descriptions de
végétaux étrangers.

Le Hollandais Gronovius publia, sous le titre de *Flore de Virginie*,
la description des végétaux que J. Clayton avait observé dans cette
contrée ; et, sous celui de *Flore Orientale*, la relation des voyages botaniques exécutés en Syrie, en Mésopotamie et en Palestine, par
Rauvolfe.

Garidel donna, en 1715, l'histoire des plantes des environs d'Aix
et de plusieurs parties de la Provence.

L'Anglais Catesbi publia, en 1731, une *Histoire naturelle de la
Caroline*. On y trouve, indépendamment d'une grande quantité d'oiseaux et de serpents, la description d'un grand nombre de végétaux
de cette contrée.

Le Russe Georges Siegesbeck apporta son contingent à la science
par son catalogue du Jardin de Pétersbourg et la description de plusieurs végétaux exotique.

On pourrait faire encore une longue nomenclature des savants

de tous les pays qui, dans la première partie du dix-huitième siècle se livrèrent aux études botaniques; mais il est temps de nous
arrêter sur un nom cher à la science et qui fut illustré par quatre
grands naturalistes.

— § II —

ANTOINE, BERNARD ET JOSEPH DE JUSSIEU

Antoine de Jussieu, fils d'un apothicaire de Lyon, naquit dans
cette ville en 1686 et mourut en 1758. Après s'être fait recevoir
docteur en médecine à Montpellier, il vint à Paris en 1708, puis
entreprit un voyage botanique en Normandie et en Bretagne et fut,
à son retour, nommé professeur de botanique au Jardin du Roi. Il
entra en 1710 à l'Académie des sciences, et publia des observations
très intéressantes sur les végétaux, dont il indiqua un grand nombre d'espèces nouvelles. Ce fut lui qui, le premier, fit connaître la
fleur et le fruit du *caféier*. Il donna une nouvelle édition des *Insti-
tuts botaniques* de Tournefort en y ajoutant des notes très intéressantes.

Bernard de Jussieu, frère du précédent, né à Lyon en 1699, mourut à Paris en 1777. Il accompagna Antoine dans plusieurs de
ses voyages scientifiques, se fit comme lui recevoir docteur à
Montpellier, et, en 1722, succéda à Vaillant dans les fonctions de
démonstrateur de botanique au Jardin du Roi. Il fut admis à l'Académie des sciences et l'on peut affirmer qu'aucun naturaliste de son
temps n'a su mieux et davantage. Cependant, il publia peu et se
borna à donner quelques *Mémoires* très remarquables; mais en
revanche, il méditait sans cesse les lois qui régissent les êtres
organisés et sur les rapports par lesquels ils se lient les uns aux
autres. Chargé en 1758 de diriger les plantations d'un jardin botanique à Trianon, au lieu de suivre pour cette opération le système
de Linné, presque exclusivement adopté à cette époque, il distribua les plantes suivant une *méthode naturelle* basée sur l'ensemble de leurs rapports. Cette méthode est la première esquisse de

Décembre.

celle qu'Antoine-Laurent, son neveu, dont nous allons parler plus loin, publia dans la suite. Ce savant est un de ceux qui ont le plus contribué à l'accroissement du Muséum d'Histoire naturelle. On remarque, au Jardin des plantes, un cèdre du Liban, qu'il apporta dans son chapeau en 1734, et qui est devenu le plus grand arbre du Jardin.

Joseph de Jussieu, troisième frère de ces hommes célèbres est né à Lyon en 1704; il mourut en 1799. De même que ses aînés, il se livra dès sa première jeunesse à l'étude des sciences. Ingénieur, naturaliste et médecin, il accompagna en qualité de botaniste, les astronomes qui allèrent en 1735 au Pérou pour mesurer un arc du méridien. Après le départ de ses collègues, il parcourut l'Amérique Méridionale pour y poursuivre ses recherches d'histoire naturelle, et ne revint en France qu'en 1771, après 36 ans d'absence. Mais sa santé avait reçu de rudes atteintes, et il mourut sans avoir pu rédiger les relations de ses voyages. Il avait envoyé ou rapporté au Jardin du Roi un grand nombre de graines et d'échantillons de végétaux. On lui doit la découverte de l'héliotrope du Pérou. Comme ses frères, il était membre de l'Académie des sciences.

Avant de parler d'Antoine-Laurent de Jussieu et d'exposer sa méthode naturelle de classification, nous allons examiner le système de Linné et les travaux de quelques autres botanistes.

— § III —

LINNÉ ET SON SYSTÈME DE CLASSIFICATION

Le célèbre naturaliste suédois, Charles Linné, fils d'un pauvre pasteur de campagne, naquit à Rashult, en 1707; il mourut en 1778. Il était en apprentissage chez un cordonnier, lorsqu'un médecin, ami de sa famille, reconnut ses dispositions et lui fournit les moyens de s'instruire. Placé en 1730 à Upsal, auprès du professeur de botanique Olaüs Rudbeck, il conçut dès lors la première idée de son système de classification. Chargé en 1732 par la Société royale d'Upsal de voyager en Laponie pour décrire les plantes de cette contrée, il s'aperçut à son retour que la jalousie lui suscitait des ennemis, et il passa en Hollande où il étudia la médecine sous Boërhaave qui sut apprécier son mérite. Il resta ensuite trois années auprès d'un riche amateur G. Cliffort qui lui confia le soin de son cabinet et de ses jardins : C'est là que, de 1735 à 1738, il publia ses premiers ouvrages : Il visita ensuite l'Angleterre, puis la France où

Linné.

il se lia intimement avec Bernard de Jussieu. A son retour en Suède, il fut nommé médecin du roi et professeur de botanique à l'Université d'Upsal.

Linné donna à la botanique une classification nouvelle; il créa pour cette science une langue commode adaptée aux nouvelles observations qu'il avait faites. Malgré ses mérites, son système a, comme il le reconnaissait lui-même, le défaut d'être artificiel et de rompre souvent les vrais rapports naturels des êtres ; aussi, rencontra-t-il de puissants adversaires, entre autres Buffon, Adanson, Haller, et il finit par céder le pas à la méthode naturelle de Jussieu.

Le système de Linné repose entièrement sur les caractères qu'on peut tirer des étamines considérées soit en elles-mêmes, soit dans leurs rapports avec les carpelles. Il appelle les étamines du mot grec *andro* et les carpelles d'un autre mot grec *gynes*.

Ce système est partagé en vingt-quatre classes.

Les végétaux sont d'abord divisés en deux grandes sections : La première section comprend ceux qui ont des fleurs apparentes ; il les nomme *phanérogames*. Cette section renferme vingt-trois classes.

La deuxième section ne compte qu'une classe, — la vingt-quatrième, — et comprend les végétaux qui ne portent pas de fleurs visibles et qui sont appelés *cryptogames*.

Les plantes de la première catégorie sont *monoclines*, c'est-à-dire qu'elles ont des fleurs hermaphrodites renfermant, par conséquent, dans une même enveloppe florale des étamines et des pistils, ou *diclines*, c'est-à-dire que les étamines et les pistils sont contenus dans des enveloppes florales différentes.

Tantôt les plantes monoclines ont les étamines libres et égales, tantôt les étamines sont inégales et soudées entre elles, ou bien encore soudées avec le pistil.

Les plantes monoclines, à étamines libres et égales, forment les treize premières classes du système, dont chacune est caractérisée par le nombre de ces organes et par leur insertion, ce sont :

I. — La MONANDRIE, composant les plantes dont les fleurs n'ont chacune qu'une seule étamine.

II. — La DIANDRIE, où les fleurs sont pourvues de deux étamines.

III. — La TRIANDRIE, où les étamines sont au nombre de trois.

IV. — La TÉTRANDRIE, où les étamines sont au nombre de quatre.

V. — La PENTANDRIE, où les étamines sont au nombre de cinq.

VI. — L'HEXANDRIE, où les étamines sont au nombre de six.

VII. — L'HEPTANDRIE, où les étamines sont au nombre de sept.

VIII. — L'OCTANDRIE, où les étamines sont au nombre de huit.

IX. — L'ENNÉANDRIE, où les étamines sont au nombre de neuf.

X. — La DÉCANDRIE, où les étamines sont au nombre de dix.

XI. — La DODÉCANDRIE, où les étamines peuvent varier en nombre de douze à dix-neuf.

XII. — L'Icosandrie, où les étamines sont au nombre de vingt ou davantage et naissent du calice et non pas du réceptacle.

XIII. — La Polyandrie, où les étamines sont galement au nombre de vingt ou davantage mais sont insérées sur le réceptacle.

Les deux classes suivantes se composent des plantes monoclines, à étamines libres, mais d'inégales longueurs :

XIV. — La Dédynamie, où les étamines sont au nombre de quatre, dont deux grandes et deux petites.

XV. — La Tétradynamie, où les étamines sont au nombre de six, dont quatre grandes et deux petites.

Dans les autres plantes monoclines, les étamines ne sont pas libres, et les classes sont caractérisées par la différence que présentent ces organes dans leur mode de soudure, ce sont :

XVI. — La Monadelphie, où les étamines sont adhérentes toutes entre elles par les filets et forment un seul faisceau.

XVII. — La Diadelphie, où les étamines réunies de la même manière forment deux faisceaux.

XVIII. — La Polyadelphie, où les étamines sont encore réunies entre elles de la même manière, mais forment trois ou un plus grand nombre de faisceaux.

XIX. — La Syngénésie, où les étamines sont réunies entre elles par les anthères.

XX. — La Gynandrie, où les étamines sont soudées en un seul corps avec le pistil.

Les plantes diclines ou à fleurs unisexuées forment les trois classes suivantes :

XX. — Monœcie, quand les fleurs à étamines et les fleurs à pistils sont portés par le même individu.

XXI. — Diœcie, quand les fleurs à étamines et les fleurs à pistils sont portés par des pieds différents.

XXII: — Polygamie, quand les fleurs les unes à étamines et pistils, les autres sans étamines ou sans pistils sont placées sur le même pied ou sur des pieds différents.

Nous savons que la dernière classe comprend tous les végétaux cryptogames.

XXIII. — Cryptogamie, quand les étamines et les pistils sont invisibles ou plutôt quand il n'en existe pas du tout.

Les diverses classes du système de Linné se subdivisent en ordres, d'après les différences qui s'observent dans le nombre de pistils et quelques autres caractères.

Ainsi la première classe *(monandrie)* comprend des fleurs à un seul ou à deux pistils et se subdivise de la sorte en *monogynie* et en *dyginie*.

Dans la deuxième classe *(diandrie)* il peut y avoir un, deux ou trois pistils, de là, trois ordres : *monogynie, digynie* et *trigynie*.

La troisième classe *(triandrie)* se subdivise comme la deuxième ; mais dans la quatrième *(tétrandie)* où le nombre des étamines varie de une à quatre ; il y a une quatrième division appelée *tétragynie*.

Dans la cinquième classe *(pentandrie)* il y a six ordres caractérisés de la même manière ; les deux dernières divisions s'appellent *pentagynie* et *polygynie*. Il en est de même pour la sixième classe *(hexandrie)*.

La septième classe *(heptandrie)* ne renferme que des fleurs à une, deux, quatre ou sept étamines et par conséquent forme des divisions appelées *monogynie, digynie, tétragynie* et *heptagynie*. Dans d'autres classes, la variation dans le nombre des pistils peut être plus grande et il en résulte d'autres subdivisions que que l'on désigne par des noms analogues.

Les divisions établies dans la *didynamie* et la *tétradynamie* ne reposent plus sur le nombre des pistils, mais sur la nature des fruits. Aussi, la première de ces classes est partagée en deux ordres qui ont reçu les noms *gymnospermie* (gymnospermes — graines nues) et d'*angiospermie* (Polyspermes — graines dans une capsule); la deuxième en *tétradynamie* qui se partage en *siliqueuses* (à silique) et en *siliculeuses* (à silicule).

Dans les seizième, dix-septième et dix-huitième classes, les ordres sont fondés sur le nombre des étamines et sont appelés en conséquence *Pentandrie, Ennéandrie, Dyandrie*, etc.

Il en est de même pour les vingtième, vingt et unième et vingt-deuxième classes.

La *syngénésie* se partage en cinq ordres, d'après les divers modes, de combinaison des étamines et des pistils.

Enfin, la Polygamie se subdivise en *Monœcie, Diœcie, Triœcie*, suivant que les trois sortes de fleurs sont portées par un même pied, ou bien par deux ou par trois pieds différents.

Qvant à la classe des *cryptogames,* elle forme quatre ordres : Les *fougères,* les *mousses,* les *algues* et les *champignons.*

Les divers genres d'un même ordre se distinguent ensuite entre eux par la disposition des enveloppes florales et autres caractères d'une importance secondaire.

Ainsi, lorsqu'en suivant le système de Linné on veut déterminer le nom d'une plante, on examine successivement les parties dont sont tirés les caractères de la classe, de l'ordre et du genre. Lorsque ce travail est terminé, il ne reste plus qu'à la comparer aux autres espèces qui appartiennent à la même division générique et qui, ordinairement, sont peu nombreuses.

Prenons un exemple : Si la plante en question a des fleurs à deux étamines et à un pistil, elle appartiendra à la *Diandrie monogynie*; puis, si ses fleurs sont monopétales et régulières et son fruit en capsule, ce sera un *lilas*; mais, si au lieu de capsules, elle porte des drupes, elle appartiendra au genre des *oliviers;* enfin si au lieu de capsules et de drupes, elle porte des baies et si le tube de la corolle est long et à cinq divisions, ce sera un *jasmin.*

Le tableau suivant donne une idée complète du système de Linné.

TABLEAU

De la classification des plantes d'après le système de Linné.

	CLASSES	EXEMPLES
1 étamine	1. Monandrie	Balisiers, Amomes.
2 étamines	2. Diandrie	Lilas, Jasmins.
3 étamines	3. Triandrie	Iris, Graminées.
4 étamines	4. Tétrandrie	Scabieuse, Garance.
5 étamines	5. Pentandrie	Bourrache, Panais.
6 étamines	6. Hexandrie	Lis, Asperge.
7 étamines	7. Heptandrie	Marronnier d'Inde.
8 étamines	8. Octandrie	Bruyère, Renouée.
9 étamines	9. Ennéandrie	Laurier, Rhubarbe.
10 étamines	10. Décandrie	Œillet, Rue.
11 à 12 étamines	11. Dodécandrie	Réséda, Aigremoine.
Adhérentes au calice	12. Icosandrie	Rosier, Myrte.
Adhérentes au réceptacle	13. Polyandrie	Pavot, Coquelicot.
4 étamines dont deux plus longues	14. Dédynamie	Thym, Digitale.
6 étamines dont quatre plus longues	15. Tétradynamie	Giroflée, Chou.
en 1 faisceau	16. Monadelphie	Mauve, Guimauve.
en 2 faisceaux	17. Diadelphie	Acacia, Mélilot.
en plus de 2 faisceaux	18. Polyadelphie	Oranger, Millepertuis.
Par les anthères	19. Singénésie	Violette, Marguerite.
Etamines soudées en un seul corps avec le pistil	20. Gynandrie	Aristoloche, Orchis.
Fleurs à étamines et fleurs à pistils sur le même individu	21. Monœcie	Maïs, Chêne.
Fleurs à étamines et fleurs à pistils sur deux individus différents	22. Diœcie	Saule, Dattier.
Fleurs à étamines, fleurs à pistils et fleurs complètes sur 1, 2 ou 3 individus	23. Polygamie	Frêne, Pariétaire.
Invisibles	24. Cryptogamie	Fougères, Champignons.

Branching labels (left to right): Plantes à étamines et pistils. — Visibles. — Réunies dans la même fleur. / Non réunies dans la même fleur. — Non adhérents entre eux. / Etamines soudées entre elles ou avec le pistil. — Etamines égales entre elles. / Etamines inégales. / Etamines soudées entre elles. — Moins de 20 étamines. / 20 étamines ou plus. / P r les filets. — Invisibles.

On ne peut méconnaître que ce système vaste et ingénieux ait fait faire à la science botanique un pas immense. Après plus d'un siècle d'existence, il étonne encore par sa brillante clarté et la précision avec laquelle il a été conçu et exécuté

Néanmoins, malgré l'admiration qui s'impose pour son auteur, on ne peut se dissimuler les graves inconvénients qu'il présente : Il a le tort d'assigner pour caractères distinctifs des plantes, des organes souvent à peine visibles, et dont l'existence, quelquefois éphémère, est accompagnée d'une foule d'anomalie; et celui plus grand encore de disperser les familles naturelles dans des classes entièrement différentes, ou bien de réunir ensemble les végétaux les plus étranges les uns aux autres. Les plus fervents disciples de Linné trouvaient étrange, par exemple, de rencontrer dans la même classe et presque sur la même ligne l'épine-vinette et la tulipe, la violette et le chardon, le gland et la citrouille.

Il n'en est pas moins acquis que Linné reste un des plus grands botanistes qui aient jamais existé et que la somme incroyable de connaissances qu'il a répandues dans la science rachète amplement les défauts de son système.

CHAPITRE V

Les botanistes du XVIIIe siècle (suite)

— § Ier —

DISCIPLES ET ÉMULES DE LINNÉ

L'émulation qui s'était manifestée depuis que Tournefort avait changé la face des études botaniques, ne fit que s'accroître lorsque parurent les premiers travaux de l'immortel Linné.

De toutes part surgirent des adeptes de la science qui, animés par l'exemple des maîtres, se livrèrent à de nouvelles recherches avec une infatigable activité.

Les rivaux du botaniste suédois profitèrent de ses travaux au même titre que ses partisans, et on commença à observer avec plus de soin et d'attention qu'on ne l'avait fait jusqu'alors; on mit une précision singulière dans la détermination des genres, et les descriptions furent si complètes qu'elles fixèrent définitivement les caractères distinctifs des plantes.

Albert de Haller, contemporain de Linné, et qui a été professeur à Gottingue exécuta de remarquables travaux. Sous le titre de *Bibliothèque botanique*, il publia en 1771 une nomenclature de tous les auteurs qui avaient écrit sur cette science avec la liste de tous les ouvrages qu'ils avaient composés.

Il avait donné en 1768 une *Histoire indigène des plantes de la Suisse*, dans laquelle il applique un système fondé particuliérement sur le nombre des étamines des fleurs comparé à celui des divisions de la corolle.

En 1740, Adrien Van Royen, professeur à l'Université de Leyde et successeur de Boerhaave, donna une méthode qui avait l'avantage de respecter les rapports naturels des plantes et dans laquelle il considérait en général les cotylédons ou lobes de la graine, l'absence ou la présence du calice, la forme de la corolle, la situation et la réunion des étamines, la disposition des fleurs, et enfin, la forme des fruits et leur position par rapport aux fleurs elles-mêmes.

Cette méthode, encore bien imparfaite, était cependant préférable à un système de classification artificielle.

Le Silésien Chrétien Ludwig fit un voyage en Afrique et se livra à d'intéressantes recherches sur les végétaux.

Le Hollandais Jean Burnam s'acquit une grande célébrité par ses remarquables travaux; il publia des documents précieux pour les botanistes tant à cause de la quantité de plantes nouvelles qu'il mentionna, qu'à cause de l'exactitude des descriptions.

Vers la même époque, Duhamel du Monceau, membre de l'Académie des Sciences, tira un excellent parti des découvertes botaniques pour augmenter la richesse du pays. Il créa, en quelque sorte, la science agronomique et répandit en France le goût de la culture des arbres et des arbrisseaux étrangers, surtout des plantes de pleine terre.

François Seguier, botaniste français d'un grand savoir, publia un ouvrage dans lequel les plantes sont distribuées suivant un système qui tient à la fois de celui de Tournefort et de celui de Rivin.

François Boissier de Sauvages, médecin et professeur à Montpellier, donna, en 1751, afin d'aider à reconnaître les plantes qui

Laurent de Jussieu.

ne sont point en fleur, un système basé sur la considération des feuilles.

Pierre Lœsling, disciple de Linné, voyagea en Espagne et en Amérique et décrivit une grande quantité de plantes nouvelles.

L'Anglais Patrice Browne, dans un ouvrage intitulé *Histoire naturelle* de la Jamaïque, fit l'exposé du caractère d'un grand nombre de plantes rares et joignit à son travail beaucoup de bonnes figures.

Louis Gérard, botaniste français, fit paraître en 1761 une flore de la Provence dans laquelle il mentionne beaucoup de plantes fort bien décrites et dont quelques-unes sont bien dessinées.

Antoine Gouan, professeur à Montpellier dressa, en 1762, un catalogue du Jardin de Montpellier ; et, en 1765, une énumération méthodique des plantes qui croissent aux environs de cette ville ; puis un travail particulier sur des végétaux rares dont ce naturaliste avait observé la plupart dans les Pyrénées.

Étienne Guittard, mort en 1786, membre de l'Académie des Sciences, se distingua par ses travaux dans les diverses branches de l'histoire naturelle, et fit d'intéressantes observations sur les poils et les glandes des végétaux ; il dressa, en même temps, le dénombrement des plantes qui croissent aux environs d'Étampes, et se livra à de curieuses recherches sur la distribution des vaisseaux des plantes.

Guillaume Lemondier, également membre de l'Académie des Sciences et professeur de botanique au Jardin du Roi, publia un catalogue des plantes découvertes dans ses pérégrinations au Mont d'Or, au Cantal, aux Pyrénées. Il donna de bonnes descriptions des espèces les plus rares et s'attacha en outre à faire connaître les propriétés médicinales des végétaux.

Nicolas Jaquin, professeur de botanique à Vienne (Autriche) fit connaître beaucoup de plantes intéressantes qu'il a décrites avec une grande précision.

Enfin, nous citerons au hasard, Dalibard, qui dressa un catalogue des plantes des environs de Paris ; Murray, professeur à l'Université de Gœttingue, qui a publié le *Système végétal* de Linné ; Hudson, auteur d'une flore anglaise fort estimée ; Linné, le fils, qui a publié des *Décades* de plantes rares et donné un supplément aux œuvres de son père ; David Royen qui exposa dans ses ouvrages la grande utilité des jardins botaniques ; Duchesne, auteur d'un Manuel botanique et d'une Histoire naturelle des fraisiers ; Latourette de Lyon qui, de concert avec l'abbé Rosier, donna un catalogue des plantes que ces deux botanistes avaient observées.

Cette revue rapide suffira pour donner une idée des travaux con‑ sidérables qui vinrent à cette époque, enrichir la science botanique. Cependant, nous l'avons dit, il restait encore des efforts à tenter pour arriver à une classification rationelle des plantes, en familles naturelles; il fallait ensuite distribuer ces familles de manière à former un ordre général régulier et conforme aux rapports naturels des végétaux. Or, quoique différents naturalistes aient pressentis cette méthode, nous savons que c'est Bernard de Jussieu qui s'est appliqué le premier à réaliser un pareil projet. C'est sa méthode qui a servi de base à celle plus complète de son neveu, Antoine-Laurent de Jussieu, dont nous allons bientôt parler.

Néanmoins, Adanson a esquissé cette méthode; et il a formé, avant tous les autres, des familles naturelles de plantes dans le but de faire connaître les vrais rapports des végétaux entre eux.

— § II —

ADANSON ET SA MÉTHODE

Michel Adanson, dont vous avez souvent rencontré le nom dans vos lectures, naquit à Aix en Provence, d'une famille d'origine écossaise, en 1727; il mourut en 1806. Dès sa jeunesse, il montra une vive passion pour l'étude de l'histoire naturelle, et entreprit, à l'âge de vingt-et-un ans, un voyage au Sénégal, pays qui n'avait pas encore été exploré.

Adanson resta cinq ans sous ce climat brûlant et malsain et en rapporta des richesses immenses en observations de toute espèce. Il se proposait de publier sous le titre d'*Histoire naturelle du Sénégal*, une description complète du pays, mais il n'a pu exécuter qu'une partie de ce grand travail. Entré en 1759 à l'Académie des Sciences, puis nommé censeur royal, il continua ses travaux avec la plus grande activité et donna en 1763 ses *Familles des plantes*, ouvrage dans lequel il proposait une nouvelle classification et une nouvelle nomenclature; mais, cette tentative n'eut pas le succès qu'elle méritait. Il soumit en 1775, à l'Académie, les plans d'une

vaste *Encyclopédie* dans laquelle tous les êtres et tous les faits
devaient être classés d'après des principes nouveaux, et entreprit
d'exécuter à lui seul ce prodigieux travail; mais son projet ne reçut
aucun encouragement, et l'ouvrage déjà en cours d'exécution ne
fut jamais achevé.

Adanson combattit les idées de Linné; il voulait que les classifications fussent fondées non plus sur un seul caractère ou sur un
petit nombre, mais sur l'ensemble des parties et de leurs rapports.
Nous savons déjà que cette méthode prévalut dans la suite.

Pour former ses familles de plantes, Adamson examina et com-
para toutes les parties des végétaux depuis la racine jusqu'à l'embryon; il détermine ainsi les rapprochements qu'il croit raisonna-
bles et les lignes de démarcation qu'il suppose nécessaires.

C'est en procédant de la sorte qu'il a établi cinquante-huit familles qu'il regarde comme naturelles et que nous donnons dans
l'ordre où il les a disposées lui-même.

1. — Les Byssus.	Tremelles, Conferves, Byssus, etc.
2. — Les Champignons. . .	Amanites, Agarics, Morilles, etc.
3. — Les Fucus.	Varechs, Linzes, etc.
4. — Les Hépatiques. . . .	Marcantes, Jongermines, Marsiles, etc.
5. — Les Fougères.	Polypodes, Adianthes, Osmondes, etc.
6. — Les Palmiers	Cocotiers, datiers, latuniers, rotins.
7. — Les Gramens.	Froments, Orges, Avoines, etc.
8. — Les Liliacées. . . .	Lys, Narcisses, Jacinthes, Joncs.
10. — Les Orchis.	Orchis, Satirions, Ophris, Angrus, etc.
11. — Les Aristoloches. . .	Aristoloches, Tamier, Stratiote, Morène, etc.
12. — Les Eléagnus. . . .	Chalefs, Gui, Pesse, etc.
13. — Les Onagus.	Epilobes, Onagraires, Circées, etc.
14. — Les Myrtes.	Goyaviers, Myrtes. Grenadiers, Giroflée, etc
15. — Les Ombellifères. . .	Cerfeuils, Carottes, Férules, Lierres, etc.
16. — Les Composées. . . .	Chardons, Laitues, Seneçons, etc.
17. — Les Campanules . . .	Campanules, Raiponces, Lobelies, etc.
18. — Les Briones.	Courges, Concombres, Briones, etc.
19. — Les Asparines	Gaillets, Aspérules, Cafés, etc.
20. — Les Scabieuses. . . .	Cardères, Scabieuses, Morine, etc.
21. — Les Chèvrefeuilles. .	Sureaux, Viornes, Chèvrefeuilles, etc.
22. — Les Airelles.	Bruyères, Airelles, Arbousiers, Azalées, etc.
23. — Les Apocins.	Asclépiades, Apocins, Pervenches, etc.
24. — Les Bourraches. . . .	Bugloses, Bourraches, Héliotropes, etc.
25. — Les Labiées.	Sauges, Lauriers, Marrubes, Menthes, etc
26. — Les Verveines	Camara, Verveines, Gatiliers, etc.
27. — Les Personnées. . . .	Véroniques, Pédiculaires, Digitales, etc.

28.	— Les Solanées.	Morelles, Tabacs, Piments, etc.
29.	— Les Jasmins.	Lilas, Jasmin, Olivier, Plantain, etc.
30.	— Les Anagallis.	Mourons, Lisimachies, Primevères, etc.
31.	— Les Salicaires.	Quadrettes, Osbèques, Salicaires, etc.
32.	— Les Pourpiers.	Ficoïdes, Cactiers, Saxifrages, etc.
33.	— Les Joubardes.	Orpins, Joubarbes, Crassules. etc.
34.	— Les Alsines.	Œillets, Silènes, Sablines, Morgelines, etc.
35.	— Les Blitum	Arroches, Epinards, Biselles, Poivriers, etc.
36.	— Les Jalaps	Patagones, Dentelaires, Nictages, etc.
37.	— Les Amaranthes	Amaranthes, Tamarins, Lins, etc.
38.	— Les Espargoutes.	Mollugines, Spargoutes, Parmiques, etc.
39.	— Les Persicaires	Renouées, Patiences, Rhubarbes, etc.
40.	— Les Garous.	Protées, Globulaires, Statices, Thymelées. etc
41.	— Les Rosiers.	Ronces, Rosiers, Pimprenelles, Poiriers, etc.
42.	— Les Jujubiers.	Nerpruns, Fusains, Cerisiers, Amandiers, etc.
43.	— Les Légumineuses.	Mimosas, Genêts, Haricots, etc.
44.	— Les Pistachiers.	Sumacs, Pistachiers, Rues, etc.
45.	— Les Tithymales	Buis, Tithymales, Ricins, Polygalis, etc.
46.	— Les Anones.	Coroffeliers, Magnoliers, Menispermes, etc.
47.	— Les Chataigniers.	Chênes, Hêtres, Saules, Orties, Figuiers, etc.
48.	— Les Tilleuls.	Rocouiers, Tilleuls, Érables, Marronniers, etc.
49	— Les Géraniums.	Oxalides, Géraniums, Violettes, etc.
50.	— Les Mauves.	Mauves, Abutilons, Quetmies. Cotonniers, etc.
51.	— Les Capriers.	Résédas, Câpriers, Grenadilles, Vignes, etc.
52.	— Les Crucifères.	Choux, Moutardes, Raiforts, Passerages, etc.
53.	— Les Pavots.	Fumeterres, Chélidoines, Pavots, Lauriers, etc.
54.	— Les Cistes.	Millepertuis, Cistes, Frênes, Nigelles, etc.
55.	— Les Renoncules.	Hellébores, Renoncules, Anémones, Clématites, etc.
56.	— Les Arums.	Potamots, Goucts, Joncages, Callitries, etc.
57.	— Les Pins.	Pins, Génévriers, Cyprès, Prêles, etc.
58.	— Les Mousses.	Licopoles, Usnées, Bris, Polytries, etc.

La méthode d'Adanson a le tort de n'être pas toujours très claire et d'être fort diffuse. Il est impossible de présenter en peu de mots le caractère essentiel de chaque famille, parce que l'auteur n'a pu l'établir avec assez de simplicité et de précision pour qu'on puisse en fixer les limites et les circonscrire d'une manière distincte. En effet, les mêmes caractères sont souvent communs à plusieurs familles et exigent de longues explications pour être appliquées à un cas particulier. En outre, il y a dans plusieurs familles des subdivisions qui ont reçu des noms particuliers et forment, en quelque sorte, des familles nouvelles : C'est ainsi que la famille des *Liliacées*, par exemple, comprend huit subdivisions : Les *joncs*. les *lis*, les *scilles*, les *oignons*, les *asperges*, les *jacinthes*, les *narcisses* et les *iris*.

CHAPITRE VI

ANTOINE-LAURENT DE JUSSIEU ET SA MÉTHODE

Le moment était venu où l'on allait établir dans la classification des végétaux un ordre vraiment rationnel en éliminant de cette science tout ce qui pouvait être vague ou arbitraire.

A tous les systèmes qui entravaient la marche de la nature et l'asservissaient à leurs lois, allait succéder enfin la vraie méthode naturelle qui la prend pour guide et la suit pas à pas.

Cette méthode, que l'Académicien Adanson avait entrevue et qu'il a voulu constituer, est véritablement l'œuvre des trois frères Antoine, Bernard et Joseph de Jussieu, dont nous avons mentionné les travaux, et de leur neveu, digne héritier de leur génie, Antoine-Laurent de Jussieu.

Né à Lyon en 1748, Antoine-Laurent de Jussieu vint à Paris en 1765, pour terminer ses études sous la direction de son oncle Bernard. Cinq ans plus tard, il prit le grade de docteur en médecine, suppléa pour quelque temps Lemonnier dans sa chaire de botanique au Jardin du Roi, et fut nommé démonstrateur dans le même établissement, en 1777, en remplacement de son oncle. Dès 1773, il avait été admis à l'Académie des Sciences. C'est en 1789 qu'il publia sa méthode de classification naturelle, livre admirable « qui fait dans les sciences d'observations, dit Cuvier, une époque aussi importante que la Chimie de Lavoisier dans les sciences d'expériences. »

En 1784, il fit partie de la commission choisie au sein de la Société Royale de Médecine pour l'examen du magnétisme animal : Ne pouvant s'entendre avec ses collègues sur l'appréciation des faits constatés, il refusa de signer le rapport écrit au nom de la commission et en publia un particulier pour expliquer et motiver son refus. Il reconnaît les effets singuliers produits par Mesmer et les attribue à l'action de la chaleur animale. Membre de la Municipalité parisienne de 1790 à 1792, il fut, à ce titre, chargé de l'administration des hôpitaux. Nommé en 1804 professeur à la Faculté de Médecine de Paris, il fut, en 1822, arbitrairement privé de sa chaire. Quatre ans plus tard, l'affaiblissement de sa vue l'engagea à se démettre de ses fonctions de professeur au Muséum, mais il conserva jusqu'à sa mort, arrivée en 1836, toute la netteté de son esprit. Depuis la publication de sa méthode, il était sans cesse occupé de perfectionner ce grand travail; les résultats de ses recherches à ce sujet ont été consignés dans une suite de *Mémoires* remarquables; mais il n'a pu, comme il en avait l'intention, donner une nouvelle édition de son ouvrage. On doit encore à ce savant illustre, une sorte de notices sur l'histoire du Muséum, et un grand nombre d'articles de botanique dans le *dictionnaire des sciences naturelles*.

Dans la méthode de Jussieu, toutes les espèces de plantes qui se ressemblent par tous les caractères importants de leur organisation sont réunies dans des groupes appelés *genres*.

Les divers genres qui se ressemblent par l'existence d'un mode de structure analogue dans les organes les plus essentiels sont réunis de la même façon dans des divisions d'un rang plus élevé nommées *familles naturelles*.

Ces familles naturelles étant groupées d'après le même principe, on arrive à un petit nombre de divisions qui comprennent toutes les subdivisions dont nous venons de parler, et qui constituent, par leur réunion, le règne végétal tout entier.

Les caractères de toutes les parties des végétaux sont considérés sous le triple rapport de leur valeur, de leur nombre et de leur dépendance réciproque.

Sous le rapport de la valeur, les caractères ont d'autant plus d'importance qu'ils sont tirés des organes les plus essentiels, au premier rang desquels il faut placer l'embryon, qui constitue, nous le savons, la plante en miniature; en seconde ligne, nous plaçons les étamines, qui concourent à féconder l'embryon et les pistils ou carpelles qui le protègent et le nourrissent; après l'embryon, la position relative des étamines et des pistils fournissent, en effet, les caractères les plus importants; et enfin, les feuilles, les racines et les enveloppes florales viennent en dernière ligne.

Sous le rapport de leur nombre, les caractères simples se réunissent pour former des caractères de plus en plus composés, de plus

en plus généraux qui embrassent un certain nombre de plantes sous
une dénomination connue.

Sous le rapport de leur dépendance réciproque, les caractères
sont tellement unis et coordonnés, que la présence des uns suppose
certainement la présence de certains autres. Ainsi, par exemple,
l'ovaire infère nécessite certainement un calice monosépale.

Ces principes étant posés, Jussieu établit d'abord les trois gran
des divisions de sa méthode naturelle sur le caractère le plus important qui est celui qu'on tire de l'embryon. En effet, les différences les plus remarquables qu'offrent les plantes entre elles consistent
dans l'absence ou la présence de fleurs, c'est-à-dire des organes
de la fructification; et, cette différence coïncide, presque toujours,
avec des modes particuliers d'organisation dans toutes les parties.
Aussi le règne végétal se divise-t-il, tout d'abord et tout naturellement, en deux groupes : Celui des plantes qui se reproduisent au
moyen de fleurs, et celui des plantes qui sont privées de fleurs ; et
ces deux grandes divisions sont connues sous le nom de plantes
cotylédonées ou *phanérogames*, et de *plantes acotyldonées* ou *cryptogames.*

Les *plantes cotylédonées* se ressemblent toutes par les caractères
les plus essentiels de leur organisation, mais présentent entre elles
des différences très grandes. Les unes n'ont dans leurs graines qu'un
seul cotylédon et ont une tige endogène, les autres ont des graines
pourvues de deux ou plusieurs cotylédons et possèdent une tige
exogène. De là, la division des végétaux cotylédones en deux groupes : Les *Monocotylédones* et les *Dicotylédones*

Les trois grandes divisions de la méthode naturelle de Jussieu
sont donc :

Les *Acotylédones*, plantes dont la graine est privée d'embryon.

Les *Monocotylédones*, dont l'embryon n'a qu'un seul cotylédon.

Les *Dicotylédones*, dont l'embryon a deux cotylédons.

Les végétaux acotylédonés forment à eux seuls la première classe.

Les deux autres classes se subdivisent, suivant l'insertion des
étamines, ou de la corolle monopétale qui les porte relativement à
l'ovaire. Or, l'insertion peut se faire de trois manières :

1° Les étamines ou la corolle monopétale portant des étamines, sont insérées autour de la base de l'ovaire : C'est ce qu'on appelle : *insertion hypogynique* (sous les carpelles ou pistils).

2° Les étamines ou la corolle monopétale portant des étamines, sont insérées sur le calice à une certaine distance de la base de l'ovaire, qui est libre ou pariétal, c'est-à-dire formé de plusieurs pistils attachés à la paroi interne d'un calice très resserré à sa partie supérieure, comme dans la rose. C'est l'insertion *périgynique* (autour du pistil).

3° Les étamines où la corolle monopétale portant des étamines, sont insérées sur la partie inférieure de l'ovaire qui est toujours infère : c'est l'insertion *épigynique* (sur le carpelle.)

Les *Monocotylédones*, qui peuvent offrir ces trois modes d'insertions, sont donc subdivisées en trois classes : Les Monocotylédones à étamines hypogynes; les Monocotylédones à étamines périgynes; les Monocotylédones à étamines épigynes.

Les *Dicotylédones*, beaucoup plus nombreuses, forment préalablement trois divisions d'après l'absence de la corolle ou sa forme. Ce sont : Les Dicotylédones apétales; les Dicotylédones monopétales; les Dicotylédones polypétales.

Chacune de ces divisions a été ensuite subdivisée comme les Monocotylédones, suivant l'insertion des étamines : Les dicotylédones apétales et les dicotylédones polypétales en trois classes; et, les monopétales en quatre classes, parce que, dans ces dernières, les étamines épigynes sont tantôt à anthères libres, tantôt à anthères soudées.

Si nous récapitulons ce qui vient d'être dit, nous avons :

ACOTYLÉDONES.	1 Classe.
MONOCOTYLÉDONES.	3 Classes.
DICOTYLÉDONES apétales. . .	3 Classes.
DICOTYLÉDONES monopétales. .	4 Classes.
DICOTYLÉDONES polypétales. .	3 Classes.
	Total. . . . 14 Classes.

La *quinzième* et dernière classe renferme toutes les plantes *dioïques*, que Jussieu appelle *plantes diclines*, c'est-à-dire, comme nous l'avons dit plus haut, portant des fleurs à étamines et des fleurs à pistils sur des pieds différents.

Telles sont les 15 classes dans lesquelles le savant naturaliste fit entrer toutes les *familles naturelles* des plantes.

— § Ier —

ESPÈCES, GENRES, VARIÉTÉS, FAMILLES

Pour bien saisir ce qu'il faut entendre par *familles naturelles*, il est indispensable de connaître d'abord quel sens il faut attacher aux mots *espèce, variété* et *genre.* Cette explication donne en même temps la clef de la Botanique descriptive.

Vous avez remarqué, mes enfants, que certaines plantes offrent toujours les mêmes caractères, et se reproduisent certainement avec les mêmes attributs essentiels. C'est à cette réunion d'êtres semblables et se reproduisant invariablement de la même manière qu'on a donné le nom d'*espèces.* Ainsi toutes les violettes sans tiges, à feuilles entières arrondies en cœur, et à fleurs odorantes appartiennent à la même *espèce* qu'on a appelée *viola odorata* (violette odorante.)

Mais il peut arriver que des circonstances particulières de terrain, d'exposition, de température apportent de légères différences dans certains individus de la même espèce, soit dans la dimension de la tige, dans la couleur de la fleur, dans la grosseur du fruit. Ces légères différences constituent ce qu'on appelle des *variétés.*

Les *genres* sont formés d'une réunion d'espèces ayant entre elles une ressemblance parfaite dans les organes de la fructification, mais qu'on peut cependant distinguer les unes des autres par certains caractères particuliers. Le genre *pavot*, par exemple, a pour caractères une corolle polypétale, un calice à deux sépales caducs, des étamines en nombre indéfini et pour fruit une capsule ronde ou ovale à stigmates rayonnants. Toutes les espèces de pavot offrent donc ces différents caractères; mais, on les reconnaîtra les unes des autres par la forme des feuilles, la couleur des fleurs, la dimension des fruits, etc.

Dans la nomenclature des plantes, le *genre* est toujours désigné par un *nom*, et l'*espèce* par un *adjectif*. Ainsi *viola adorata* (violette odorante) signifie que la plante appartient au genre *viola* et à l'espèce *odorata*.

Les genres, réunis ensemble de la même manière que les espèces, ont formé enfin ce que nous avons appelé les *familles naturelles*. Ces familles ont été établies, non pas sur l'identité d'un seul caractère, mais sur un ensemble de rapports dans l'aspect, dans l'attitude, sur des traits bien certains de ressemblance dans la nature des racines, la disposition des feuilles, la forme de la tige, le mode d'inflorescence, l'état du fruit, la disposition des graines, et surtout dans l'embryon qui n'est autre chose que la plante en miniature.

Le tableau suivant donne la clef de la méthode naturelle ou classification de Jussieu.

Tableau de la méthode naturelle de Jussieu

ACOTYLÉDONES .... 1. *Acotylédonie* .... Algues, Lichens, Mousses.

MONOCOTYLÉDONES .... A étamines.
- Hypogynes .... 2. *Monohypoginie* .... Froment, Arum.
- Périgynes .... 3. *Monopérigynie* .... Asperges, Lis.
- Epigynes .... 4. *Monoépigynie* .... Narcisse, Iris.

DICOTYLÉDONES.
- Fleurs hermophodites ou monoïques.
  - Apétales à étamines.
    - Epigynes .... 5. *Epistaminie* .... Aristoloche.
    - Périgynes .... 6. *Péristaminie* .... Daphné.
    - Hypogynes .... 7. *Hypostaminie* .... Betterave.
  - Monopétales.
    - Hypogynes .... 8. *Hypocorollie* .... Primevère.
    - Périgynes .... 9. *Péricorollie* .... Campanule.
    - Epigynes à anthères distinctes. 10. *Epicorollie synanthérie* .. Chicorée.
    - anthères soudées.. 11. *Epicorollie corisanthérie* . Chèvrefeuille.
  - Polypétales.
    - Epigynes .... 12. *Epipétalie* .... Persil.
    - Hypogynes .... 13. *Hypopétalie* .... Renoncule.
    - Périgynes .... 14. *Péripétalie* .... Saxifrage.
- Fleurs dioïques .... 15. *Diclinie* .... Chanvre.

En résumé, les plantes dicotylédones sont caractérisées :

1º Par l'existence d'un embryon à deux cotylédons (quelquefois on en trouve trois et même un plus grand nombre).

2º Par l'organisation intérieure de la tige dont toutes les parties sont disposées par couches concentriques, et dont la croissance est exogène.

3º Par la disposition des feuilles, dont les nervures sont ramifiées.

4º Par la présence, très fréquente, d'un calice et d'une corolle.

Nous savons qu'on les divise en Apétales, Monopétales, Polypétales et Diclines.

Les caractères les plus remarquables des plantes Monocotylédones sont les suivants :

1° L'existence d'un seul cotylédon dans la graine, circonstance qui correspond à un mode particulier de germination.

2° L'existence d'une tige endogène, c'est-à-dire dans laquelle les nouvelles fibres ne forment pas des couches concentriques autour des anciennes, mais sont disposées par faisceaux épars.

3° La disposition presque toujours parallèle des nervures des feuilles.

4° L'existence d'une seule enveloppe florale nommée *périanthe* qui remplace le calice et la corolle.

Ces végétaux se distinguent facilement des dicotylédones par leur port et par certains autres caractères.

Les plantes acotylédones ou cryptogames sont composées uniquement ou principalement de cellules, et sont dépourvues, dans une première époque de leur existence, ou même durant toute leur vie, de vaisseaux et de stigmates; elles diffèrent aussi des plantes phanérogames par leur mode de propagation, car leur multiplication a toujours lieu sans le concours de divers organes ayant l'aspect de fleurs et s'effectue par le développement de spores. On les divise en deux groupes : les *plantes cellulaires*, proprement dites, (algues, champignons, lichens, mousses, characées) et les plantes *cellulovasculaires* comme les fougères.

*
* *

Signalons en passant le botaniste René Louiche Desfontaines, né à Tremblay, département d'Ille-et-Vilaine, en 1750, et qui mourut en 1834. La science lui doit d'importants travaux et il fut le professeur de De Candolle, le réformateur de la Méthode de Jussieu.

Admis en 1783 à l'Académie des Sciences, Desfontaines se rendit en Afrique pour étudier la flore des côtes de Barbarie; il y resta trois années et publia à son retour la *Flore Atlantique*. On doit encore à ce savant botaniste des observations nouvelles sur le *dat-*

tier, le *lotos de Libye*, le *chêne à glands doux*, l'*irritabilité des plantes*. Il donna en outre, en 1809, une *Histoire des plantes qui peuvent être cultivées en France en pleine terre*; et, en 1831, des expériences sur la fécondation artificielle des plantes.

Le premier, il représenta l'organographie et la physique végétales comme devant être l'introduction indispensable des études botaniques.

— § II —

DE CANDOLLE

Tout en conservant à la méthode de Jussieu ses principes fondamentaux, De Candolle lui fit subir de profondes modifications.

Né à Genève en 1778, Auguste Pyrame de Candolle était issu d'une famille calviniste de Provence qui s'était expatriée. Après avoir étudié la médecine à Paris, il prit le goût de la botanique aux cours de Desfontaines, et publia, dès 1799 une *histoire des plantes grasses*, puis, bientôt après, un *Essai sur les propriétés médicales des plantes*. Il aida Lamarck à refondre la *Flore française*, et reçut, en 1806, la mission de parcourir tout l'Empire pour reconnaître l'état de l'agriculture. À son retour, il donna d'importants rapports sur ce sujet intéressant et obtint, en 1808, la chaire de botanique à la Faculté de Médecine de Montpellier. Ce fut en 1813 qu'il publia son chef-d'œuvre : La *Théorie élémentaire de la botanique;* il enseignait dans cet ouvrage les rapports naturels qu'ont entre elles les diverses parties de la plante et analysait la valeur de chacune de ses parties. En 1815, il se retira à Genève où l'on créa pour lui une chaire d'histoire naturelle avec un jardin botanique; il fut élu membre du Conseil souverain.

De Candolle entreprit, en 1818, de donner la description de toutes les plantes connues, et publia les deux premières parties de ce grand travail qui fut abrégé sous le titre de *Prodrome* ou *Flore universelle* et continué après sa mort par son fils.

On doit encore à ce savant botaniste l'*Organographie* et la *Physiologie végétale*.

Outre ces divers ouvrages, il a donné un grand nombre de mémoires et d'articles détachés parmi lesquels il convient de citer ses *Expériences relatives à l'influence de la lumière sur les végétaux* et sa *Géographie botanique*.

Comme Linné, et peut-être avec un génie égal, De Candolle embrassa toutes les parties de la science des végétaux. S'attachant à découvrir les lois intimes, il suivit les organes des plantes dans toutes leurs transformations, et expliqua les anomalies apparentes. Il fit définitivement triompher la méthode naturelle de Jussieu et poussa aussi loin que possible la classification. A la fin de sa carrière, il avait porté à 80,000 le nombre des espèces connues.

Ce savant célèbre mourut en 1841; Flourens a prononcé son *Eloge* en 1842, à l'Académie des Sciences.

Tableau de la méthode de Candolle

TIGES OFFRANT DES VAISSEAUX, OU PLANTES VASCULAIRES	Croissant de la circonférence au centre, ou *exogènes*. (*Dicotylédonées* de Jussieu).	Pétales libres insérés sur la réceptacle....	*Thalamiflores*....Pavot.	
		Pétales libres insérés sur le calice........	*Caliciflores*......Rosier.	
		Pétales plus ou moins soudés............	*Corolliflores*.....Primevère.	
		Enveloppe florale (calice ou corolle unique.	*Monochlamydées*.Bois gentil.	
	Croissants du centre à la circonférence, ou *endogènes*. (*Monocotylédonées* de Jussieu).	Fleurs à sépales colorés................	*Pétaloïdes*.......Tulipe.	
		Sépales et pétales remplacés par une enveloppe écailleuse....................	*Glumacées*......Jonc.	
		Fleurs indistinctes...................	*Cryptogames*....Fougères.	
ABSENCE DE VAISSEAUX DANS LES TIGES OU PLANTES A CELLULES.	...................(*Acotylédonées* de Jussieu)..............		*Cellulaires*......Mousses.	

— § III —

LAMARK

La science botanique est désormais bien constituée; mais il manquait encore un fil conducteur qui permît de cheminer avec sûreté dans ses immenses domaines.

C'est Lamarck qui, par ses indications successives et toujours précises, prend en quelque sorte par la main les adeptes de la botanique et les guide à travers les routes nombreuses tracées par les illustres savants dont nous vous avons fait connaître les noms.

Jean-Baptiste-Antoine de Monet, chevalier de Lamarck, naquit à Bazantin (Somme) en 1744; il mourut en 1829.

Après avoir servi quelque temps sous les ordres du Maréchal de Broglie, il abandonna les armes pour les sciences et s'occupa spécialement d'histoire naturelle; il eut Buffon pour ami et pour protecteur. Admis en 1779 à l'Académie des Sciences, il voyagea pour le Muséum en Hollande, en Allemagne et en Hongrie et devint en 1794 professeur de Zoologie à cet établissement; il conserva jusqu'à sa mort la chaire qui lui avait été confiée.

Parmi les principaux ouvrages de Lamarck, on remarque *la Flore française* où il expose une méthode nouvelle d'analyse dite *dichotonique* (division par deux).

Devenu aveugle de bonne heure, il n'en continua pas moins ses travaux, aidé dans ses recherches par le savant Latreille.

Les *clefs analytiques* ou *tableaux synoptiques* de Lamarck permettent d'arriver facilement à la connaissance du nom des plantes.

La marche *dichotonique* consiste dans le choix de deux caractères opposés, faciles à reconnaître et s'excluant l'un l'autre, de sorte que l'individu dont on cherche le nom doit forcément se placer sous le patronage de l'un des deux.

Poursuivant l'analyse en se basant sur des caractères de plus en plus précis, on parvient à isoler de toutes les autres la plante qu'on examine, et on arrive à une description qui ne convient qu'à elle.

Cette marche, longue en apparence, est, en réalité, la plus commode et la plus courte, parce qu'avec une clef bien faite, elle est infaillible.

Il existe aujourd'hui un grand nombre de ces clefs analytiques; et c'est au moyen d'un de ces tableaux synoptiques, se rapportant à la flore de notre région, que nous arriverons facilement à établir les noms de tous les végétaux qui croissent autour de nous.

Lorsqu'on veut déterminer le nom d'une plante à l'aide de clefs analytiques il faut :

1° Connaître suffisamment les notions élémentaires de botanique;

2º Avoir sous les yeux une plante croissant spontanément dans le rayon embrassé par la Flore que l'on consulte;

3º Posséder cette plante dans son développement parfait, avec sa tige, ses feuilles, ses fleurs; et, s'il est possible, sa racine et ses fruits;

4º Tenir à la main la plante qu'on examine pendant qu'on parcourt la série de tableaux.

André et son vieil oncle étaient assis au milieu d'une clairière.

TROISIÈME PARTIE

A TRAVERS CHAMPS, BOIS & COTEAUX

CHAPITRE PREMIER

Le mois de mars — Réveil des plantes. — Liliacées et Iridées. — Description des lilia-
cées. — Les tulipes — La tulipe de Gesner. — La tulipe turque. — La jacinthe d'Orient.
— Les crocus. — Le safran du printemps. — Le safran cultivé. — L'hellébore noir. —
La rose de Noël. — L'hellébore vert. — Les fougères. — Le polypode commun. — Le
lierre grimpant. — Le lierre dans l'antiquité. — Différents usages. — Le coudrier
noisetier. — L'aulne glutineux. — Le bois de l'aulne. — Retour.

Les rayons obliques du soleil de février avaient fondu les dernières glaces et réchauffaient doucement la surface du sol. Sensible à
cette caresse anticipée du printemps, la sève commençait à circu-
ler dans les végétaux dont les bourgeons s'étaient sensiblement gonflés. Déjà, dans le jardin, le sureau noir et le chèvrefeuille mon-
traient timidement leurs premières feuilles; plus robuste, le gro-
seiller épineux avait revêtu sa parure verte, que le mois de mars
allait rapidement développer.

Partout le mystérieux phénomène de la résurrection des plantes
commençait à se manifester; elles avaient hâte de sortir de leur
longue léthargie en dépit des gelées tardives si nuisibles, chaque
année, à celles dont le réveil a été trop précipité.

Nous retrouvons nos botanistes prêts à se mettre en campagne :
il fait si bon courir les champs après une réclusion forcée de plusieurs mois? Autour d'eux gambade le fidèle Sultan, dont les jam-

bes roidies par un trop long repos, n'aspirent qu a reprendre leur élasticité.

— Tout beau, Sultan, tout beau, mon bon chien, disait André, modère tes transports et ne gâte pas les plates-bandes.

— Je n'avais pas remarqué, s'écria Laurence, ce coin abrité où nos tulipes et n s jacinthes sont sorties de terre; est-ce qu'elles vont bientôt fleurir.

— Encore quelques semaines de patience; mon enfant, et tes jolies plantes s'épanouiront; mais regarde là, tout près de la muraille, et tu verras que tes crocus montrent déjà leurs fleurs gracieuses.

— Est-ce que les tulipes, les jacinthes et les crocus appartiennent à la même famille? demanda André.

— Non, mon enfant, les tulipes et les jacinthes sont des *liliacées*, tandis que le crocus est une *iridée* ou *iridacée*.

Les liliacées sont des plantes monocotylédones à graine périspermes, à fleur périanthée, à ovaire libre, dont la tige, ordinairement très courte se renfle en forme de bulbe. Leur périanthe présente souvent des couleurs très belles et très vives, et se compose de six folioles insérées sur deux rangs concentriques; leurs étamines sont également au nombre de six et forment deux verticilles ou anneaux; enfin, trois ovaires alternent avec les étamines de la rangée interne et sont soudés entre eux ainsi que les styles. Le fruit est ordinairement une capsule, et les feuilles sont le plus souvent allongées, étroites, à nervures parallèles.

Les tulipes, les lis, l'aloès, l'ail, l'oignon, l'échalotte, la ciboule, etc., appartiennent à cette famille.

Ecoutez, mes enfants, cette magistrale description de la famille des *liliacées*; elle vous initiera d'une façon générale à l'analyse des plantes :

» Prenez un Lis. Avant qu'il s'ouvre, vous voyez à l'extrémité de la tige un bouton oblong, verdâtre, qui blanchit à mesure qu'il est près de s'épanouir; et, quand il est tout-à-fait ouvert, vous voyez son enveloppe blanche prendre la forme d'un vase divisé en plusieurs parties: Cette partie enveloppante et colorée qui est blanche dans le Lis, s'appelle la *corolle,* et non pas la fleur comme dit le vulgaire, parce que la fleur est un composé de plusieurs parties dont la corolle est seulement celle qui frappe le plus les regards.

» La corolle du Lis n'est pas d'une seule pièce, comme il est facile à voir. Quand elle se fane et tombe, elle tombe en six pièces bien séparées, qui s'appellent des *pétales*. Toute corolle de fleur qui est ainsi de plusieurs pièces s'appelle *corolle polypétale*. Si la corolle n'était que d'une seule pièce, comme par exemple dans le Liseron, appelé clochette des champs, elle s'appellerait *corolle monopétale*. Revenons à notre Lis.

» Dans la corolle vous trouverez, précisément au milieu, une espèce de petite colonne attachée tout au fond et qui pointe directement vers le haut. Cette colonne, prise dans son entier, s'appelle le *pistil*. Prise dans ses parties, elle se divise en trois : 1° sa base renflée en cylindre avec trois côtés arrondis, cette base s'appelle l'*ovaire;* 2° un filet posé sur l'ovaire, ce filet s'appelle *style;* 3° le style est couronné par une espèce de chapiteau à trois échancrures, ce chapiteau s'appelle le *stigmate*. Voilà en quoi consistent le pistil et ses trois parties.

» Entre le pistil et la corolle vous trouvez six autres corps bien distincts, qui s'appellent les *étamines*. Chaque étamine est composée de deux parties, savoir : une plus mince et allongée par laquelle l'étamine tient au fond de la corolle, et qui s'appelle le *filet* : une plus grosse qui tient à l'extrémité supérieure du filet, et qui s'appelle l'*anthère*. Chaque anthère est une boîte qui s'ouvre quand elle est mûre et verse une poussière jaune appelée *pollen*.

» Voilà l'analyse grossière des parties de la fleur. A mesure que la corolle se fane et tombe, l'ovaire grossit et devient une *capsule* triangulaire allongée, dont l'intérieur contient des semences plates réparties en trois compartiments distincts ou *loges*.

» Les parties que je viens de vous nommer, se trouvent également dans les fleurs des autres plantes, mais à divers degrés de proportion, de situation et de nombre. C'est par l'analogie de ces parties, et par leurs diverses combinaisons que se déterminent les familles du règne végétal; et ces analogies des parties de la fleur se lient avec d'autres analogies des parties de la plante qui semblent n'avoir aucun rapport avec les premières. Par exemple, ce nombre de six étamines, de six pétales, ou divisions de la corolle, et cette forme triangulaire de l'ovaire à trois loges, déterminent toute la famille des Liliacées. Dans toute cette même famille, qui est très nombreuse, la tige se termine en terre par un oignon ou *bulbe* plus ou moins marqué et varié quant à sa figure et à sa composition. L'oignon du lis est composé d'écailles en recouvrement, celui de la Jacinthe et de l'Oignon vulgaire sont composés d'enveloppes charnues; celui de l'Ail est formé de l'agglomération de nombreux petits bulbes ou *bulbilles* dont chacun est apte à donner une nouvelle plante.

» Le Lis que j'ai choisi à cause de la grandeur de sa fleur et de ses parties, manque cependant d'une des parties constitutives d'une fleur parfaite, savoir le *calice*. On nomme ainsi la partie verte qui soutient et embrasse par le bas la corolle et qui l'enveloppe tout entière avant son épanouissement, comme vous avez pu le remarquer dans la Rose. Le calice, qui accompagne presque toutes les autres fleurs, manque aux Liliacées, comme la Tulipe, la Jacinthe, l'Oignon, le Poireau, l'Ail, le Lis. Vous verrez encore que, dans toute cette même famille, les tiges sont simples ou peu rameuses, les feuilles allongées et jamais découpées. Si vous suivez ces détails avec quelque attention, et que vous vous les rendiez familiers par quelques observations, vous voilà déjà en état de déterminer par l'inspection attentive d'une plante, si elle est ou non de la famille des Liliacées et cela, sans savoir le nom de la plante. Vous voyez que ce n'est plus ici un simple travail de la mémoire, mais une étude d'observation et de faits bien dignes de vous occuper (1).

La Tulipe de gesner *(Tulipia Gesneriana)* nous vient de la Turquie d'Asie. Les naturalistes ont, par reconnaissance, ajouté à son nom celui de Conrad Gesner qui, le premier, l'a fait connaître en Europe.

Vous avez entendu parler de la passion des Flamands et des Hollandais pour la tulipe, dont ils ont quelquefois payé les belles variétés jusqu'à 8,000 et même 10,000 francs.

Cet amour des habitants du Nord, pour une plante qui semble se complaire sous leur climat, n'a cependant rien d'extraordinaire. Il n'existe pas, en effet, de couleurs plus vives, plus délicates et mieux nuancées que celles de la tulipe. Les amateurs, néanmoins,

---

(1) J. J. Rousseau.

ne professent pas le même degré d'admiration pour toutes les espéces; un goût sévère et scrupuleux doit présider au choix des sujets.

Une tulipe, digne d'être admise dans une collection, doit avoir la tige ferme et droite, la fleur également droite et un peu plus longue que large; la corolle doit être fond blanc, et les larges pétales arrondis au sommet, doivent offrir au moins trois couleurs bien tranchées. Les horticulteurs ont obtenu des tulipes doubles, mais elles sont moins estimées que les autres.

Tulipe.

Nous avons, dans le jardin, des spécimens de la TULIPE A LOBES ÉTROITS (*Tulipa Stenopetala*) connue sous le nom de *Tulipe turque Dragonne*, *Tulipe flamboyante*, *Tulipe du Mont Etna*. Cette variété est remarquable par ses pétales profondément laciniés (découpés en lanières étroites) dans tout leur contour et ornés de couleurs diverses.

Les belles variétés de tulipes s'obtiennent par des semis de graines et mettent quelquefois quinze ans à obtenir toute leur beauté.

La JACINTHE D'ORIENT (*hyacinthus orientalis*) est appelée quelquefois *Fleur de Rome*.

La fable raconte que le jeune Lacédémonien Hyacinthe, fils d'Amyclas, était aimé d'Apollon et de Zéphyre. Celui-ci, jaloux de la préférence que la victime accordait au dieu du jour, dirigea contre lui le disque d'Apollon, pendant qu'ils jouaient ensemble. Le dieu, profondément affligé et incapable de rappeler l'enfant à la vie, changea son sang en la fleur embaumée qui porte son nom. A Lacédémone, on célébrait de grandes fêtes en l'honneur du jeune Hyacinthe.

Cela signifie sans doute, mes enfants, que le soleil et les zéphyrs du printemps se réunissent pour nous rendre la jacinthe, cette plante si belle et si parfumée.

La grâce de sa forme, la variété de ses couleurs, son odeur délicieuse, sa précocité, lui ont valu de tout temps l'amour qu'on lui
porte et les soins qu'on lui rend.

Vous savez que pour avoir ses fleurs pendant l'hiver sur nos che-
minées, il nous suffit de mettre son bulbe dans un pot de terre ou
simplement dans un petit vase de verre rempli d'eau. L'humidité
a bientôt développé les longues racines qui nous apparaissent, à
travers la transparence du verre, comme une chevelure blanche.
Bientôt les feuilles se développent et de jolis grelots de fleurs bleues,
blanches, roses, rouges ou jaunes, simples ou doubles, viennent
embaumer nos appartements.

Originaire d'Orient, la jacinthe, comme la tulipe, n'est nulle part
mieux cultivée qu'en Hollande où elle fait l'objet d'un commerce
important. On en a obtenu environ deux mille variétés.

Revenons maintenant à nos crocus dont les fleurs s'étalent sous
nos yeux.

Les plantes de la famille des *iridées* ressemblent beaucoup à
celles de la famille des liliacées; elles s'en distinguent cependant
facilement par l'adhérence de l'ovaire au périanthe et par leurs
étamines qui, au nombre de trois, sont placées devant les trois
divisions extérieures du périanthe; quelquefois, leurs filets sont
soudés en forme de tube.

Leurs fleurs, avant l'épanouissement, sont enveloppées dans
une spathe membraneuse; les feuilles sont alternes et uniforme, et
leur racine, ou souche, est généralement tubéreuse et charnue.

L'iris, dont nous aurons plus tard occasion de nous entretenir,
appartient à cette famille

Le Crocus *(crocus vernus)* appelé *safran du printemps, safran
des fleuristes*, est cette charmante petite iridée qui paraît se hâter
de venir réjouir nos yeux et d'étaler aux premiers rayons de février
la délicate fraîcheur de sa corolle.

L'espèce de crocus la plus commune dans les jardins est d'un
beau jaune et ses feuilles sont étroites; les autres espèces, bleues,
purpurines ou bigarrées, ont les feuilles plus larges; mais, dans
toutes, la hampe est si courte que la fleur semble sortir de terre.
Chaque oignon donnant plusieurs fleurs, il en résulte des touffes
charmantes. Tous les crocus sont rustiques et peuvent être cultivés

à peu près partout, en terre légère et non fumée. On relève les oignons en été pour les repiquer en automne.

Le SAFRAN CULTIVÉ *(crocus sativus)* connu sous le nom de *Safran oriental,* a sa place également marquée dans les parterres. Mais sa fleur pourpre-violet avec de grands stigmates aurores. est surtout cultivée pour la teinture, la médecine et la parfumerie. Les bulbes, qui ressemblent à ceux du colchique, renferment une bonne fécule et fleurissent en automne. Les feuilles et les fruits ne se montrent qu'au printemps suivant.

Ce que la fleur du safran a de plus remarquable, ce sont ses trois larges stigmates crénelés qui renferment la matière colorante et le principe aromatique dont l'odeur pénétrante imprègne l'air au moment de la récolte.

C'est au mois d'octobre, et le matin à la rosée, qu'on doit recueillir les fleurs; on sépare délicatement les stigmates qu'on fait sécher à une douce chaleur, et qui, sans autre préparation, sont livrés au commerce.

Arrêtons-nous un instant devant l'HELLÉBORE NOIR *(helleborus niger),* qui appartient à la famille des *renonculacées;* et qui, sous les neiges de décembre et de janvier, vous a donné ses fleurs d'un beau blanc rose.

L'hellébore était, chez les anciens, une plante médicinale très célèbre; ils lui attribuaient la propriété admirable de guérir la folie et toutes les aberrations de l'esprit. Plût à Dieu que cette vertu fût réelle, et qu'on pût aujourd'hui l'appliquer sur une grande échelle.

L'hellébore noir,— la *rose de Noël, rose d'hiver,*— est également précieux par ses qualités médicinales et par la beauté de sa fleur qui se montre avant toutes les autres. C'est, vous le savez, au milieu des frimas et sous les neiges de décembre que la rose de Noël épanouit son large calice. Cette plante croît naturellement sur les montagnes des Vosges, du Dauphiné et de la Provence; on la multiplie par éclats. Ses grosses racines noires sont marquées d'anneaux circulaires; elles ont comme la fleur, les feuilles et la tige une saveur âcre et amère qui engourdit la langue. Son principe volatil qui réside surtout dans la racine, agit rapidement sur le cerveau.

Voici, à côté, une touffe d'HELLÉBORE VERT *(helleborus viridis)* qui tient son nom de la couleur de ses fleurs, aujourd'hui dans tout leur épanouissement, et que l'on cultive surtout pour sa racine, employée dans quelquee cas pour la médecine vétérinaire.

Je vous montrerai, sur le coteau pierreux que nous allons bientôt parcourir, l'HELLÉBORE FÉTIDE (*helleborus fetidus*) appelé quelquefois *pied-de-griffon, herbe aux bœufs,* et dont l'odeur caractéristique justifie parfaitement le nom sous lequel les botanistes le désignent. Les racines de l'hellébore fétide participent aux qualités âcres et purgatives des autres espèces.

Voici une autre plante qui le dispute en précocité à la Rose de Noël; c'est la NIVÉOLE DU PRINTEMPS (*leucoium vernum*) vulgairement *Perce-neige, grelot blanc.* Son nom lui vient de ce qu'elle semble braver la neige et en effacer la blancheur. Elle croit spontanément dans les prés des hautes montagnes, sur le bord des ruisseaux où elle forme quelquefois de véritables tapis d'une blancheur éblouissante; c'est de là qu'elle a été transportée dans nos jardins.

Bientôt les botanistes s'éloignèrent dans la direction de la campagne à la grande satisfaction de Sultan qui trouvait un peu monotone la causerie du jardin et qui manifestait par de folles gambades son amour de la liberté.

De temps en temps les enfants s'arrêtaient pour regarder de jolies mésanges aux mouvements vifs et saccadés qui exploraient les arbres fruitiers d'alentour avec accompagnement de petits cris joyeux. L'oncle profitait de ces temps d'arrêts pour recueillir de jolies mousses, de charmants lichens, dont les talus du chemin étaient abondamment garnis.

Nos naturalistes s'arrêtèrent au pied d'une vieille muraille sur laquelle croissaient des fougères que les enfants connaissaient sous la dénomination de *réglisse des bois.* C'est, leur dit le vieil oncle, le POLYPODE COMMUN (*Polypodium vulgare*) dont la racine traçante a une saveur sucrée.

Les fougères, nous l'avons dit ailleurs, sont des plantes acotylédones, tantôt herbacées, tantôt ligneuses, portant des feuilles ordinairement ailées, à la face inférieure ou à l'extrémité desquelles sont symétriquement disposés les organes de la fructification. Ces organes sont des *spores* renfermés dans de petits sacs appelés *sporanges* ou *capsules.* Il est à remarquer que les feuilles des fougères, avant leur développement, sont toujours roulées en dedans en forme de crosse.

Le polypode jouit, depuis la plus haute antiquité, d'une très grande réputation parmi le peuple; les racines sont employées dans différents remèdes; c'est leur goût sucré qui les fait rechercher des enfants et qui leur a valu le nom de *réglisse* ou *d'arglisse sauvage*.

Quoiqu'il en soit, le polypode est une charmante fougère sur laquelle les froids de l'hiver n'ont aucune prise et qui forme de jolis tapis de verdure sous les haies, au pied des murs, des vieux arbres et des palissades humides.

Un peu plus loin nos intéressants explorateurs s'arrêtèrent auprès d'une vieille tour en ruine dont les restes de murailles ne paraissaient se soutenir que grâce aux énormes touffes de lierre qui les enserraient de toutes parts.

— Ces ruines sont-elles, comme celles que nous avons visitées l'an passé, les restes de quelque château, interrogea André.

— Non, mon ami, reprit l'oncle; cette tour est tout ce qui subsiste d'un ancien moulin à vent; et ces monceaux de décombres proviennent de l'habitation du meunier. C'est ainsi que le temps met son empreinte sur toutes choses et que sous son action bienfaisante ou destructive, les déserts se transforment en riches cités et les cités florissantes en désert. Si le moulin en activité étalait encore ses blanches murailles, nous n'aurions probablement pas devant nous ce lierre magnifique qui va faire l'objet d'une intéressante leçon.

Le Lierre grimpant (*hedera helix*) que Linné avait placé dans sa *pentandrie monogynie,* et que Jussieu avait mis dans la famille des *Caprifoliacées* appartient, d'après de Candolle, à une petite famille très voisine, celle des *Hédéracées.*

C'est, vous le voyez, un arbrisseau grimpant dont les tiges sont munies de petites racines ou plutôt de sorte de crampons à l'aide desquels elles s'accrochent aux murailles, aux troncs et aux branches des arbres; les feuilles d'un vert noir, luisantes en dessus, plus pâles en dessous sont à nervures palmées et divisées en cinq ou sept lobes anguleux; le fruit est noir à style persistants; les fleurs, d'un vert jaunâtre, sont disposées en ombelles terminales.

Ce gracieux arbuste était célèbre dans la mythologie; on l'avait consacré à Bacchus et on lui en tressait des couronnes. Il n'est pas étonnant que les faunes et les bacchantes en aient orné leurs thyrses et leurs coiffures, car toute la Thrace était couverte de lierres

gigantesques. Les marchands de vin de nos pays sont encore dans l'usage de suspendre au-dessus de leur porte une touffe de lierre comme indication de la nature de leur commerce, si cher aux disciples de Bacchus.

Dans le midi de la France et en Italie, le lierre atteint quelquefois la grosseur et la consistance d'un arbre ; on a conservé longtemps, dans une collection, une planche de lierre qui avait près de vingt centimètres de largeur. Néanmoins cet arbuste est plus communé-ment rampant ou grimpant ; il se cramponne à tous les supports qui se trouvent à sa portée ; mais s'il s'enlace autour des troncs d'arbres, c'est simplement pour se fixer et non pas, comme on le croit souvent, pour se nourrir. La meilleure preuve que les crampons aériens ne contribuent pas à la nourriture de la plante, c'est que si l'on coupe un pied de lierre au niveau du sol, toutes les branches ne tardent pas à se dessécher et à mourir.

Le lierre est la plus belle décoration des vieilles murailles et des vieux troncs d'arbres ; il produit un effet superbe dans les jardins paysagers et dans les parcs ; on peut le tailler en buissons, le dis-poser en arcades, en portiques, en palissades, le faire courir en gra-cieuses guirlandes, en festons capricieux.

Son bois spongieux et léger peut, dans certains cas, remplacer le liège ; les aiguiseurs se servent du bois des racines pour achever d'affiler les outils les plus fins Dans les pays chauds, on en extrait, par incision, une sorte de résine en larmes, l'*hédérée,* appelée improprement *gomme de lierre,* employée dans les vernis dont on se sert en peinture. Cette résine demi-transparente, d'un goût âcre et aromatique, est sans odeur, excepté lorsqu'on l'approche de la flamme : elle répand alors une odeur agréable qui ressemble un peu à celle de l'encens.

On cultive plusieurs variétés de lierre, entre autre une à feuilles panachées .

En arrivant auprès des rochers où l'on avait, au printemps pré-cédent, découvert un petit nid de roitelet, les enfants remarquèrent que les noisetiers, encore privés de feuilles, étaient garnis de chatons.

Les noisetiers, en effet, dit l'oncle, émettent leurs fleurs dès le mois de février ; et, ces jolies pendeloques ne sont autre chose que des fleurs. Vous avez vu, à une autre époque, ces mêmes arbrisseaux couverts de feuilles et de fruits, nous pouvons donc les décrire dès maintenant.

Le noisetier ou coudrier, comme le chêne, le hêtre, le charme, le châtaignier, appartient à la famille des *amentacées*.

Cette famille importante se compose entièrement de végétaux ligneux, à feuilles alternes dont les fleurs sont constamment monoï-ques ou dioïques, et les fleurs à étamines, au moins, disposées en *chatons*. C'est de ce mot chaton (en latin *amentum*) qu'est dérivé le nom de la famille.

Le Coudrier noisetier (*corylus avellana*) chanté par les poëtes, est l'ornement des rochers de nos bois; il en ombrage les précipices et forme souvent de jolis bosquets. Ses racines longues et robustes s'enfoncent profondément dans le sol; elles s'étendent en poussant çà et là de grosses tiges droites qui se partagent en plusieurs branches fortes, et en verges pliantes, sans nœuds, flexibles, dont le bois est blanc et tendre. Les jeunes pousses sont chargées de duvet; les feuilles pétiolées sont larges, arrondies, un peu ridées, dentelées, vertes en dessus, plus pâles et légèrement velues en dessous. Les fleurs mâles forment des chatons un peu grêles, oblongs et cylindriques; les fleurs femelles ressemblent à des houppettes de petits filets rouges. Les fruits, appelés noisettes, que vous connaissez bien, sont enveloppés chacun dans une coiffe membraneuse, frangée par les bords, charnue à sa base. Les noisettes rondes ou ovales se composent d'une écorce ligneuse renfermant une amande enveloppée d'une pellicule roussâtre.

Si les noisettes sont la joie des enfants, il faut avouer que les écureuils, les geais et les grimpereaux n'en sont pas moins friands. On retire de ces fruits une huile estimée; les confiseurs les emploient dans la fabrication de leurs dragées.

Dans certaines campagnes, le peuple considère le noisetier comme l'arbre favori de la Vierge, et certains affirment qu'il fleurit à toutes ses fêtes. Les verges qu'on en détache sont les plus propres à tuer les reptiles. Les fameuses baguettes divinatoires que font tourner les sorciers et les sorcières, les prétendus découvreurs de sources, de mines, de trésors cachés, sont invariablement des baguettes de noisetiers.

Nos promeneurs avaient gagné les bords de la rivière, et les enfants firent à propos des aulnes la remarque que tout à l'heure ils avaient faites en apercevant les noisetiers. Ces arbres étaient recouverts de petits chatons portés sur des pédoncules et de petits cônes écailleux semblables à de minuscules pommes de pin.

Les petits chatons, dit l'oncle, sont les fleurs mâles de ces arbres, les petits cônes en sont les fleurs femelles. L'AULNE GLUTINEUX *(alnus glutinosa)* plus connu sous les noms de *verne* ou *vergne* et *averno* dans le midi, appartient comme le noisetier, à la famille des amentacées. Linné l'avait appelé *betula alnus*, car l'aulne, en effet, est proche parent du bouleau. Il aime les terrains humides et marécageux, et l'on est presque sûr de le rencontrer au bord des ruisseaux et des rivières, en compagnie des peupliers et des saules.

Cet arbre a été très apprécié chez les anciens; et, du temps de Théophraste, l'écorce de l'aulne était déjà employée pour la teinture des cuirs. Pline remarque que les pilotis d'aulne sont d'une très grande durée et peuvent supporter des poids énormes. Plusieurs ponts sur la Tamise, et le fameux pont du Rialto, à Venise, sont bâtis sur des pilotis d'aulne. Une des qualités les plus précieuses de cet arbre consiste, en effet, à ce qu'il se conserve presque indéfiniment dans l'eau.

La Fable qui a voulu tout poétiser, raconte que les sœurs de Phaéton ont été changées en aulnes. Aujourd'hui comme autrefois, l'aulne avec ses nombreux rameaux, sa tête large et touffue, est toujours l'arbre chéri des Naïades; il n'est pas un ruisseau qu'il ne protège de son ombre pendant que ces nombreuses racines soutiennent les talus, protègent les terres et empêchent les éboulements.

Le bois de l'aulne est rougeâtre, mou, léger, facile à travailler. Si on le laisse séjourner quelque temps dans de la chaux éteinte, il prend une belle teinte acajou et se polit facilement; l'écorce est grise en dehors et jaunâtre en dedans. Ses feuilles sont glabres, pétiolées, arrondies, obtuses ou échancrées au sommet, dentées ou même lobées dans leur contour, un peu large, pubescentes en dessous sur les nervures; le pédoncule est souvent couvert de petites écailles gluantes et les feuilles sont également glutineuses dans leur jeunesse, d'où le nom d'*aulne glutineux*.

Racines, écorce, bois, feuilles et fruits, tout est utile dans le verne. Les feuilles sèches nourrissent les chèvres pendant l'hiver et fournissent un assez bon engrais; les fruits donnent une encre bleue; l'écorce est employée par les villageois pour teindre, aux jours de deuil, leurs vêtements en noir; cette même écorce remplace avantageusement la noix de galle dans la fabrication de l'encre. Le bois, nous l'avons dit, est incorruptible dans l'eau; son élasticité et la finesse de son grain le font rechercher des tourneurs et des sabotiers. On en fabrique des corps de pompe, des ustensiles divers et des tuyaux de conduite pour les eaux.

Munis de quelques touffes de fougères polypodes, de guirlandes de lierre, d'un bouquet formé des chatons du noisetier réunis à ceux de l'aulne, et de plusieurs spécimens de mousses et de lichens, les enfants revinrent à la maison, tout heureux de cette première excursion. Le butin n'était pas considérable, mais le moment serait bientôt venu où les jeunes botanistes pourraient faire d'abondantes moissons.

CHAPITRE II

La famille des rosacées. — Les amandiers. — Les renonculacées. — La ficaire. — Les violariacées. — Violettes et pensées. — Les apocynacées. — Les pervenches. — Les borraginées. — La pulmonaire. — L'anémone des bois. — Les globulariées. — La globulaire commune. — La pâquerette. — Les composées. — La fritillaire pintade. — La fritillaire couronne impériale.

Violette.

— Prenez garde au soleil, disait la mère d'André et de Laurence au moment où les enfants se mettaient en route sous la direction du vieux botaniste.

C'est qu'en effet, quinze jours s'étaient écoulés depuis la dernière excursion; la température avait subi une transformation complète; le soleil brillait du plus vif éclat, et bien qu'on ne fût encore que dans la première quinzaine de mars, il paraissait prudent d'arborer les ombrelles et les chapeaux de paille. Cependant les craintes de la mère pour ses enfants étaient bien superflues, la sollicitude de leur Mentor était si grande qu'il ne négligeait aucune des précautions nécessaires.

Nos jeunes amis s'étaient à peine éloignés de la maison qu'André signala à l'oncle deux magnifiques amandiers dans toute la splendeur de leur épanouissement.

Voilà, en effet, mes enfants, deux magnifiques spécimens de la famille des rosacées.

— Est-ce que les amandiers sont de la même famille que les rosiers? demanda André dont le nom de rosacées avait attiré l'attention.

— Oui, mon enfant, et il n'y a là rien que de bien naturel. Dans les *rosacées*, les étamines sont périgynes, et s'insèrent en cercle vers le sommet du tube calicinal. Ces organes libres sont au nombre de vingt environ, aussi Linné avait classé les rosacées dans sa *polyandrie*. Le calice à quatre ou cinq divisions est monosépale, la corolle est généralement composée de cinq pétales régulièrement étalés, insérés au-dessus des étamines sur le calice, et alternant avec les lobes de ce dernier. Les feuilles sont le plus souvent alternes et toujours munies de stipules. La structure du fruit varie beaucoup, mais l'embryon, à cotylédons charnus est sans périsperme.

La famille très nombreuse des rosacées a été subdivisée en plusieurs tribus.

Si vous voulez examiner attentivement une fleur d'amandier, vous verrez qu'elle répond à la plupart des caractères que nous avons énumérés.

L'AMANDIER COMMUN *(amygdalus communis)* a des feuilles glabres, luisantes, oblongues, lancéolées, dentées en scie; les pétioles portent en dessous deux petites glandes presque aussi longues que la feuille est large; les fleurs sont blanches, quelquefois rosées dans le centre et s'épanouissent à l'extrémité de courts pédoncules axillaires.

L'Amandier est originaire d'Orient; on le cultive à peu près partout, mais la récolte des fruits n'a de succès certain que dans le Midi où les gelées printanières ne sont pas à craindre.

Le fruit de l'amandier est une drupe coriace, qui s'ouvre comme le brou de la noix, et laisse échapper son amande douce ou amère, à coque dure ou tendre suivant les variétés.

On connaît en effet les amandes à la duchesse, à la princesse, à la sultane, très estimées pour fruits de desserts st dont les coques friables se brisent aisément entre les doigts; tandis que celles de l'amande commune sont excessivement dures.

Ce n'est pas vous, cependant, mes enfants, qui médirait de cette amande commune dont le noyau entre dans la composition des dragées, des pralines, des nougats et d'une foule d'autres friandises.

L'amande amère sert surtout à aromatiser certaines préparations; la quantité relativement considérable d'acide prussique qu'elle contient pourrait en rendre la consommation dangereuse.

La dureté et la jolie teinte du bois de l'amandier font que les tourneurs et les ébénistes le recherchent. Cet arbre suinte une gomme abondante qui peut remplacer la gomme arabique et qui se vend sous la dénomination de gomme du pays.

La description de l'amandier était terminée, et les enfants avaient déposé dans la boîte de l'oncle un rameau couvert de fleurs, lorsqu'André découvrit, sous l'abri protecteur d'un buisson d'aubépine, de jolies fleurs jaunes, brillantes comme des étoiles d'or.

Puisque nous n'avons d'autre ordre à observer que celui que le hasard nous présente, dit l'aimable guide des enfants, nous allons passer de la famille des rosacées à celle des *renonculacées* à laquelle appartiennent les jolies plantes qu'André a le premier aperçues.

Les renonculacées, dont les boutons d'or de nos prairies sont le vrai type, ont des étamines ordinairement en nombre indéfini, libres et insérées sur l'ovaire; leur fruit est le plus souvent composé de carpelles secs, libres ou soudés inférieurement; la graine est un périsperme corné qui protège un embryon fort petit. La plupart des plantes de cette famille contiennent un suc âcre et caustique; mais celles que nous avons sous les yeux échappent à cette règle.

La famille comprend les quatre tribus des Renonculées, des Clématidées, des Helléborées et des Pœniées.

La Ficaire fausse renoncule (*ficaria ranonculoïdes*) vulgairement appelée *fausse chélidoine* se distingue par sa tige lisse, rameuse et couchée, par ses feuilles glabres, en cœur à pétiole engaînant, et par ses fleurs d'un jaune luisant qui s'épanouissent de mars en mai. On connaît encore cette plante sous les noms d'*éclairette, scrofulaire, herbe aux hémorrhoïdes,* et on la rencontre fréquemment

sur les bords des ruisseaux ou dans les enchevêtrements d'épines et
de ronces de certains buissons. Ses racines tuberculeuses, en forme
de petites figues allongées, lui ont valu le nom de *ficaire*. Cette
plante est bien loin de participer aux qualités âcres et vésicantes de
la famille puisque, dans certaines contrées, on la consomme en
potage ou en salade.

Quelques beaux spécimens de ficaire prirent place dans la boîte
de fer-blanc, à côté de la branche d'amandier.

Laurence qui depuis un instant marchait en avant avec son brave
Sultan s'arrêta tout à coup devant un petit tertre gazonné tout couvert de violettes odorantes dont elle se mit en devoir de faire un bouquet.

Pensée.

Voici, dit l'oncle, de gracieux
représentants de la famille des *Violariacées*. Les enfants de cette aimable famille se distinguent par les
caractères suivants :

Cinq sépales persistants prolongés
à leur base en une sorte d'appendice ;

Cinq pétales irréguliers dont l'inférieur se termine par un éperon dans
le tube duquel se loge la base des
deux étamines inférieures ;

Cinq étamines à filets élargis et à
anthères rapprochées par leur sommet.

Un fruit unique, sorte de capsule s'ouvrant par trois valves et
finissant par un seul style.

La Violette odorante (*viola odorata*) ordinairement d'un violet
foncé ou rougeâtre, mais dont on trouve des variétés panachées ou
blanches, commence à s'épanouir dans les haies, sur les talus des
fossés, sur le bord des prairies, dès le mois de février. Souvent on
l'appelle *violette de Mars* et dans certaines contrées *jacée du printemps*. On a fait de cette fleur charmante le symbole de la modestie,
parce que, cachée à l'ombre de ses feuilles, elle ne se trahit que par
son délicieux parfum. Aux yeux des anciens, la violette avait la vertu

de préserver de l'ivresse et de prévenir les excès ; aussi, dans leurs festins, ils se couronnaient de ces fleurs embaumées.

Extrêmement précoce, souvent cachée sous la feuille ou dissimulée à travers les autres herbes, elle resterait inaperçue si son parfum ne venait trahir sa présence et inviter à la cueillir. C'est elle qui chaque printemps fait la fortune des petites bouquetières qui n'ont d'autre peine que de la réunir en bouquets dont tout le monde, riche ou pauvre, vient s'approvisionner. Elle est le luxe de l'ouvrière et de la grande dame, du salon et de la mansarde.

Non seulement la violette est agréable, elle est encore fort utile ; c'est un des béchiques les plus fréquemment employés ; les pharmaciens en composent un sirop excellent dans les maux de gorge et les maladies de poitrine.

Il existe de nombreuses variétés de violettes ; vous connaissez la violette dite des quatre saisons qui fleurit de septembre à février ; vous avez vu de belles violettes dites de Parme et la violette à fleurs blanches, grises ou roses, plus délicates et plus difficiles à obtenir.

La Violette tricolore (*viola tricolor*) vulgairement *pensée* que vous cultivez dans les plates bandes de votre petit jardin se distinguent par ses fleurs veloutées offrant toujours au moins trois couleurs. Il ne faut pas confondre cette espèce de pensée, qui est annuel avec la Violette des Monts Altaï (*viola altaïca*) vulgairement *pensée anglaise* qui est vivace, dont les pétales sont beaucoup plus grands que les sépales et dont les grandes fleurs veloutées sont naturellement d'un beau bleu violet.

La Violette des Monts Altaï est la souche des *Pensées anglaises*, remarquables par leur grandeur. leur beauté et leur longue durée qui atteint jusqu'à quatre années. Ces belles fleurs résultent du croisement des deux espèces.

La culture des pensées a pris un grand développement, et ce n'est pas au hasard que les amateurs forment leurs collections. Pour mériter l'honneur d'y prendre place, une pensée doit avoir une fleur très grande, parfaitement ronde dans son contour, offrir de riches couleurs bien harmonisées et présenter un masque bien prononcé.

Sur le revers d'un fossé couvert de ronces et de broussailles, André aperçut un charmant tapis bleu d'azur qui lui fit pousser une

La neige.

exclamation de contentement. Sultan, qui crut à un ordre impérieusement donné par l'enfant, s'élança à travers le fourré et troubla dans sa sieste un malheureux lapin qui, en trois bonds, disparut dans le bois voisin.

— Oh! les jolies pervenches, s'écria Laurence, qui reconnut les jolies fleurs.

— Ce sont en effet des pervenches, dit l'oncle, en recueillant quelques touffes qu'il plaça dans sa boîte; ces plantes sont de la famille des *Apocynacées*.

Elles se distinguent par un calice à cinq divisions persistantes, une corolle monopétale régulière, hypogyne, partagée en cinq lobes; cinq étamines adhérentes au tube alternent avec ces segments et ont leurs filets libres ou soudés à la base; deux ovaires libres ou soudés en un seul, sont surmontés d'un style ou de deux styles réunis au sommet sous un seul stigmate. Le fruit se compose de une ou deux follicules renfermant un grand nombre de graines nues ou munies d'aigrettes soyeuses.

La plante que nous avons sous les yeux est la PERVENCHE A GRANDES FLEURS (*vinca major*) qui se plaît tout particulièrement dans les haies et sur les rocailles ombragées; elle est remarquable par ses feuilles ovales-lancéolées, un peu pétiolées, arrondies ou légèrement en cœur à la base, glabres sur le limbe, mais finement ciliées-denticulées sur les bords; les segments du calice sont également ciliés et atteignent à peu près la longueur du tube de la corolle; les fleurs sont bleues, rarement violettes ou blanches, et pédonculées à l'aisselle des feuilles.

C'est pendant les mois de mars, avril et mai que la pervenche épanouit ses jolies fleurs, et il n'est pas difficile de comprendre l'admiration que beaucoup de personnes professent pour cette plante gracieuse.

La PERVENCHE A PETITES FLEURS (*vinca minor*) dont voici précisément quelques touffes dans cette haie, porte aussi des fleurs bleues, quelquefois blanches ou d'un violet vineux mais plus petites que dans l'espèce précédente.

On cultive, de la grande et de la petite pervenches, des variétés doubles à fleurs blanches, bleues et lilas. Les graines de la perven-

che mûrissent difficilement, et la plante se multiplie surtout par
stolons.

Les pervenches ont été vantées comme vulnéraires, astringentes

et fébrifuges ; on les disait excellentes contre les hémorrhagies, la
toux, les maux de gorge et de poitrine. Elles font partie des vulnéraires suisses.

On donne vulgairement à cette plante les noms de *violette des sor-*

ciers, bergères. La première partie de son nom scientifique signifie :
Je triomphe de tous les maux.

En cheminant dans le taillis voisin, le vieux botaniste s'arrêta devant une plante portant fleurs passant du rouge au violet et au bleu
de ciel et disposées en grappes courtes ; les feuilles d'une contexture
molle et tachées de blanc étaient velues, d'assez grande dimension.
Voici, dit-il, un représentant de la famille des *borraginées.* C'es.
une plante bien commune dans votre jardin potager, la *bourrache,*
qui est le type de la famille et lui a donné son nom. Les plantes de
cette famille ont des feuilles toujours alternes et la plupart du
temps hérissées de poils rudes ; les fleurs forment des grappes unilatérales et sont, avant leur épanouissement, roulées en queue de
scorpion ; le calice persistant a toujours cinq dents ou divisions soudées à la base, et la corolle, toujours monopétale, souvent régulière,
a son limbe partagé en cinq segments plus ou moins profonds ; les
étamines, également au nombre de cinq, alternent avec les segments ;
le fruit se compose de quatre carpelles disposés en carré au fond du
calice qui les protège. De leur milieu s'élance le style. L'absence ou
la présence de cinq écailles à la gorge de la corolle fait qu'on a divisé
la famille en deux tribus : celle des *cynoglossées* et celle des *pulmonaires* ; c'est à cette dernière tribu qu'appartient la plante que nous
avons sous les yeux.

La Pulmonaire tubéreuse *(pulmonaria tuberosa),* vulgairement
*herbe aux poumons, herbe au lait, herbe de Notre-Dame, sauge de
Bethléem, coucou bleu,* fleurit pendant les mois de mars et d'avril.

Ces nombreuses dénominations indiquent suffisamment les qualités bienfaisantes de cette plante.

Ses feuilles velues-lancéolées, parsemées de taches laiteuses, ne
sont pas moins remarquables que ses fleurs, les unes rouges et les
autres bleues sur le même pédoncule.

Aussi précoce que la primevère, on la trouve à peu près dans les
mêmes lieux ; et, elle mérite de tout point l'excellente réputation
qu'on lui a faite ; elle est adoucissante propre à faire expectorer et
remplace la bourrache dans les affections légères de la poitrine. On
consomme ses feuilles en potage et quelquefois comme les épinards.

C'est encore le guide des enfants qui découvrit, sous une futaie
l'Anémone des bois *(Anemone nemerosa)* vulgairement *Sylvie,* une

gracieuse *liliacée* qui s'épanouit pendant les mois de mars et d'avril. Les différentes espèces d'anémones sont remarquables par leur tige munie d'une collerette foliacée formée de trois folioles; dans la sylvie, les feuilles de cette collerette sont pétiolées.

Cette charmante messagère du printemps apparaît avant l'arrivée des hirondelles; souvent elle tapisse les bois humides et le bord des ruisseaux. Sa grâce délicate, l'élégance modeste avec laquelle s'incline sa jolie tête blanche, en font une des fleurs préférées des botanistes.

Laurence arracha avec précaution la gentille anémone et la mit en sûreté dans la boîte du vieil oncle.

En quittant le bois, nos excursionnistes traversèrent un coteau sec et aride sur lequel André remarqua plusieurs fleurs bleues arrondies comme de petites boules.

C'est, dit l'oncle, la GLOBULAIRE COMMUNE (*Globularia commune*) ainsi nommée de la forme de ses petites fleurs groupées en boule ; on l'appelle encore *marguerite bleue ;* on l'a introduite dans les jardins à cause des jolies touffes qu'elle forme ; mais elle a une prédilection marquée pour les terrains maigres et desséchés.

Les *Globulariées* ou *Globulariacées* forment une petite famille dont les fleurs sont toutes réunies en têtes globuleuses. Les fleurettes sont groupées sur un réceptacle commun, garni de paillettes et entouré d'un involucre formé de plusieurs petites folioles ; chaque petite fleur a un calice persistant à cinq divisions aiguës. La corolle toujours irrégulière est monopétale, à limbe partagé en deux lèvres inégales ; elle renferme au sommet de son tube quatre étamines à anthères libres.

Nos botanistes descendent le coteau et marchent dans la direction de la rivière. Laurence qui folâtre avec Sultan arrive la première au bord de la prairie et aperçoit les fleurs fraîchement épanouies de la blanche pâquerette ; elle en détache quelques-unes qu'elle porte au vieux professeur.

Asseyez-vous, mes enfants, dit l'oncle, nous allons nous reposer un instant en analysant cette gracieuse petite marguerite.

La PAQUERETTE VIVACE (*Bellis perennis*) vulgairement *petite marguerite,* appartient à la famille des *composées-corymbifères;* elle est la première fleur qui se montre dans les prés, et il faut se hâter de jouir de sa vue, car bientôt les touffes d'herbe verdoyante l'auront enveloppée de toutes parts.

La pâquerette se distingue par son rhizôme court et oblique, sa hampe de dix à vingt centimètres de hauteur, toujours simple et uniflore, ses feuilles toutes radicales, obovales, spatulées, alternées en un pétiole épais, ses fleurons jaunes, ses demi-fleurons blancs bordés de rose, quelquefois presque complétement roses en dessous et même en dessus.

C'est à un ancien botaniste, qui fut un grand écrivain, que nous allons emprunter la description des *composées.*

Pâquerette.

« Prenez, dit Jean-Jacques Rousseau, une de ces petites fleurs qui tapissent les pâturages et qu'on appelle *pâquerettes, petites marguerites,* ou *marguerites* tout court. Regardez-la bien, car je suis sûr de vous surprendre en vous disant que cette fleur si petite et si mignonne, est réellement composée de deux à trois cents autres fleurs toutes parfaites, c'est-à-dire ayant chacune sa corolle, son ovaire, son style, ses étamines, sa graine, en un mot une fleur aussi parfaite en son espèce que la fleur de la jacinthe ou du lis. Ces folioles, blanches en dessus, roses en dessous, qui forment comme une couronne autour de la marguerite, et qui ne vous paraissent tout au plus qu'autant de petits pétales, sont réellement autant de corolles véritables ; et chacun de ces petits brins jaunes que vous voyez dans le centre est une fleur distincte.

» Arrachez une des folioles blanches de la couronne et regardez-la bien par le bout qui était attaché, vous verrez que ce bout n'est pas plat, mais rond et creux en forme de tube. De ce tube sort un petit filet à deux cornes, c'est le style fendu en deux stigmates.

» Regardez maintenant les brins jaunes du centre. Si la marguerite est assez avancée, vous en verrez plusieurs tout autour, lesquels sont ouverts et même découpés sur le bout en cinq dents régulières. Ce sont des corolles monopétales épanouies. Avec un peu d'attention, vous distinguerez encore le style, divisé en deux stigmates, et

autour du style les étamines groupées en un délicat cylindre. Ordinairement les brins jaunes qu'on voit au centre, sont encore arrondis
au bout et non ouverts ; ce sont des fleurs comme les autres, mais
qui ne sont pas encore épanouies.

» En considérant toute la marguerite comme une seule fleur, ce
sera donc lui donner un nom très convenable que de l'appeler une
fleur composée. Or, il y a un très grand nombre de plantes dont les
fleurs sont formées, comme la marguerite, d'un assemblage d'autres fleurs plus petites et contenues dans un calice commun. Toutes
ces plantes forment la famille des composées.

» Vous avez vu dans la marguerite deux sortes de petites fleurs,
savoir celles de couleur jaune qui remplissent l'intérieur de la couronne, et les petites languettes blanches qui forment cette couronne.
Les premières sont, dans leur petitesse, assez semblables de figure
aux fleurs du muguet ou de la jacinthe, et les secondes ont quelque
rapport avec les fleurs du chèvrefeuille. Nous donnerons aux premières le nom de *fleurons* et aux secondes le nom de *demi-fleurons.*
Ces dernières, en effet, ont assez l'air de corolles monopétales qu'on
aurait rognées par un côté en n'y laissant qu'une languette qui ferait
environ la moitié de la corolle.

» Dans certaines composées, toutes les petites fleurs réunies en
une tête commune sont des demi-fleurons. C'est ce qui se voit dans
le pissenlit, la chicorée. Les plantes comprises dans cette catégorie
s'appellent *chicoracées.*

» Dans d'autres, les petites fleurs du centre sont des fleurons et
celles de la circonférence sont des demi-fleurons. Nous venons d'en
voir un exemple dans la marguerite. Nous en trouverions d'autres
dans la camomille, le soleil ou hélianthe, le dahlia, quand la culture
ne l'a pas défiguré en changeant en fleurons ses demi-fleurons. Les
plantes qui présentent cet arrangement dans leurs fleurs composées
se nomment *radiées.*

» Enfin, toutes les petites fleurs peuvent être des fleurons aussi
bien à la circonférence qu'au centre. C'est ce que l'on observe dans
l'artichaut et les divers chardons. Les plantes à fleurs composées
uniquement de fleurons se nomment *carduacées.* »

Dans la méthode que nous avons suivie, on nomme *flosculeuses*
les composées qui n'ont que des fleurons ; *semi-flosculeuses,* celles

qui n'offrent que des demi-fleurons ; *radiées,* celles qui n us présentent des fleurons au centre et des demi-fleurons à la circonférence. Le bleuet est une flosculeuse ; la chicorée est une semi-flos-
culeuse; la grande marguerite est une *radiée.* C'est, en partie d'après
ce caractère qu'on a divisé les composées en trois grandes tribus,
celle des *Cynarocéphalées,* celle des *Corymbifères ;* celle des *Chicoracées.* Mais, la présence ou l'absence, la nature et le mode d'insertion des aigrettes sert à établir des subdivisions.

L'oncle avait à peine terminé la lecture et les explications qui
précèdent que les enfants s'élancèrent, en courant, dans la direction
d'un repli de la prairie qu'ils observaient depuis un instant.

— Je les ai aperçues la première, disait Laurence.

— Ce sont des tulipes, criait André ; je les voyais avant toi.

Le vieillard riait de l'enthousiasme des enfants pour les plantes
nouvelles qui s'offraient à leurs regards.

— Ne vous querellez pas, mes amis, dit-il ; et, admettons, si
vous voulez, que vous les avez vues en même temps.

La plante que vous avez devant les yeux est une *liliacée,* mais ce
n'est point une tulipe, bien qu'elle s'en rapproche beaucoup puisque,
en effet, elle appartient à la tribu des *tulipées.*

C'est la Fritillaire pintade (*fritillaria meleagris*) appelée vulgairement *damier* ou simplement *pintade.* Vous voyez que l'une ou
l'autre de ces dénominations lui convient également puisque les
petits carreaux alternativement blancs et violets de sa fleur sont
rangés en *damier* et que le plumage de la *pintade* affecte des dispositions analogues.

Cette magnifique plante des bois humides et des hautes montagnes, descend quelquefois, ainsi que vous en avez un exemple, sur
le bord de nos rivières ; je connais, dans le voisinage, une prairie
entourée de petits ruisseaux où nous trouverons, par milliers, les
fleurs gracieuses de la fritillaire, que les enfants appellent *cancanes,*
parce qu'ils désignent souvent ainsi la pintade des basses-cours,
sans doute à cause de son chant peu harmonieux.

La tige de cette plante, qui s'élève depuis deux jusqu'à près de
quatre décimètres, se termine par cette grande fleur en cloche pen-
dante qui a attiré votre attention et dont les six pétales offrent une
élégante figure de damier à carrés disposés de telle sorte que jamais

deux divisions de la même couleur ne se touchent autrement que par les angles.

Cette plante curieuse a été transportée dans nos jardins et les horticulteurs en ont obtenu plusieurs variétés remarquables. Les bulbes de cette liliacée sont vénéneux.

La jolie plante cultivée dans votre jardin sous le nom de Couronne impériale, n'est autre chose qu'une fritillaire originaire de la Perse.

Fritillaire.

Plusieurs tiges de la jolie plante s'ajoutèrent à la récolte de la journée. Le moment de revenir à la maison était arrivé, et les enfants joyeux vinrent comme de petits triomphateurs déposer aux pieds de leurs parents les trophées qu'ils avaient conquis. Cette promenade avait été si agréable et si bien remplie qu'en remerciant leur vieux Mentor, ils songeaient déjà à l'excursion qu'ils entreprendraient dans quelques jours.

CHAPITRE III

Le but de la promenade était les ruines du vieux château féodal où nous avons déjà suivi nos jeunes botanistes dans l'une de leurs premières excursions.

On avait dépassé l'équinoxe, et le printemps avait réellement fait son apparition; encore quelques jours et le chant du rossignol se ferait entendre à la lisière des bois, et les hirondelles viendraient raser, dans leur vol, la surface de la rivière au bord de laquelle nos amis cheminaient en ce moment. On respirait avec délices l'odeur balsamique des peupliers mêlée au parfum caractéristique de tous les végétaux qui verdissent sous l'action bienfaisante du soleil, et l'oncle crut le moment favorable pour parler aux enfants de ces beaux spécimens de la famille des *amentacées*.

Le peuplier, leur dit-il, appartient à la tribu des *Salicées,* qui a emprunté son nom au saule. Le bel arbre que voici est le Peuplier noir (*populus nigra*) qui doit sa dénomination spécifique à la couleur pourpre-foncé des anthères de ses étamines. Cet arbre élevé à branches étalées, portera dans quelques jours des feuilles longuement pétiolées, ovales triangulaires, acuminées, finement dentées jusqu'à leur base, glabres et luisantes, glutineuses dans leur jeunesse. C'est le suc résineux dont ses bourgeons sont enduits qui embaume l'air autour de nous. Les abeilles aiment à voltiger autour de ces bourgeons où elles recueillent la propolis; et les chardonnerets viendront dans quelques jours y butiner le fin duvet blanc dont ils tapissent si artistement leur nid.

Tous les arbres de la tribu des salicées ont des fleurs dioïques, en chatons, des graines à aigrettes ou à houppes soyeuses, des cotylédons plans ou foliacés.

Les fleurs du peuplier ne diffèrent guère de celles du saule que par le disque qui entoure l'ovaire ; cet organe qui est, dans le peuplier, en forme de capsule, affecte, dans le saule, la forme d'un gland.

Il existe encore une autre différence, bien légère, il est vrai ; c'est que les écailles des chatons sont incisées dans les peupliers, tandis qu'elles sont entières dans les saules.

Le nom latin du peuplier (*populus*) veut dire à la fois, peuplier et peuple. Les paysans de certaines parties de la France appellent même cet arbre *peuple* et quelquefois *pouple*.

Suivant les uns, les Romains lui auraient donné ce nom parce que le feuillage de cet arbre est, comme le peuple, dans une agitation perpétuelle ; suivant d'autres, peuplier signifie l'arbre du peuple, parce que, dans l'ancienne Rome, ces arbres décoraient les places publiques. Peut-être faut-il faire remonter jusque-là l'usage qui consiste à planter des peupliers comme symbole de la liberté?

La végétation vigoureuse et rapide du peuplier noir fournit abondamment des branches feuillées que l'on coupe tous les cinq ou six ans ; avec le tronc, on fait des planches, dites de bois blanc, estimées par leur légèreté et propres aux constructions qui se trouvent à l'abri de l'humidité.

Avec l'écorce du peuplier noir, on apprête, en Russie, d'excellent maroquin ; les habitants du Kamtchatka la réduisent en une sorte de farine qui entre dans la compositiou de leur pain ; enfin, elle sert à teindre en jaune, et on en fabrique des nattes, des chapeaux, du papier, etc.

Voici un bel échantillon du PEUPLIER TREMBLE (*populus tremula*) dont les feuilles sont constamment agitées à l'extrémité de leur long pétiole comprimé. Le plus léger souffle de l'air provoque dans le tremble une sorte de frémissement mystérieux ; et c'est à cette particu'arité que l'arbre doit sa dénomination.

Le bois du tremble est recherché pour la fabrication des allumettes ; réduit en minces copeaux, il sert à faire des tissus délicats que les marchandes de modes font entrer dans les formes des chapeaux de femmes.

A côté vous avez un magnifique Peuplier pyramidal (*populus pyramidalis*) vulgairement *peuplier d'Italie,* ainsi nommé de la disposition de ses branches.

Ses rameaux droits et élancés ont inspiré à Ovide l'idée de la métamorphose des Héliades, sœurs de Phaéton : Inconsolables de la mort de leur frère, et les mains constamment levées vers le ciel, elles sentirent, dit le poëte, leurs pieds s'attacher au sol et leurs bras se convertir en longs rameaux.

Le peuplier d'Italie nous est venu de la péninsule vers la fin du siècle dernier, et il fut, lors de son introduction en France, l'objet de l'admiration universelle. Cela n'a rien de surprenant, car cet arbre est véritablement magnifique avec son port élancé, sa vaste pyramide, immobile par un temps calme, mais se balançant lentement au gré du vent et produisant des ondulations d'un admirable effet. Partout on le choisit pour borner des paysages, dessiner des contours, border des allées, former des points de vue ; mais, il faut avouer qu'il n'est nulle part mieux placé que sur les rives de nos cours d'eau, où il forme de splendides rideaux de verdure.

On croit cet arbre originaire de l'Asie-Mineure.

— Vois, Laurence, s'écria André tout à coup, tu as presque écrasé cette jolie fleur blanche.

— Jolie, en effet, reprit l'oncle avec sa tige élancée et sa fleur gracieuse.

C'est la Cardamine des prés (*Cardamine pratensis*) vulgairement *vierge.* Cette plante, de la famille des *crucifères,* se distingue par sa tige droite dont la longueur varie de vingt à quarante-cinq centimètres, ses feuilles dont le goût rappelle la saveur du cresson, toutes pennées, les radicales longuement pétiolées, à folioles ovales arrondies, un peu anguleuses, la terminale plus grande, les caulinaires (celles de la tige) sessiles, et les supérieures à folioles étroites et entières. Les anthères sont jaunâtres; les fleurs sont généralement lilas, quelquefois, mais rarement blanches. Elle est très commune dans les prés et les bois humides où elle s'épanouit dans les mois de mars, avril et mai.

Cette plante a tant de rapports avec le cresson des fontaines, qu'on l'appelle souvent *cresson des prés ;* elle a le même goût, les mêmes propriétés antiscorbutiques, mais à un moindre degré. On trouve quelquefois dans les prés des cardamines à fleurs doubles que l'on cultive également dans les jardins.

Nous rencontrerons encore dans les mêmes lieux, mais un peu plus tard, la CARDAMINE AMÈRE (*cardamine amara*) remarquable par ses feuilles toutes pennées à saveur amère, les inférieures à folioles ovales arrondies, les supérieures à folioles oblongues, mais toutes, même les supérieures, à folioles anguleuses dentées. Les anthères sont violacées, les fleurs sont blanches, rarement lilacées.

La famille des crucifères est très nombreuse et elle est une de celles dont l'étude est le plus facile. Elle offre un très grand intérêt par ses plantes à principes antiscorbutiques et toniques, à graines oléagineuses, à feuilles et à racines alimentaires. Ses caractères essentiels sont : six étamines dont quatre plus longues, quatre pétales en croix d'où son nom *crucifère*.

Le fruit toujours sec et conique est ordinairement bivalve, à deux loges séparées par une cloison à laquelle sont attachées les graines. Quelquefois, cependant, la capsule est indéhiscente ou monosperme et uniloculaire, ou bien encore se partage en articles transversaux, dont chacun renferme une graine. Quand le fruit est beaucoup plus long que large, il se nomme *silique*; quand la largeur est égale ou presque égale à la longueur, on l'appelle *silicule*. De là, deux tribus dans la famille : La tribu des *siliquées* et celle des *siliculées*.

Nous allons, tout en cheminant, lire, sur les crucifères, une belle page de l'auteur à qui nous avons emprunté la description des composées :

« Quand les premiers rayons du printemps auront éclairé vos progrès en vous montrant dans les jardins les jacinthes, les lis, les tulipes et autres liliacées dont l'analyse vous est déjà connue, d'autres fleurs arrêteront bientôt vos regards et vous demanderont un nouvel examen. Telles seront les *giroflées* ou *violiers*. Tant que vous les trouverez doubles, ne vous attachez pas à l'examen de ces fleurs. La culture les a défigurées. Si la partie la plus brillante, s'y multiplie, c'est aux dépens des parties plus essentielles, qui disparaissent sous cet éclat.

« Prenez donc une giroflée simple et procédez à l'analyse de sa fleur. Vous y trouverez d'abord une partie extérieure et verte qui manque dans les liliacées, savoir, le calice. Ce calice est de quatre pièces, que l'on nomme sépales. Ces quatre pièces sont inégales; deux, opposées l'une à l'autre, sont un peu plus grandes et bossues à la base ; deux, également opposées, sont un peu moindres.

« Dans le calice, vous trouverez une corolle composée de quatre pétales, dont je laisse à part la couleur parce qu'elle ne fait point caractère. Chacun de ces pétales est attaché au réceptacle ou extrémité de la tige florale, par une partie étroite et pâle qu'on appelle l'onglet, et déborde le calice par une partie plus large et plus colorée qu'on appelle la lame.

« Au centre de la corolle est un pistil allongé, cylindrique ou à peu près, terminé par un style très court, lequel est terminé luimême par un stigmate oblong, bifide, c'est-à-dire partagé en deux parties qui se réfléchissent de part et d'autre.

« Si vous examinez avec soin la position respective du calice et de la corolle, vous verrez que chaque pétale, au lieu de correspondre exactement à chaque sépale du calice, est posé au contraire entre deux sépales, de sorte qu'il répond à l'ouverture qui les sépare. C'est ce que l'on désigne en disant que les pétales alternent avec les sépales. Cette disposition alternative a lieu dans toutes les fleurs qui ont un nombre égal de pétales à la corolle et de sépales au calice.

« Il nous reste à parler des étamines. Il y en a six comme dans les liliacées, mais non égales entre elles et différemment disposées. Quatre sont plus longues et disposées à côté l'une de l'autre deux par deux ; les deux autres sont plus courtes et intercalées une à une entre les couples des premières.

« Pour achever l'histoire de notre giroflée, il ne faut pas l'abandonner après avoir analysé sa fleur, mais il faut attendre que la corolle se flétrisse et tombe, ce qu'elle fait assez promptement, et regarder ce que devient le pistil. L'ovaire s'allonge beaucoup et s'élargit un peu en mûrissant. Quand il est mûr, cet ovaire ou ce fruit devient une espèce de gousse plate appelée silique.

« Cette silique est composée de deux lames ou valves posées l'une sur l'autre et séparées par une cloison médiane. Quand la semence est tout-à-fait mûre, les valves s'ouvrent, se détachent de bas en haut pour lui donner passage, et restent attachées au stigmate par leur partie supérieure. Alors on voit des graines plates et circulaires posées sur les deux faces de la colonne médiane ; et si l'on regarde avec soin comment elles y tiennent, on trouve que c'est par un court filament qui les attache alternativement à droite et à gauche aux sutures de la cloison, c'est-à-dire à ses deux bords, par lesquels la cloison était comme soudée avec les valves avant leur séparation.

« Tels sont les principaux caractères de la famille des *Crucifères* ou *porte-croix*, c'est-à-dire des plantes ainsi nommées parce que leurs quatre pétales, opposés deux à deux, sont arrangés en manière de croix.

« Le grand nombre d'espèces qui composent la famille des crucifères a déterminé les botanistes à la diviser en deux sections qui, quant à la fleur, sont parfaitement semblables, mais diffèrent un peu quant au fruit.

» La première section comprend les crucifères à *silique*, comme la giroflée, le cresson des fontaines, le chou, le navet, le colza.

« La seconde section comprend les crucifères à *silicule*, c'est-à-dire dont la silique en diminutif est extrêmement courte, presque aussi large que longue. A cette section appartiennent le cresson alénois, dit *Nasitort* ou *Nastous*, le thlaspi, appelé *Taraspi* par les jardiniers, la bourse-à-pasteur, si commune parmi les mauvaises herbes des jardins. »

Cette dissertation sur les crucifères nous a entraîné un peu loin ; mais voilà des plantes qui vont nous obliger à parler d'une autre famille, celle des *primulacées*.

Les enfants se trouvaient en présence d'un frais tapis de *primevères*, ces gracieuses filles du printemps auxquelles la famille doit son nom, et qui, chaque année, indique une des premières au botaniste que le moment des promenades intéressantes est arrivé.

Toutes les primulacées sont des plantes herbacées présentant divers modes d'inflorescence. Ce groupe charmant est facile à reconnaître par des caractères remarquables qui le distinguent de toutes les autres fleurs monopétales : Ses étamines sont du même nombre ou d'un nombre double des segments de la corolle, et elles correspondent précisément à leur milieu. Le calice persistant, monosépale, est le plus souvent partagé en cinq dents ou segments, quelquefois en quatre ou sept, la corolle toujours régulière, mono·

sépale et hypogyne, offre autant de lobes qu'il y en a au calice. L'ovaire unique, terminé par un style à stigmate simple, devient une capsule uniloculaire polysperme.

La plante que vous avez sous les yeux est la Primevère a gran-des fleurs (*primula grandiflora*) vulgairement *coucoumelle*, remar-quable par sa hampe communément uniflore, hérissée de poils étalés, ses feuilles oblongues ou obovales, ridées, inégalement denticulées, atténuées en pétiole ailé. Le calice de cette primevère est tubuleux, profondément divisé en segments lancéolés; le limbe de la corolle est plan, et son diamètre est presque deux fois plus grand que la longueur du tube; lors de la maturité des graines, la capsule qui les contient dépasse le tube qui est alors exactement appliqué sur elle. Les grandes fleurs sont d'un jaune clair avec cinq taches orangées à la gorge de la corolle.

Nous trouverons dans nos excursions la Primevère variable, (*primula variabilis*) dont les hampes sont ordinairement multiflores, et dont les fleurs, faiblement odorantes, sont jaunes avec cinq taches orangées plus foncées et disposées en ombelles terminales dressées.

Mais voici une autre primevère, celle qui vous est tout particulièrement connue et qui semble avoir voulu vous faire une surprise en devançant un peu l'époque de sa floraison. C'est la Primevère officinale (*primula officinalis*) que vous connaissez mieux sous le nom de *coucou*. Je vois à l'empressement de Laurence qu'elle ne peut résister au désir de la cueillir. Autrefois, mes enfants, vous vous contentiez de placer les fleurs du coucou à cheval sur un fil tendu pour les réunir ensuite en grosses pelotes que vous vous lanciez sans crainte de vous blesser; aujourd'hui nous devons examiner plus sérieusement cette plante qui est une protestation contre le retour des frimas.

La hampe de la primevère officinale est multiflore; ses feuilles sont ovales, ridées, inégalement crénelées, légèrement recouvertes de poils grisâtres courts, serrés et entremêlés, brusquement contractées en un pétiole ailé et denticulé. Le calice est pubescent, tomenteux comme les feuilles; son tube fortement renflé est divisé en trois lobes courts, larges, mucronulés, c'est-à-dire terminés par une très petite pointe. La corolle est à limbe concave; la capsule ovale est beaucoup plus courte que le calice. Les fleurs odorantes, d'un jaune foncé, marquées de cinq taches orangées à la gorge, sont disposées en ombelle terminale, penchée, unilatérale qui ne se dresse qu'après la floraison.

Si j'insiste sur tous ces détails se rapportant à des plantes que vous savez parfaitement distinguer, c'est pour vous apprendre à bien observer dans leurs moindres caractères celles qui vous sont inconnues.

La primevère officinale, indépendamment de son nom de *couccu*, est encore appelée *herbe à la paralysie*, herbe de *Saint Pierre et Saint Paul*; elle est très commune dans les prés et dans les bois. Elle est employée contre la paralysie et le rhumatisme; ses racines étaient usitées chez les anciens comme sternutatoire. Ses feuilles peuvent se manger en salade ; et, dans le nord, on prépare avec ses fleurs une boisson agréable.

Nous avons, dans notre dernière promenade, étudié la jolie pâquerette, *composée* de la tribu des corymbifères; voici sous nos yeux de vulgaires pissenlits, autres représentants de la famille des *composées*, mais de la tribu des *chicoracées*.

Le Pissenlit dent-de-lion (*Taraxacum dens-leonis*) est pourvu d'une hampe dressée, souvent floconneuse; ses feuilles sont glabres, roncinées, pennatifidées, à divisions plus ou moins dentées, quelquefois oblongues, lancéolées, sinuées-dentées ou presque entières, les folioles extérieures de l'involucre sont souvent réfléchies ; les fleurs, jaunes en dessus, sont quelquefois livides ou purpurines en dessous.

Tout le monde connaît cette plante appelée dans certaines contrées *Salade de taupe* et *Laitue de chien*. Je vous ai vu faire des chaînes en courbant en anneaux ses tiges fistuleuses ; et, comme tous les enfants de votre âge vous vous êtes souvent amusés à souffler sur les têtes mûries de cette plante pour en chasser les aigrettes poilues que le vent dissémine de toutes parts.

Aussi utile à l'homme qu'aux animaux, le pissenlit est non seulement un excellent dépuratif, mais encore un aliment salutaire. Nous le mangeons en salade, vert ou étiolé ; on le prépare aussi quelquefois comme les épinards. Les feuilles s'emploient encore en décoction ou en infusion dans les affections du foie et les maladies de la peau.

J'aperçois sous cet épais buisson des touffes de Gléchome lierre terrestre (*Glechoma hederacea*) vulgairement *rondette, terrette,* et qui a joui d'une très grande réputation en médecine. Cette plante appartient à la famille des *labiacées* ou *labiées* et à la tribu des *lamiées*.

Nous allons encore emprunter la description suivante à l'auteur que nous avons plusieurs fois cité :

« Parmi les plantes à fleurs monopétales, il y a deux familles dont la physionomie est si marquée qu'on en distingue aisément les membres à leur air. Leur corolle est fendue en deux lèvres ou babines qui lui donnent l'apparence d'une gueule béante. L'une des familles est celle des labiées, l'autre est celle des personnées.

» Parlons d'abord des labiées. Je prends pour exemple le basilic. Son calice est monopétale ; il a la forme d'une clochette et se termine sur les bords par cinq pièces pointues, à peu près comme le calice des pois. La corolle, en forme de tube dans sa partie inférieure, se divise supérieurement en deux lèvres bâillantes. Elle renferme quatre étamines divisées en deux paires, l'une plus longue, l'autre plus courte. Au milieu des quatre étamines est le style, de même couleur, mais qui s'en distingue en ce qu'il est simplement fourchu à son extrémité, au lieu d'y porter une anthère comme le font les étamines.

» La corolle du basilic, arrachée, reste percée au fond d'une ouverture circulaire par laquelle s'élevait le pistil dans la corolle en place. A la base du pistil, tout au fond du calice, se montre l'ovaire, composé de quatre graines disposées en carré à côté l'une de l'autre. Ces graines, quand elles sont mûres, se détachent et tombent à terre séparément.

» Voilà les caractères des fleurs labiées. J'ajoute que les labiées sont en général des plantes odorantes et aromatiques, telles que le thym, la lavande, le serpolet, la menthe, la marjolaine, la mélisse, ou des plantes odorantes et puantes, telles que le marrube ; quelques-unes seulement telles que la bugle, la brunelle, n'ont pas d'odeur. En outre, la tige des labiées est le plus ordinairement carrée, et leurs feuilles sont opposées l'une à l'autre et disposées par paires qui se croisent. »

Les caractères que nous venons d'énumérer se rapportent à notre lierre terrestre : L'odeur de cette plante est pénétrante ; sa tige rampante à la base, puis redressée est munie de feuilles pétiolées, réniformes et crénelées ; les pédoncules sont axillaires et portent des fleurs d'un violet-clair tachées de violet plus foncé, quelquefois blanches, barbues à la gorge.

Le lierre terrestre est encore considéré en Angleterre comme une panacée ; et il constitue dans toutes nos campagnes un remède très commun. Toute la plante est active, tonique et même excitante, si la dose est trop forte : on l'emploie surtout dans les affections pulmonaires, le catarrhe chronique, l'asthme humide, comme propre à faciliter l'expectoration ; on l'estime encore stomachique, vulnéraire, vermifuge et fébrifuge.

L'odeur du lierre terrestre est forte, aromatique, un peu désagréable ; on la lui conserve en desséchant la plante à l'ombre pour la prendre en infusion.

Nous savons que le but de l'excursion était le vieux château en ruines : Au moment où les botanistes allaient s'engager dans le sentier qui devait les y conduire, les enfants aperçurent sous l'abri d'un buisson bien exposé au soleil, des plantes qu'ils prirent pour des orties.

— Vous vous trompez, dit l'oncle, et vous pouvez toucher ces plantes sans craindre les démangeaisons brûlantes que causent les orties. Regardez-les de plus près ; les fleurs sont épanouies ; vous allez me dire si elles ont quelque ressemblance avec celles dont nous venons de parler.

— Mais oui, dit André, et ces plantes doivent être des labiées.

— Ce sont en effet des *labiées* de la tribu des *lamiées*, comme le lierre terrestre, avec cette différence que dans le lierre les étamines intérieures sont plus longues que les extérieures, tandis que dans la plante que vous examinez, ce sont les étamines extérieures qui sont plus longues que les intérieures.

C'est le LAMIER A FLEURS BLANCHES (*Lamium album*) vulgairement *ortie blanche* dont la tige atteint jusqu'à quarante centimètres. Les feuilles pétiolées, en cœur, fortement dentées en scie, ressemblent à celles de l'ortie commune ; ses fleurs blanches, assez grandes, disposées en anneaux espacés, sont placées au-dessus de chaque paire de feuilles supérieures.

Voici le LAMIER PURPURIN (*Lamium purpurœum*) dont la tige de deux décimètres environ est teintée de rose ; les feuilles pétiolées d'un vert clair ou un peu rosé sont pubescentes, ovales-obtuses inégalement crénelées-dentées. Le tube de la corolle offre intérieurement un anneau de poils ; les fleurs roses, quelquefois blanches, sont serrées au sommet de la tige en épis feuillés.

Enfin, j'aperçois à côté le LAMIER A FEUILLES TACHÉES (*Lamium maculatum*) dont la tige glabre ou velue peut atteindre jusqu'à soixante centimètres. Les feuilles en cœur, toutes pétiolées, sont bordées de grosses dents de scie inégales et souvent marquées d'une tache blanchâtre sur la page supérieure. Les fleurs d'un beau rose, à lèvre inférieure bariolée de blanc, assez grandes, et disposées par verticilles espacés, sont placées au-dessus de chaque paire de feuilles moyennes et supérieures.

Regardez encore attentivement les fleurs de tous ces *lamiers*, et vous conviendrez que leur nom, tiré du grec, et qui signifie *loup-garou*, monstre à gueule épouvantable, dont on faisait peur aux enfants, convient assez bien à ces plantes.

Celle qu'on désigne sous le nom d'ortie blanche était autrefois vantée comme astringente ; elle est très recherchée des abeilles. Les ménagères appellent le lamier purpurin *ortie morte* ou *pain de poulet*, et elles le hachent, comme l'ortie et la renoncule, pour le mêler à la pâtée des poussins ou des dindonneaux.

Quelques minutes plus tard, les excursionnistes arrivaient auprès des ruines. De nombreuses plantes végétaient dans les anfractuosités des vieilles tours et parmi elles, la giroflée épanouissait au soleil ses nombreuses fleurs.

— Connaissez-vous cette plante ? demanda le vieux professeur.

— Certainement, nous la reconnaissons ; c'est celle dont vous nous avez fait la description, c'est le *violier*.

— Oui, mes enfants, c'est le CHEIRANTHE VIOLIER (*cheiranthus cheiri*), vulgairement *giroflée jaune, suissard, rameau d'or*.

— Et, ajouta Laurence, cette plante appartient à la famille des *crucifères*.

— Je vois que vous n'avez pas oublié les indications que je vous ai données à propos de la cardamine. Le violier est, en effet de la famille des *crucifères* et de la tribu des *siliquées*.

Il est remarquable par sa tige rameuse, sous-ligneuse à la base ; ses feuilles entières sont oblongues-lancéolées, d'un vert pâle en dessous, couvertes dans leur jeunesse de même que les rameaux, de poils apprimés (poils appliqués couchés sur la feuille ; *apprimé*

est le contraire d'*étalé*). Les fleurs sont jaunes à l'état spontané ;
leur odeur est suave.

Il existe peu de ruines que la giroflée n'embellisse de ses rameaux
d'or en répandant au loin le parfum de girofle que ses fleurs exhalent.

Introduite dans les jardins, la culture en a obtenu de fort belles
variétés doubles dont les plus précieuses sont le *bâton d'or*, la
giroflée brune et la *giroflée pourpre*.

La course avait été longue et la leçon bien remplie. Loin de se
plaindre, les enfants paraissaient tout joyeux chaque fois que
leur collection s'enrichissait d'un nouveau trésor. Malgré les
nouvelles découvertes qu'on pouvait faire autour du vieux château, l'oncle donna le signal du retour, promettant de ne pas laisser
s'écouler un trop long temps jusqu'à l'excursion prochaine.

CHAPITRE IV

*Pruniers et fraisiers. — La famille des géraniacées. — Les becs-de-grue. — Les becs-
de-héron. — Les becs-de-cigogne. — Géranium, Erodium et Pelargonium. — Le
fumeterre officinal. — Les fumariacées. — Le thlaspi ou passe-rage. — Les plantaginées. — Le plantain à feuilles lancéolées. — Le grand plantain. — La mauve à
feuilles rondes. — La mauve sauvage. — La guimauve officinale. — Les malvacées.
— Le cotonnier. — Historique du cotonnier. — Récolte et industrie du coton. — Les
papilionacées ou légumineuses. — L'ajonc européen. — L'orobe tubéreux. — La scille
a deux feuilles.*

Les beaux jours se succèdent ; les fleurs dont on ne rencontrait
çà et là que de rares spécimens des espèces les plus précoces se
montreront bientôt par véritables légions ; l'action des rayons solaires
ne se manifeste plus seulement sur les végétaux : De toutes parts
les insectes s'échappent des chrysalides soyeuses qui protégeaient
leur métamorphose ; et à la récolte des plantes, les enfants pourront
joindre la chasse aux papillons.

— Voyez, bon oncle, nos pruniers sont tout blancs, s'écria André.

— Et nos fraisiers sont tout en fleurs, ajouta Laurence.

— La haie voisine est également fleurie, reprit André.

— Toutes ces plantes, à jolies corolles blanches, sont des *rosacées*, nous en avons déjà parlé, mes enfants, et nous y reviendrons plus tard, quand les églantiers seront en fleurs.

Nos intéressants botanistes s'éloignèrent dans la direction d'une plaine coupée de petits bois et de champs cultivés.

Ce fut André qui, le premier, apporta à l'oncle une plante d'une odeur assez désagréable qu'il venait de cueillir au bord du chemin.

Cette plante est un *géranium*, dit le vieux botaniste.

— Je croyais, reprit l'enfant, qu'il n'existait de géraniums que dans nos jardins.

— Et en cela tu te trompais : La famille des *géraniacées* a un certain nombre de représentants parmi nos plantes indigènes.

Les géraniacées ou *becs-de-grue*, doivent leur nom à leur fruit à long bec qui termine un pédoncule recourbé. Les espèces de nos pays sont des herbes à tiges noueuses dont les fleurs présentent un calice à cinq sépales persistants et une corolle à cinq pétales caducs à préfloraison imbriquée ou contournée. Ces fleurs, portées sur des pédoncules latéraux ou placées aux angles de bifurcation des tiges, paraissent souvent axillaires par le manque de l'un des rameaux. Les étamines ont toujours leurs filets plus ou moins soudés à la base ; elles sont au nombre de dix, tantôt toutes fertiles, tantôt cinq dépourvues d'anthères. L'ovaire, terminé par cinq styles, est un fruit sec formé de cinq carpelles membraneux terminés chacun par une arête adossée à une colonne centrale qui sert d'axe à la fleur.

A l'époque de la maturité du fruit, la base du carpelle se détache la première ; l'arête qui le termine se roule en spirale ou en cercle, et de là résulte un ressort qui projette au loin la graine unique qu'il renfermait.

La plante qu'André a entre les mains est le Bec-de-grue herbe a robert (*geranium Robertianum*) remarquable par son odeur caractéristique, par sa tige en partie couchée, rougeâtre, à poils étalés, glanduleux ; ses feuilles triangulaires dans leur pourtour ont de trois à cinq segments pennatifides ; les sépales du calice sont lâches et à côtes poilues ; les fleurs roses et rarement blanches s'épanouissent d'avril en octobre.

Vous rencontrerez dans quelques jours sur les murailles, les mon-

ceaux de décombres, dans les fissures des rochers, le Bec-de-grue
a petites fleurs (*Geranium purpureum*) dont l'odeur forte n'est
pas moins désagréable que celle de l'*herbe à Robert*. Cette plante,
d'un rouge foncé, quand elle est exposée au soleil, devient d'un vert
sombre quand elle croît à l'ombre ; sa tige droite ou étalée est hérissée de poils glanduleux ; ses fleurs sont rouges, et les pétioles de
la corolle dépassent peu le calice.

Voici, sur le talus de la route, une autre plante de la même famille,
mais qui appartient au genre *Erodium* (bec de héron) ; c'est le Bec-
de-héron a feuilles de cigue (*Erodium cicutarium*) plante peu
odorante et très variable.

Les tiges d'abord très courtes peuvent se développer dans la suite
jusqu'à quarante ou cinquante centimètres et sont alors couchées ou
redressées ; les feuilles pennées, à folioles pennatiséquées, sont à
segments incisés-dentés ou entiers. Les sépales de ce bec-de-héron
sont striés ; les étamines fertiles sont à filets entiers à la base ; les
pétales supérieures offrent souvent, au-dessus de l'onglet, une tache
jaune piquetée de brun ; les fleurs sont rouges, roses ou blanchâtres.

Cette famille comprend les *Pelargonium* (becs-de-cigogne) dont
toutes les espèces nous viennent de l'Afrique.

Bec-de-grue, bec-de-héron ou *bec-de-cigogne* sont autant de
dénominations rappelant la forme du fruit de ces plantes. Les becs-
de-grue, proprement dits, appartiennent à nos prairies, nos bois et
nos montagnes ; si nous en exceptons l'*Erodium cicutarium* que
nous venons d'examiner, tous les autres becs-de-héron sont du
midi de la France.

Les fleurs de nos géraniums indigènes sont rouges, roses, blanches, bleues ou violacées ; leurs pétales se détachent très vite, mais
les fleurs se succèdent sans cesse et durent longtemps. Le plus beau
de tous est le *Sanguineum* dont nous avons donné la description.
Les feuilles du *Robertianum* ne manquent pas d'élégance, et sa tige
est souvent aussi rouge que ses fleurs. L'*Erodium cicutarium* plaît
surtout à cause de la précocité de sa fleur.

Les *Géraniums* étrangers ou *Pelargonium* l'emportent sur les autres genres en éclat et en beauté ; ils formaient un groupe de plus
de deux cents espèces dont la culture a obtenu plus de six cents
variétés hybrides.

André, qui s'était éloigné dans les champs rapporta une plante qu'il connaissait sous le nom de *Lait-battu*.

Cette plante, dit l'oncle, est le Fumeterre officinal (*fumaria officinalis*) de la famille des *fumariacées*.

Le fumeterre officinal est remarquable par sa tige droite ou diffuse qui peut s'élever jusqu'à cinq décimètres, par ses feuilles glauques, deux ou trois fois pennatiséquées, à segments linéaires et aigus. Les sépales sont à peu près trois fois plus courts que les pétales; la capsule, un peu ridée, plus large que longue, tronquée, est souvent un peu échancrée au sommet; les fleurs sont rouges et noirâtres au sommet.

La petite famille des fumariacées ne renferme que des plantes herbacées à suc généralement amer; mais, parmi ces plantes, quelques-unes sont très élégantes et quelques autres très utiles.

A son tour, Laurence apporta une plante qu'elle avait arrachée au bord du fossé. A sa tige droite et rameuse, à ses feuilles oblongues, dressées contre la tige; à ses petites fleurs blanchâtres en grappes portées sur des rameaux corymbiformes, le vieux botaniste reconnut le Passe-rage champêtre (*Lepidium campestre*) *Thlaspi champêtre;* et les enfants n'eurent pas de peine à placer cette plante dans la famille des *crucifères* dont ils connaissaient les caractères.

Ce thlaspi des champs, vulgairement *tabouret*, envahit souvent les jardins; il exige une terre fertile. Ses silicules arrondies l'ont fait désigner sous le nom de *monnayère*. Ses semences, d'une saveur âcre et piquante, sont réputées apéritives; ses feuilles sont antiscorbutiques et astringentes.

Voici, mes enfants, une plante bien modeste, qui n'attire guère votre attention, et que je veux cependant vous faire connaître; c'est un *plantain*, de la famille des *plantaginées* ou *plantaginacées*. Celui-ci est le Plantain a feuilles lancéolées (*plantago lanceolata*) dont la hampe assez courte en cet endroit s'élève cependant quelquefois jusqu'à cinquante centimètres; cette hampe est anguleuse; les feuilles oblongues-lancéolées sont marquées de trois à cinq nervures; les bractées ovales-acuminées sont ordinairement velues sur le dos. La capsule renferme deux graines lisses; les fleurs blanchâtres sont disposées en épi court et ovoïde.

Les plantains, célèbres dans l'ancienne médecine, ont perdu leur vieille réputation. Ce genre nombreux n'est guère remarquable par sa fleur dont on ne distingue que les étamines blanches ou dorées. Mais vous connaissez bien les épis de la plupart des espèces de plan-

tains et vous savez combien les petits oiseaux aiment les graines qu'ils renferment. C'est surtout le Grand plantain (*plantago major*) que l'on donne aux oiseaux de volière.

Cette plante dont les fleurs d'un rose pâle sont en partie cachées sous ce buisson vous est bien connue.

— C'est une *mauve*, dirent en même temps les deux enfants.

— C'est la Mauve a feuilles rondes (*Malva rotundifolia*) dont les tiges sont ordinairement couchées et à rameaux ascendants ; les feuilles en cœur sont à cinq lobes dentés, peu profonds ; les pétales sont à peine deux fois plus longs que le calice ; et les pédoncules sont inclinés après la floraison.

Voici encore la Mauve sauvage (*Malva sylvestris*) dont les tiges dressées ou ascendantes atteignent des dimensions plus grandes que dans l'espèce précédente ; les feuilles à cinq ou sept lobes élargis, sont souvent tachées de noir à la base ; les pétales sont trois fois plus longs que le calice ; les fleurs veinées, sont violettes ou d'un rose foncé.

Vous connaissez encore dans cette même famille, la Guimauve officinale (*althœa officinalis*) couverte d'un duvet blanc et dont les grandes tiges fermes, à feuilles ovales, se dressent notamment au bord de la rivière. Plusieurs fois, dans nos excursions de l'année dernière, vous avez cueilli ses belles fleurs d'un rose pâle.

Les plantes de la famille des *malvacées* sont des herbes ou des arbustes à feuilles alternes et à fleurs régulières. Elles ont, le plus souvent, un double calice persistant, dont les segments ou les sépales sont plus ou moins nombreux. La corolle porte cinq pétales soudés entre eux et avec la base des étamines. Celles-ci, en nombre ordinairement indéfini, sont réunies par leurs filets en un long faisceau du milieu duquel partent les styles qui sont également soudés dans leur partie inférieure. Les carpelles, habituellement monospermes, disposés en cercle ou réunis en tête, sont quelquefois soudés en une capsule unique et polysperme.

Vous connaissez parfaitement la disposition des graines, de la mauve et de la guimauve ; et vous vous êtes souvent amusés à les séparer les unes des autres.

Quand une plante est bonne, elle n'a pas besoin d'être belle pour attirer notre attention, et nous devons à la mauve plus d'un bienfait.

La mauve est émolliente, mucilagineuse et s'emploie partout où il y a des douleurs aiguës à apaiser et de l'irritation à calmer. Feuilles et racines servent en cataplasmes, en lotions ; les fleurs s'emploient en infusion.

Ceci s'applique aux malvacées de notre pays ; mais il faut que je vous entretienne d'un genre important de cette même famille qui est cultivé dans les contrées chaudes des différentes parties du monde : C'est du Cotonnier que je veux parler.

— Comment s'écria Laurence, le cotonnier qui nous procure du linge, des dentelles, des étoffes de toutes sortes est de la même famille que la pauvre petite mauve, qui se cache humblement sous ce buisson.

— Mais oui, mon enfant, et je vous ai déjà dit qu'il ne fallait pas vous étonner si vite des rapprochements de ce genre qui vous paraissent ensuite tout simples quand vous avez examiné les caractères communs à chacun des végétaux.

Tous les cotonniers, ligneux ou herbacés, portent des feuilles trilobées ou palmées, un double calice, cinq pétales jaunes ou rouges, de nombreuses étamines groupées en un faisceau autour de quatre ou cinq styles, une capsule sphérique ou ovoïde à quatre ou cinq valves, et autant de loges contenant les graines.

Quoi qu'ils participent à toutes les qualités bienfaisantes des mauves, on oublie toutes ces propriétés pour s'occuper surtout de l'importance de leurs capsules pleines d'un duvet blanc, jaune ou rougeâtre, soyeux et fin, qui protège les graines et constitue le coton que tout le monde connaît et dont l'usage est général et journalier.

« A la maturité, des capsules s'ouvrent et laissent échapper le coton. La cueillette se fait en tirant avec les doigts les flocons des capsules ; puis on étend la récolte au soleil pour la faire sécher. On procède ensuite au moulinage, dans le but d'enlever les graines et les fragments de capsule qui peuvent souiller le duvet. Si on l'épluchait à la main, un homme n'en saurait nettoyer plus de cinq cents grammes en un jour ; on se sert donc d'une machine composée de deux rouleaux tournant en sens contraire, et mue avec une pédale, ou mieux par le moyen de l'eau. On étend le coton sur une planche et on le présente aux rouleaux, qui, n'étant écartés que de la distance nécessaire pour laisser passer la bourre, en séparent les graines. Pour achever de rendre le coton parfaitement pur, on le bat avec des baguettes. Après cette dernière opération, on le met dans des balles en le foulant avec force ; aux Etats-Unis, on se sert à cet effet d'une presse hydraulique. Les balles sont de 200 à 300 kilogrammes ; et, suivant le lieu de provenance, elles sont rondes ou carrées, de toile, de jonc, de cuir ou d'écorce.

« Le cotonnier paraît avoir été cultivé dans les Indes de toute antiquité. Au temps d'Hérodote, les Indiens portaient des vêtements de coton. « Ils possèdent, dit cet historien, une sorte de plante qui « produit, au lieu de fruits, de la laine d'une qualité plus belle et « plus fine que celle des moutons. » Environ 450 ans après Hérodote, le coton était cultivé à l'entrée du Golfe Persique. Pline nous apprend, que de son temps, cette plante était connue dans l'Arabie et dans la Haute-Egypte et que l'on fabriquait, avec son duvet, des vêtements pour les prêtres.

« C'est à l'époque de l'ère chrétienne, seulement, que le commerce des étoffes de coton s'étendit de l'Orient dans la Grèce et dans l'Empire Romain.

« Au XIII siècle, le Turkestan faisait avec la Crimée et la Russie un commerce actif de toiles de coton, et il y avait en Arménie une manufacture de tissus de coton dont la matière première venait de la Perse.

« L'introduction du cotonnier en Chine rencontra une vive opposition de la part des ouvriers en laine et en soie, et ce ne fut que vers 1368, après la conquête de la Chine par les Tartares, qu'elle devint générale. Le peuple Chinois, stationnaire comme toutes les nations de la race jaune, ne paraît pas, depuis cette époque, avoir perfectionné en quoi que ce soit la fabrication de ses toiles de coton non plus que ses nankins, malgré la réputation universelle dont ils ont joui.

« On pense que c'est aux Musulmans qu'on doit la culture du cotonnier en Afrique et la mise en œuvre de ses produits. On sait que vers le XIII siècle, il y avait à Maroc et à Fez des manufactures très florissantes.

« Il est certain que les étoffes de coton étaient connues des habitants de l'Amérique avant l'arrivée des Européens. On met au nombre des présents envoyés au roi d'Espagne, des manteaux, des vestes, des mouchoirs et des tapis de coton. Colomb trouva des cotonniers et des tissus de coton sur presque tous les points où il aborda.

« L'introduction du cotonnier en Europe remonte au IX⁵ siècle et est due aux Arabes d'Espagne. C'est dans la plaine de Valence que furent plantés les premiers cotonniers. Bientôt des manufactures furent établies à Cordoue, à Grenade, à Séville, et au XIV⁵ siècle, les étoffes fabriquées dans le royaume de Grenade étaient regardées comme supérieures en finesse et en beauté à celles de Syrie.

« C'est encore aux Maures d'Espagne, qu'une politique barbare et inintelligente chassa du pays rendu florissant par leur industrie, qu'on doit la fabrication du papier de coton, dont leurs ancêtres avaient appris la fabrication à Samarcande. Le préjugé religieux fut cause du dédain que l'on professa longtemps en Europe pour une industrie apportée par des mécréants. On n'était pas alors assez éclairé pour voir que lorsqu'il s'agit d'intérêts généraux, toutes les répugnances fondées sur les préjugés de religion, de caste, de nation, sont une preuve de l'infériorité d'un peuple qui se laisse conduire par de si futiles raisons.

« Diverses tentatives ont été faites pour introduire en France la culture du cotonnier. Jusqu'ici les résultats n'ont pas été suffisants pour encourager dans cette voie.

« En 1786, les États-Unis d'Amérique du Nord plantèrent en Géorgie le cotonnier, qui leur fut envoyé de Bahama. Le sol convenait si bien à cette plante, qu'elle y prospéra au-delà de toute attente, et fut multipliée avec assiduité pour satisfaire aux demandes de l'Angleterre. Depuis lors, cette culture s'est répandue dans la Caroline du Sud, la Louisiane, l'Alabama, et ces contrées sont devenues le centre de la plus active production cotonnière.

« Au commencement du XIV⁵ siècle, les Vénitiens et les Génois importèrent en Angleterre des cotons qui ne furent d'abord employés qu'à faire des mèches de chandelles. En 1430, des tisserands des comtés de Chester et de Lancastre fabriquèrent des toiles. Cet essai ayant réussi, des armateurs de Bristol et de Londres allèrent chercher du coton dans le Levant. Henri VIII et Edouard VI favorisèrent cette industrie; dans les petites paroisses furent établis des métiers à filer le coton, métiers qui occupaient les agriculteurs pendant la

mauvaise saison. Sous le règne de Georges III, l'industrie cotonnière occupait déjà 40,000 personnes; elle en occupe aujourd'hui
2,000,000.

« L'établissement de l'industrie cotonnière en France ne remonte
pas au-delà du XVII° siècle. Amiens fut une des premières villes où
l'on travailla le coton. Nous avons aujourd'hui d'importantes fabri-
ques à Rouen, Lille, Saint-Quentin, Tarare, Mulhouse, Lyon,
Paris, etc. » (1)

Voilà, mes enfants, les bienfaits dont nous sommes redevables à
notre modeste plante. Ajoutons que la production du coton brut re-
présente annuellement une valeur d'environ deux milliards de
francs.

Je veux encore vous dire quelques mots d'une jolie malvacée qui
vous est bien connue, mais que vous n'avez peut-être jamais songé
à rapprocher des espèces dont nous venons de parler. La GUIMAUVE
ROSE TRÉMIÈRE (*althœa rosea*) dresse dans votre jardin sa tige grosse
et droite, haute de près de trois mètres; ses grandes feuilles sont
arrondies en cœur; le calice est très velu; les carpelles sont entou-
rés d'un rebord membraneux; les fleurs grandes, simples ou doubles,
roses, rouges, noirâtres, blanches, jaunes ou panachées, sont portées sur de courts pédoncules et disposées en grappes dont l'ensemble forme une longue et large panicule.

Cette plante, connue sous les noms de *Passe-rose, rose de Da-
mas, bâton* ou *bourdon de Saint-Jacques* possède toutes les qualités
émollientes des autres mauves. Elle est remarquable par sa haute
taille, et ses longs épis de cocardes de couleurs variées qui contribuent d'une façon si pittoresque à la décoration de nos jardins.
Elle est trisannuelle, et se multiplie de graines, d'éclats et même
de boutures.

Grâce à la dimension de toutes ses parties, les caractères botaniques sont faciles à saisir dans la rose trémière. Il n'est pas de
végétal où l'on puisse mieux apercevoir les vaisseaux-trachées et le
déroulement de leurs spires. La structure des carpelles, disposés en
rangées circulaires tout autour des styles, n'est pas moins curieuse.

____

(1) Gérard.

Les botanistes avaient repris leur promenade, et nous les retrouvons arrêtés devant une touffe d'ajonc dont les fleurs d'or avaient attiré l'attention des enfants.

Nous voilà en présence d'une nouvelle famille, celle des *papilionacées* ou *légumineuses*, qui compte de très nombreux représentants. C'est à la disposition remarquable de la corolle des fleurs des légumineuses, qui ressemble assez à un papillon s'élançant dans les airs, que Linné a emprunté le nom de cette famille.

La structure de la fleur des papilionacées mérite particulièrement de fixer notre attention. La corolle est composée de cinq pétales irréguliers qui, en raison de leur forme, ont reçu chacun un nom particulier. Le pétale supérieur, ordinairement le plus grand de tous, redressé et embrassant les autres, est appelé *étendard*; c'est une sorte de parapluie qui protège la fleur. Les deux pétales latéraux, rapprochés l'un de l'autre, et recouvrant les deux inférieurs, sont les *ailes*. Les deux pétales inférieurs qui se touchent et souvent même se soudent, par leur bord extérieur, forment une sorte de petite nacelle, nommée la *carène*. « Cette carène, dit un naturaliste, est comme le coffre-fort dans lequel la nature a mis son trésor à l'abri des atteintes de l'air et de l'eau. »

Le grand objet de tous ces soins, le fruit, est une capsule unique nommée *gousse* ou *légume*.

Les papilionacées ont dix étamines, ordinairement libres; le calice est monosépale.

La gousse s'ouvre habituellement par deux valves ou portes à la section supérieure de chacune desquelles les graines sont alternativement attachées par de petits filets. Quelquefois cependant, la gousse est partagée en deux fausses loges ou même en plusieurs loges par des étranglements transversaux. Plus rarement le fruit est à une seule graine et indéhiscent.

Les fèves, les pois, les haricots, la luzerne, le trèfle, le genêt, etc., nous offrent des corolles papilionacées.

L'Ajonc européen (*ulex europœus*) qui semble se plaire particulièrement dans les terrains stériles est un arbuste qui peut atteindre jusqu'à deux mètres de hauteur; il est droit et ses jeunes rameaux sont velus et épineux; les feuilles linéaires sont aussi terminées en épines. Le calice de la fleur est très velu; il est muni de deux bractées ovales plus larges que le pédicelle ; la gousse est également très velue, et les fleurs jaunes sont axillaires.

Cette plante connue sous les noms de *genêt épineux, jonc marin,* est le trésor des landes stériles de l'Europe. Les épines dont elle est hérissée, et qui la rendent précieuse pour former des haies de clôture, ne l'empêchent point d'être un bon aliment pour les chevaux et pour les bœufs. On a, cependant, la précaution de les briser sous la meule ou le maillet avant de la distribuer en fourrage ou en litière.

On en cultive, dans les jardins paysagers, une variété à fleurs doubles qui produit un très bel effet.

Arrivés à l'entrée d'un petit bois, les explorateurs trouvèrent une autre plante de la même famille.

Ce végétal, dit l'oncle, est l'Orobe tubéreux (*orobus tuberosus*) remarquable par sa racine grimpante et stolonifère, à nœuds renflés en forme de tubercules ; sa tige faible atteint vingt à trente centimètres ; ses feuilles portant deux ou trois paires de folioles elliptiques sont glauques en dessous ; les pédoncules sont surmontés de trois à cinq fleurs roses passant au bleu violacé.

L'orobe tubéreux, l'une des premières légumineuses, est très commun dans nos bois ; il doit son nom à de ix tubercules charnus et comestibles dont les Écossais sont très friands. Ils savent en tirer une boisson agréable et rafraîchissante qu'ils font fermenter avec de l'eau et du levain.

Au moment où nos amis allaient reprendre le chemin de leur demeure, Laurence découvrit à la lisière du bois un charmant tapis de jolies fleurs bleues dont elle détermina immédiatement la famille

Ce sont des *liliacées,* s'écria-t-elle, et j'ajoute que ce sont des jacinthes dont elles rappellent la douce et suave odeur.

— Autrefois, en effet, mon enfant, on appelait cette jolie plante la *jacinthe des bois,* aujourd'hui, on l'a rangée dans le genre *scille,* et elle se nomme la Scille a deux feuilles (*scilla bifolia.*) Sa hampe n'est munie à sa base que de deux ou trois feuilles oblongues, obtuses, canaliculées et étalées qui se développent en même temps que les fleurs. Les pédoncules dressés sont dépourvus de bractées, et les fleurs d'un beau bleu, quelquefois blanches ou roses, s'épanouissent en grappe terminale. Le bulbe de cette plante assez commune dans nos bois ombragés, est très petit. On cultive dans les jardins plusieurs jolies espèces de scilles.

La description de la charmante liliacée termina les entretiens de la journée; et les enfants, folâtrant avec Sultan, ne tardèrent pas à rentrer au logis.

CHAPITRE V

L'aubépine ou épine fleurie. — Le prunellier épineux. — La potentille du printemps. — La potentille rampante. — La potentille fraisier. — La stellaire holostée. — Les caryophyllacées. — Le myosotis hispide. — Le myosotis intermédiaire. — Le myosotis des marais. — Le muguet de mai. — Le muguet à tige anguleuse. — Les amentacées. — Le chêne. — Dimensions colossales et longévité. — Le bois de chêne. — L'écorce du chêne. — Le chêne à fruits pédonculés. — Le chêne à fruits sessiles. — Le chêne tauzin. — Le chêne chevelu. — Le chêne liège. — Le chêne au Kermès. — La famille des polygalacées. — Le polygala commun. — Le populage des marais.

Partout, maintenant, de la verdure et des chants d'oiseaux; la campagne se hâte de revêtir sa parure printanière tissue de fleurs et de rayons de soleil : C'est le renouveau dans toute la splendeur de sa jeunesse et de son épanouissement.

Les oiseaux voltigent empressés dans les haies qui bordent le sentier; ils recueillent le flocon de laine arraché à la brebis par une ronce vagabonde, le crin tombé de la queue du cheval, le brin d'herbe desséchée, détaché de sa tige, le duvet soyeux que prodiguent les peupliers et les saules. Que de charmants édifices se construisent de toutes parts dans le silence et le mystère!

André se dresse sur la pointe des pieds et détache, non sans se déchirer les doigts, les rameaux embaumés de l'aubépine, pendant que Laurence fourrage dans les herbes de la haie et réunit en un gracieux bouquet, les stellaires et les myosotis, les muguets et les violettes.

L'oncle attire l'attention des enfants sur le but utile de la promenade et commence la description des plantes qui étalent à leurs regard toutes les richesses de leur brillant écrin.

Chêne.

André va nous dire,
commença le vieux pro-
fesseur, à quelle famille
appartient le végétal dont
les épines lui ont ensan-
glanté les doigts.

André se mit à rire, mal-
gré la douleur que lui cau-
saient les piqûres des épines et répondit que l'au-
bépine appartenait à la
famille des *rosacées*.

— Cet arbuste, vous le
savez encore, est l'Aubépine
épineuse (*cratœgus oxya-
cantha*) qui, à partir du
mois de mai, est le principal ornement de nos haies.
Le mot *cratœgus* vient d'un
autre mot tiré du grec et
signifie *néflier, bois dur*.

L'aubépine épineuse est
remarquable par ses bran-
ches nombreuses, ses feuilles glabres, obovales, cu-
néiformes, à nervures très
divergentes; les jeunes rameaux, les pédoncules, le
calice, sont également glabres ou un peu hérissé. Le
fruit, rouge à la maturité,
contient un noyau, quel-
quefois deux, mais rare-
ment; les fleurs blanches,
passent au rose dans quelques cas assez rares ; elles
exhalent une suave odeur.

L'aubépine, appelée *noble épine* et *épine fleurie* se couvre au
mois de mai de jolies fleurs blanches qui lui ont valu son nom. Ses
petits fruits rouges, qui servent de nourriture aux oiseaux, sont appelés pour cette raison, *petites pommes du bon Dieu.* Elles sont,
croit-on, par leur plus ou moins d'abondance, le présage d'un
hiver plus ou moins long et rigoureux.

Le Prunellier épineux (*prunus spinosa*) fleurit dès les premiers
jours d'avril et ne saurait être confondue avec l'aubépine, bien qu'il
forme, comme elle, des buissons et des haies. Cet arbrisseau,
hérissé d'épines de toutes parts, porte de jeunes rameaux pubes-
cents, des feuilles ovales elliptiques supportées par des pédoncules
glabres, naissant ordinairement solitaires, mais quelquefois deux
à deux ou trois à trois dans chaque bourgeon. Les fruits arrondis,
connus sous le nom de *prunelles,* et moins gros qu'une cerise, sont
d'un noir bleuâtre et d'une saveur extrêmement acerbe. Les fleurs
blanches de cette rosacée, s'épanouissent dès le commencement
d'avril.

Ce grand arbrisseau constitue de bonnes haies épineuses ; ses
tiges droites, fortes et noueuses servent à faire des cannes et d'autres petits objets qui exigent beaucoup de résistance ; ses fruits
ronds, bleuâtres, sont recueillis avec soin par les habitants des
campagnes qui en font une excellente boisson.

Cette herbe modeste aux fleurs jaunes qui croît sur le talus des
fossés est encore une rosacée : C'est la Potentille du printemps
(*potentilla verna*) plante velue, quelquefois presque glabre, dont la
tige couchée porte des pédoncules ascendants, des folioles planes
vertes et velues surtout en dessous.

Une autre plante du même genre, la Potentille rampante (*potentilla reptans*) envahit les fossés, les pelouses, les lieux humides et
quelquefois les champs cultivés ; ses fleurs jaunes ne s'épanouissent
qu'en juin.

La Potentille fraisier (*potentilla fragaria*) vulgairement fraisier
stérile, est depuis longtemps en fleur, de même que la Potentille
a petites fleurs (*potentilla micrantha*) beaucoup moins commune
et qui croît surtout dans les lieux couverts.

Mais il est temps de nous arrêter sur les jolies petites fleurs qui
composent le bouquet de Laurence.

C'est d'abord la STELLAIRE HOLOSTÉE (*stellaria holostœa*) dont la tige qui peut atteindre jusqu'à quatre-vingts centimètres est ascendante, ferme, rameuse, quadrangulaire et glabre ; les feuilles sessiles, lancéolées, longuement acuminées sont rudes sur les bords et sur la carène ; les bractées sont entièrement vertes; les pétioles sont deux fois plus longs que les sépales; la capsule est globuleuse ; enfin les fleurs assez grandes, et d'un blanc pur, sont disposées en panicules très lâches.

Cette plante appartient à la famille des *caryophyllacées* à laquelle le grand œillet des jardins a donné son nom. Si cette famille compte peu de plantes utiles, elle en contient, en revanche, un grand nombre intéressantes par la grâce de leur port et la beauté de leurs fleurs.

Herbacées, rarement souligneuses, les plantes de ce groupe sont remarquables par les nœuds des tiges d'où partent des feuilles généralement opposées et toujours entières. Les fleurs régulières ont des étamines libres en nombre égal à celui des pétales ou en nombre double. Le fruit est une capsule s'ouvrant le plus souvent par des valves ou des dents et terminée par deux, trois, quatre ou cinq styles. La forme du calice a fait distribuer ces plantes en deux tribus : celle des *silénées* (calice monosépale, tubuleux ou campanulé) et celle des *alsinées* (calice à sépales libres ou à peines soudés à la base); c'est à cette dernière tribu qu'appartient la stellaire.

— Cette autre plante, dit André, est un myosotis.

— Et, ajouta Laurence, il est de la famille des *borraginées* dont vous nous avez parlé.

— Tout cela est très juste, mes enfants, c'est le MYOSOTIS HISPIDE (*myosotis hispida*) que l'on rencontre sur le bord des chemins, sur les pelouses sèches, dans les lieux sablonneux. Cette p'ante toute velue, toute hérissée, ne s'élève qu'à quinze ou vingt centimètres et porte des feuilles molles, également velues, les radicales obovales rétrécies en pétiole, les caulinaires oblongues, obtuses et sessiles. La corolle est à limbe concave et à tube renfermé dans le calice; les petites fleurs sont bleues, à gorge jaune.

Celui-ci est le MYOSOTIS INTERMÉDIAIRE (*myosotis intermedia*) dont la tige qui s'élève à cinquante centimètres est droite, assez robuste, hérissée de poils, et porte des feuilles oblongues-lancéolées, velues, fortement ciliées. La corolle est à limbe concave, et les fleurs assez petites sont d'un bleu clair, avec des gorges jaunes.

Mais l'espèce que vous aimez surtout à recueillir est le Myosotis des marais (*myosotis palustris*) vulgairement *Souvenez-vous de moi*, qui est assez commun au bord de la rivière. Sa racine est rampante; sa tige atteint de vingt à cinquante centimètres; elle est faible, anguleuse, et ordinairement hérissée de poils blanchâtres; les feuilles d'un beau vert sont peu velues sur le limbe et ciliées sur les bords. Les fleurs, plus grandes que dans les espèces précédentes, sont d'un beau bleu céleste, quelquefois roses ou blanches, à gorge jaune.

On raconte que la dénomination de *Souvenez-vous* ou *ne m'oubliez pas*, a une touchante origine :

Un jeune homme se baignait avec ses camarades, et à tous il avait été recommandé de ne pas s'approcher d'un endroit réputé dangereux. Tenté par une touffe de myosotis dont il désire s'emparer, le jeune imprudent s'éloigne, nage vers elle, la cueille; mais, se sentant entraîné par un tourbillon, il jette la jolie fleur à ses amis en s'écriant : *Ne m'oubliez pas.*

Jamais plus, on ne retrouva son cadavre, mais la jolie petite fleur bleu d'azur a conservé le souvenir de ses dernières paroles et a gardé soigneusement sa mémoire.

Le Muguet de mai (*convallaria maïalis*) vulgairement *muguet odorant* est une des plantes les plus gracieuses de nos bois ombragés, depuis longtemps transportée dans nos jardins.

Cette délicate *liliacée*, modestement cachée au fond du cornet que lui forment ses feuilles radicales, appartient à la tribu des *asparagées* ou *asparagacées*, dont certains botanistes ont formé une famille particulière. Elle se distingue par sa souche oblique émettant des fibres très nombreuses; sa hampe de dix à vingt-cinq centimètres paraît opposée aux feuilles toutes radicales, ovales-oblongues, à pétioles engaînants; les fleurs entièrement blanches, pendantes, sont disposées en grappe terminale et exhalent une suave odeur.

Une autre espèce, le Muguet a tige anguleuse (*convallaria polygonatum*) est également commun dans nos bois; on l'appelle vulgairement *sceau de Salomon*. Il se distingue par sa souche horizontale charnue, renflée de distance en distance; sa tige atteint

jusqu'à quarante centimètres ; elle est anguleuse ; feuillée et arquée
au sommet. Les feuilles sont alternes, elliptiques, nervées, ample-
xicaules, ordinairement rejetées d'un même côté ; les étamines
sont à filets glabres ; les baies sont d'un noir bleuâtre ; les pédoncules portent une ou deux fleurs, à peu près inodores, pendantes,
axillaires, blanches sur le tube, vertes sur les dents.

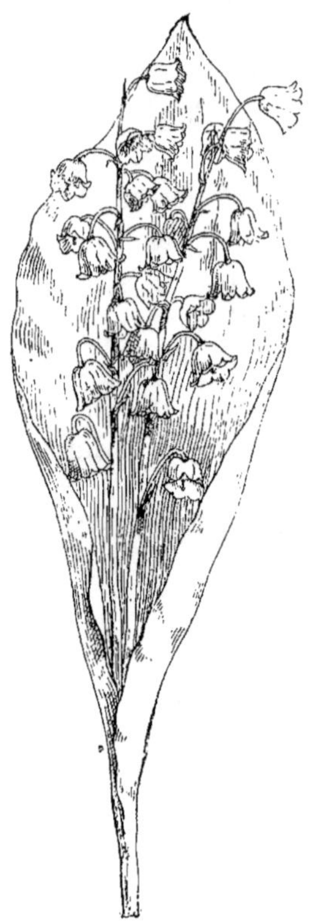

Muguet.

Le muguet odorant, connu sous les
noms de *lis de mai, lis des vallées, mu-*
guet des parisiens, est certainement
moins beau que le *lis* qu'il ne rappelle
que de loin, mais on peut affirmer qu'il
plaî. davantage, peut-être à cause du
charme particulier qu'en éprouve sous
les grandes futaies où on le rencontre le
plus ordinairement. Son odeur moins
forte est plus suave que celle du lis, et
sa fleur nous réjouit en attendant l'épanouissement des grappes odorantes du
lilas. Les anciens avaient une grande
estime pour l'eau de muguet qu'ils em-
ployaient dans les vertiges, les palpi-
tations et les maladies de nerfs.

Les feuilles du muguet, trempées dans
la chaux, donnent une assez belle couleur jaune.

Les horticulteurs en cultivent deux
variétés : l'une à fleurs rouges, l'autre à
fleurs doubles ; on les multiplie de racines
et de rejetons.

Le *sceau de Salomon* est ainsi appelé
de sa racine singulière, formée d'articulations agglomérées semblables à des breloques de montre. On l'appelle quelquefois
genouillet ou *signet*.

Mais puisque nous voilà sous la futai·, nous allons parler du
chêne, ce géant de nos bois, ce roi des forêts dont la brise fait
flotter autour de nous les chatons fleuris. Il appartient, vous le
savez, à la famille des *amentacées*.

Les chênes, en général, se distinguent par leurs fleurs à étamines disposées en chatons grêles, interrompus, pendants et dépourvus d'écailles; le périanthe a de cinq à neuf divisions ciliées; les fleurs à pistils sont renfermées dans un involucre formé d'écailles imbriquées; l'ovaire a trois ou quatre stigmates; le fruit est un gland ovoïde ou oblong, à péricarpe coriace, luisant, d'abord vert, puis jaunâtre, entouré seulement à la base d'une capsule hémisphérique écailleuse et dure.

Le chêne, dont la hauteur dépasse quelquefois quarante mètres, est un des plus grands arbres de nos forêts. Répandu dans toute l'Europe, il s'élève au nord jusqu'en Scanie, et se rencontre au sud, jusqu'aux côtes d'Afrique.

L'accroissement de ce végétal se fait avec une excessive lenteur. Duhamel a calculé que cet accroissement n'est que de sept millimètres par année, ce qui fait, pour une circonférence de moins de trois mètres, une durée de cent vingt à cent cinquante ans; mais il peut atteindre quatre cents ans, cinq cents ans et quelquefois plus. On cite, en effet, des chênes infiniment plus vieux.

Il en existe un auprès de Châtillon-sur-Seine qui mesure 7 mètres 35 au collet de la racine, et qui, d'après les annales ecclésiastiques de Langres aurait été planté en 1070. On en cite un autre aux environs de Saintes, dans la cour d'un vieux château qui, d'après le calcul fait au moyen de couches concentriques remonterait à 2,000 ans! Il a plus de neuf mètres de diamètre et de vingt mètres de hauteur. On a creusé une chambre dans le bois mort de ce tronc énorme et l'on a ménagé autour un banc circulaire taillé en plein bois. On y place une table ronde qui peut recevoir douze convives; une porte et une fenêtre éclairent cette salle à manger d'un nouveau genre.

Le *chêne-chapelle* d'Allouville, en Normandie, a reçu ce nom depuis qu'on a pratiqué, en 1696, une chapelle dans son intérieur; il mesure onze mètres de circonférence au collet des racines et huit mètres quarante-cinq centimètres à hauteur d'homme. D'après ces dimensions, on évalue son âge à neuf cents ans environ.

Du reste, mes enfants, ces cas extraordinaires de longévité ne sont pas particuliers à nos climats; il existe sur différents points du globe des végétaux dont l'âge dépasse tout ce qu'on peut imaginer sur leur durée habituelle.

« Jusque dans notre Europe, dit de Candolle, où l'homme a depuis si longtemps changé la face du sol, et détruit les vieux arbres pour ses besoins ou ses caprices, il en a échappé à la destruction quelques-uns qui semblent avoir atteint une durée de trois mille ans. Mais, hors de l'Europe, soit par l'effet d'un meilleur climat, soit parce qu'ils ont été mieux respectés, on trouve des arbres plus vieux encore et qui paraissent atteindre une durée de cinq à six mille ans.

» On peut même descendre jusqu'aux végétaux les plus humbles pour chercher des exemples de longévité. Vaucher a suivi pendant quarante ans un même lichen, sans l'avoir vu ni dépérir, ni beaucoup grandir. Que sais-je ! peut-être parmi ces croûtes, ces taches qui couvrent certains rochers, il en est dont l'existence remonte jusqu'au moment où ce rocher a été mis à nu, peut-être jusqu'à l'une des révolutions qui ont soulevé nos montagnes !

» Qui sait si tel tapis de mousse, toujours inondé, qui décore le fond de quelque rivière, n'est pas là, sans cesse renaissant de lui-même, depuis que le lit de cette rivière est creusé. Ainsi, partout dans le règne végétal, nous trouvons des êtres dont la durée est inconnue et défie les calculs de l'observateur. »

Les Grecs avaient consacré le chêne à Jupiter, et ils honoraient spécialement le plus puissant de leurs dieux, dans la forêt de Dodone, dont chaque arbre était censé rendre des oracles.

Les Romains tressaient avec son feuillage la couronne civique, la plus précieuse de toutes, celle qu'on donnait à un citoyen qui avait sauvé la vie à un homme ou rendu un service éminent à la patrie.

Les Gaulois rendaient un culte au chêne et professaient la plus grande vénération pour cet arbre qu'ils considéraient comme sacré. C'était de son nom qu'ils désignaient leurs druides, et c'était à l'ombre de ses forêts que leurs prêtres s'assemblaient pour célébrer les mystères de Teutatès.

Il est probable que, dans le principe, ce culte voué au chêne ne fut qu'un tribut de gratitude et de reconnaissance. On sait que, pour nos ancêtres, les glands des forêts remplacèrent longtemps les céréales ; et, aujourd'hui encore, certains peuples de l'Ecosse et de la Norwège en font une partie de leur nourriture.

En Italie, on retire des glands une huile comestible. C'est avec la poudre de glands torréfiés que l'on prépare le café de glands doux, le racahout des Arabes, et divers autres produits d'une industrie équivoque.

Cependant, en France, les glands sont surtout utilisés pour l'engraissement des porcs.

Le nom de *robur* que nous avons traduit par *rouvre* et que les latins avaient imposé au chêne, signifie *force, consistance, solidité;* et il est certain que nous n'avons pas de bois plus précieux pour la durée.

Ce bois est excellent pour le chauffage et les constructions : On l'emploie pour les grandes charpentes, les poutres, les planchers chargés, les pilotis; l'eau, qui pourrit les autres bois, durcit le chêne.

Les ébénistes tirent du chêne un excellent parti. On trouve dans le commerce, sous le nom de *chêne de Hollande* des bûches fort recherchées par les menuisiers et les facteurs de pianos. Il paraît établi que ces billes précieuses ne sont autre chose que du chêne des Vosges qui a été transporté en Hollande, puis immergé pendant deux ou trois ans dans les canaux, où il acquiert les qualités qui le caractérisent.

Malheureusement, le chêne, dont la France comptait autrefois tant de grandes forêts, diminue sans cesse d'une façon inquiétante, et les plantations nouvelles sont bien loin de compenser les coupes qui se pratiquent chaque année.

L'écorce du chêne, après avoir été concassée et réduite en poudre, s'emploie, sous le nom de *tan* pour la préparation des cuirs; elle les fortifie et en même temps les assouplit sous l'influence de la quantité de tannin qu'elle contient.

On en fait usage en médecine dans le pansement des ulcères, dans les maux de gorge et de gencives, les hémorrhagies, etc.

Ce bel arbre, au tronc duquel nous nous appuyons, est le Chéne a fruits pédonculés, (*Quercus pedunculata*); c'est l'espèce qui prend le développement le plus considérable et qui est la plus répandue en France. Il se distingue par l'épiderme des rameaux qui est blanchâtre, plaquée de vert brun; par ses feuilles presque sessiles, très

glabres, fermes, oblongues-obovales, échancrées à la base, découpées en lobes irréguliers, plus ou moins profonds et obtus. Les glands
sont disposés en épi lâche, peu garni ; ils sont sessiles le long d'un

pédoncule beaucoup plus long que le pétiole des feuilles ; les fleurs
sont jaunâtres ainsi que vous pouvez le constater.

Voici le Chêne a fruits sessiles (*Quercus sessiliflora*) vulgairement *chêne rouvre* qui atteint des dimensions moins considérables ;
il est remarquable par son tronc noueux, rarement droit, par la

teinte verte de l'épiderme de ses rameaux ; les feuilles distinctement
pétiolées, glabres ou à peine pubescentes en dessous, sont sinuées-
lobées, à lobes inégaux obtus. Les glands agglomérés sont sessiles
ou à pédoncules égalant tout au plus la longueur du pétiole des
feuilles ; les fleurs sont jaunâtres comme dans l'espèce précédente.

Il existe un assez grand nombre d'autres espèces de chênes parmi
lesquelles nous nous contenterons de citer les suivantes :

Le *chêne angoumois* ou *chêne tauzin* que l'on trouve surtout dans
les Basses-Pyrénées, l'Anjou, le Maine et les Landes et qui se distingue par ses racines traçantes, ses feuilles hérissées en dessus et
très cotonneuses en dessous, son tronc noueux et souvent irrégulier
qui s'élève jusqu'à vingt-cinq mètres ; on l'utilise dans les dunes
qu'il sert à fixer.

Le *chêne chevelu* croît en Bourgogne, en Provence, en Franche-
Comté, en Poitou. Ses glands sont enfermés, jusqu'au tiers inférieur,
dans une capsule revêtue d'écailles étroites, pointues, diversement
contournées qui le font paraître comme chevelu. Ils offrent, comme
les glands du chêne tauzin, cette particularité qu'ils restent deux
ans sur l'arbre.

Le *chêne liège*, particulier au midi de la France et surtout aux
Landes de Gascogne, ne s'élève en général qu'à huit ou dix mètres
de hauteur, mais prospère dans des terrains presque toujours im-
propres à la culture. Son principal mérite consiste dans la couche
médullaire de son écorce épaisse, spongieuse et compacte. Il donne,
chaque année, outre son bois et son fruit, pour plusieurs millions
de liège brut, et forme une des principales richesses des départe-
ments méridionaux, de la Corse et de l'Algérie où il abonde.

La première récolte du liège se fait quand l'arbre a quinze ou
vingt ans ; on peut ensuite, sans nuire à la végétation de l'arbre,
obtenir une nouvelle récolte tous les sept, huit ou neuf ans. Un
arbre séculaire et en pleine vigueur, donne souvent cent kilogrammes de liège brut à chaque récolte.

Le liège, vous le savez, sert à une foule d'usages : On en fait des
bouchons de bouteilles, des semelles de chaussures, des ceintures
de natation, des bouées pour les vaisseaux, des chapelets pour soutenir, à la surface de l'eau, les filets des pêcheurs et jusqu'à des
formes de chapeaux. Brûlé en vase clos, le liège procure un charbon

d'un noir bleuâtre qui s'emploie dans la peinture sous le nom de noir d'Espagne et dont on fait de l'encre de Chine.

Le *chêne au Kermès,* vulgairement *arbre au vermillon,* est un arbrisseau dont le tronc se divise en un grand nombre de rameaux tortueux et diffus, formant un buisson toujours vert qui ne dépasse pas un mètre de hauteur ; il croît dans les lieux arides et pierreux du midi de la France ; ses glands mettent deux ans à mûrir. On recueille sur ses branches un insecte de l'ordre des hémiptères, le *coccus illicis,* employé dans la médecine sous le nom de *Kermès animal,* et connu dans le commerce sous les dénominations de *cochenille du chêne, graine d'écarlate.* Cet insecte qui sert à teindre en rouge était très employé avant la découverte de la cochenille d'Amérique.

Nos botanistes s'étaient, pendant la fin de l'entretien sur les chênes, dirigés du côté de la prairie.

Chemin faisant, Laurence avait cueilli, au bord du sentier, de jolies fleurettes bleues et roses.

Ces plantes, dit l'oncle sont les mêmes qui avaient attiré ton attention, lorsque, sans le secours du brave Sultan, tu aurais été précipitée du haut des rochers : Ce sont de gracieux polygalas.

La petite famille des *polygalacées* comprend des plantes tantôt herbacées, tantôt sous-ligneuses à leur base, tantôt enfin entièrement sous-ligneuses. Les feuilles de ces végétaux sont entières, alternes, sans stipules et à fleurs disposées en grappes terminales. Les caractères distinctifs de la famille sont : cinq pétales inégaux dont trois extérieurs verts et plus petits et deux intérieurs plus grands et colorés ; une corolle de trois à cinq pétales frangés, très irréguliers, plus ou moins soudés à leur base, et formant deux lèvres au sommet ; huit étamines soudées par leurs filets en un tube fendu adhérent aux pétales et ayant leurs anthères séparées en deux faisceaux opposés. Le fruit est une capsule unique à une ou deux loges, ne contenant qu'une seule graine.

Ces jolies fleurs sont celles du Polygala commun (*Polygala vulgaris*) dont la tige ascendante, un peu sous-ligneuse à la base, supporte des feuilles, les supérieures lancéolées, les inférieures plus courtes et plus obtuses, avec des bractéoles ne dépassant jamais les fleurs bleues ou roses et rarement blanches.

Voici une espèce plus rare, le Polygala amer (*polygala amara*) qui se rencontre surtout dans les prés humides. Celui-ci est remarquable par la saveur amère de ses tiges courtes, étalées et redressées ; les feuilles inférieures sont étalées en rosace ; elles sont obovales, obtuses ; celles des rameaux fleuris sont oblongues-cunéiformes ; les ailes du calice sont elliptiques, un peu plus étroites et aussi longues que la capsule ; les fleurs d'un joli bleu sont disposées en grappes raides.

Le polygala, vulgairement *herbe au lait, laitier commun*, qui émaille de ses jolies fleurs bleues, roses ou blanches nos bois et nos prairies, constitue une excellente nourriture pour les troupeaux. Ses propriétés médicinales sont précieuses ; c'est un excellent béchique et on l'emploie dans les rhumatismes et la pleurésie ; la racine du polygala amer est tonique.

André reconnut des ficaires qui étalaient dans l'herbe leurs charmantes fleurs jaunes radiées, et à côté une autre fleur plus élevée et éclatante comme un disque d'or.

C'est, dit l'oncle, le Populage des marais (*Caltha palustris*) de la famille des *renonculacées*. Cette plante est remarquable par sa tige ascendante, rameuse au sommet, qui peut atteindre jusqu'à quarante centimètres ; par ses feuilles glabres, luisantes, réniformes, arrondies ou presque triangulaires, crénelées sur les bords, en cœur à la base : les inférieures sont pétiolées, tandis que les supérieures sont sessiles : la fleur, vous le voyez, est d'un jaune éclatant.

Le populage des marais, nommé vulgairement *souci d'eau, Cocusseau* est une plante apéritive, résolutive que l'on dit propre à guérir la jaunisse ; elle est moins âcre que les autres renonculacées et ses boutons peuvent se confire au vinaigre. Ses fleurs teignent légèrement en jaune, et on en met dans le beurre pour lui donner une belle couleur. Traitées par l'alun, elles procurent une encre et une couleur employée en peinture.

J'avais intention de vous conduire aujourd'hui à la recherche des orchis et des ophrys dont j'ai rencontré un grand nombre dans une de mes courses à travers champs. Je sais où nous en trouverons plusieurs espèces, mais le temps qui s'est écoulé depuis notre départ nous oblige à remettre ce projet jusqu'à notre prochaine promenade.

CHAPITRE VI

La famille des orchidées. — Orchis et Ophrys. — Le salep. — L'orchis brûlé. — L'orchis vert. — L'orchis à deux feuilles. — L'orchis militaire ou à casque brun. — L'orchis en casque. — L'orchis singe. — L'orchis mâle. — L'orchis à fleurs lâches. — L'ophrys homme pendu. — L'ophrys araignée. — Le vanillier aromatique. — Préparation de la vanille. — La bugle rampante. — La bugle pyramidale. — Les personnées. — Les véroniques. — La véronique beccabongue. — La véronique petit-chêne. — La véronique germandrée. — La véronique officinale. — La véronique en épi. — La sauge des prés. — La sauge sclarée ou toute-bonne. — La sauge officinale. — Le trèfle d'eau. — Les gentianacées. — La grande gentiane. — Les orobanches. — L'orobanche de la luzerne. — L'orobanche rave. — L'orobanche rouge de sang. — L'orobanche à petites fleurs. — L'orobanche rameuse. — La lathrée écailleuse.

Les enfants sont assis sous les saules où nous les avons suivis, il y a un an, lors de leur première excursion botanique. Sans doute, ils ont déjà fait une longue promenade bien que l'heure soit encore matinale, car ils ont autour d'eux une grosse gerbe de plantes dont ils déterminent les espèces, sous la direction de leur vieux professeur.

Leur guide intelligent a tenu sa promesse, car la famille des *orchidées* est longuement représentée dans la récolte que les enfants ont recueillie.

Parlons d'abord, dit l'oncle, de la famille en général, et rappelons les principaux caractères qui nous serviront à en grouper les individus.

La tige de ces végétaux est herbacée et les racines, les unes fibreuses, les autres tubéreuses, sont palmées ou ovoïdes ; les feuilles alternes sont entières et embrassantes ; les fleurs, munies de bractées, en épis ou solitaires, ont le calice adhérent à un limbe pétaloïde, irrégulier ; la corolle présente trois pétales inégaux ; le pétale interne, élargi, porte le nom de *labelle* ou *tablier* et est très varié de forme ; les autres pétales, qui occupent le haut de la fleur, en forment le *casque* ; les étamines et le pistil sont soudés ensemble et constituent une colonne nommée *gynostème* ; le pollen est réuni en masses ou *pollinies* composées de *massules* ; l'ovaire est ordinairement tordu, et le fruit est une capsule uniloculaire.

Le genre *orchis* possède des fleurs bizarres, mais le genre *ophrys*
en offre de plus singulières encore : Ces fleurs rappellent la forme
d'un insecte, d'une mouche, d'une abeille, d'une araignée; ou bien
celle d'un homme pendu, d'un sabot, etc.

Les couleurs les plus variées, toutes les nuances du rouge, du
vert, du blanc, du jaune et du violet; les odeurs les plus opposées,
les plus suaves comme les plus infectes, se réunissent dans les fleurs
des orchidées.

En arrachant les plantes qui sont sous nos yeux, nous avons
remarqué les deux tubercules globuleux de la racine. Chaque année,
l'un de ces tubercules se flétrit après avoir aidé au développement
de la tige. Il en pousse un nouveau du côté opposé, et ainsi de suite;
de sorte que, d'année en année, la plante chemine, gagne du terrain et peut, au bout de trente ans, par exemple, se trouver à plus
d'un mètre du point où elle a pris naissance.

Les Turcs retirent de ces tubercules une substance qu'ils appellent le *salep* et que nous pourrions en extraire nous-même, puisque
ce salep provient d'espèces très communes chez nous.

Le procédé qu'ils emploient est des plus simples : Quand la plante
est sur le point de fleurir, ils choisissent les plus beaux tubercules;
ils les pèlent proprement, les mettent à l'eau froide pendant quelques heures; puis, les font cuire, les enfilent et les laissent sécher
à l'air. Ces tubercules durcissent, prennent une demi-transparence,
et on les garde jusqu'à ce qu'on les pulvérise pour manger leur
fécule, ou salep, en potage mucilagineux, tonique, excellent pour
la poitrine. On l'associe quelquefois au lait et au chocolat pour les
rendre plus nourrissants. L'orchis *mâle* et l'orchis *bouffon*, si communs partout, servent particulièrement à cette préparation.

Mais laissons là ces généralités et passons à la description des
espèces :

Cette plante à la tige peu élevée, aux feuilles glauques, que Laurence a trouvée sur la pelouse de la futaie est l'ORCHIS BRULÉ (*orchis
ustulata*) remarquable par ses bractées colorées plus courtes que
l'ovaire. Le casque est à pétales connivents (rapprochés par leur
sommet); le tablier a trois courtes divisions linéaires; celle du milieu
est bifide (fendue) et un peu plus allongée que les latérales; les fleurs
sont petites, en épi serré; le tablier est blanc marqué de points pur-

purins; le casque est d'un brun noirâtre, ce qui fait paraître l'épi brûlé au sommet.

Voici une espèce plus rare, découverte par André au bord de la prairie : Sa tige dépasse trente centimètres ; ses feuilles sont oblongues; elle porte des bractées à trois nervures ; le casque est à pétales connivents; le tablier se termine par trois dents; les fleurs sont verdâtres, quelques-unes prennent une teinte jaunâtre ou d'un rouge ferrugineux sur les bords; elles sont inodores et disposées en épi oblong : C'est l'Orchis vert (*Orchis viridis*).

Celui ci est l'Orchis a deux feuilles (*Orchis bifolia*) dont les tubercules ovales-oblongs sont rétrécis au sommet; sa tige qui atteint jusqu'à quarante centimètres est cassante ; elle n'a que deux, quelquefois trois feuilles radicales elliptiques, obtuses et atténuées en pétiole; les feuilles, peu nombreuses, de la tige, sont beaucoup plus petites et lancéolées ; l'éperon linéaire est pointu au sommet; l'anthère est étroite et à lobes rapprochés et parallèles; les fleurs blanchâtres exhalent une suave odeur, surtout quand elles ne sont pas exposées au soleil. André l'a trouvé dans la prairie.

Cet autre a été arraché par moi-même sur la pente du coteau qui domine la prairie : C'est l'Orchis a casque brun (*Orchis fusca*) l'une des belles fleurs de notre pays, plus connu sous le nom d'*orchis militaire*.

Sa haute tige est épaisse et cassante; ses feuilles glauques sont longues et larges; les bractées sont plus courtes que l'ovaire, ainsi que l'éperon qui est obtus; le casque est à pétales connivents; le tablier porte trois divisions, les latérales linéaires et arquées, celle du milieu partagée en deux lobes larges et tronqués, séparés par une petite dent. Le casque des fleurs est d'un brun noirâtre; le tablier est blanc ou rosé, parsemé de petits pinceaux de poils purpurins; ces fleurs sont disposées en un gros épi ovale ou oblong.

Voici l'Orchis en casque (*Orchis galeata*) avec ses fleurs en épi ovoïde à casque rose ou blanc cendré et à tablier rose parsemé de petits pinceaux de poils purpurins; puis l'Orchis singe (*Orchis simia*) dans lequel l'ensemble du tablier ressemble à un singe dont les jambes et les bras seraient pendants. Les fleurs en épi ovoïde ont le casque rose ou blanc cendré, comme dans l'espèce précédente, et le tablier rose ou blanc parsemé de petits pinceaux de poils.

Celui que Laurence tient à la main est l'Orchis bouffon (*Orchis morio*) très commun dans les prés et sur les pelouses de nos bois; dans cette espèce, le casque est à pétales connivents, le tablier plié en deux et divisé en trois lobes; les fleurs sont d'un rouge violet, quelquefois rouges, roses ou blanches; le casque est veiné de vert et le tablier ponctué de blanc et de lilas.

L'Orchis male (*Orchis masculata*) est presque aussi répandu que le précédent dans nos prés et dans nos bois; sa tige est haute; ses fleurs d'un beau rouge sont disposées en épi lâche et allongé.

Cet autre grand orchis dont les fleurs sont d'un rouge violet, disposés en épi, est l'Orchis a fleurs laches (*Orchis laxiflora*).

Dans les ophrys, le tablier étalé ou pendant, n'est pas prolongé en éperon. Plus rares que les orchis, ils croissent de préférence dans les terrains calcaires.

L'Ophrys homme pendu (*Ophrys anthropophora*) s'élève à environ trente-cinq centimètres; les feuilles inférieures sont oblongues; les caulinaires sont engaînantes; le tablier glabre est à trois divisions linéaires, celle du milieu profondément divisée, de sorte que le tout imite les bras et les jambes d'un homme pendu. La fleur d'un jaune verdâtre ou roussâtre est ordinairement bordée d'un brun rougeâtre; elle est disposée en épi cylindrique ordinairement très allongé.

L'Ophrys araignée (*Ophrys aranifera*) s'élève moins haut que l'espèce précédente; les pétales supérieurs de la fleur sont d'un vert blanchâtre, ou un peu jaunâtre; les deux intérieurs sont oblongs, plus étroits et plus courts que les trois autres; le tablier convexe en dessous, ovale au sommet, sans dent dans l'échancrure est pubescent-velouté, d'un brun roussâtre marqué au centre de lignes glabres et livides embrassant un point velu entre leurs branches.

Avant d'abandonner la famille des orchidées, je veux vous entretenir d'une plante fort intéressante qui lui appartient, le Vanillier aromatique, originaire de l'Amérique, dont les tiges sont ligneuses et grimpantes, les fleurs blanches et purpurines en petits bouquets de quatre ou cinq. Les gousses rougeâtres et visqueuses qui succèdent aux fleurs enferment de petites graines entourées de pulpe; ce sont ces gousses qui, sous le nom de *vanille*, sont livrées au commerce après avoir subi une légère préparation. Leur odeur suave et

aromatique, leur saveur chaude et agréable, les font employer
comme balsamiques, cordiales et excitantes.

« La vanille a des tiges sarmenteuses, qui grimpent et s'attachent
par des vrilles aux arbres qu'elles rencontrent; elles sont vertes,
cylindriques, noueuses, de la grosseur du doigt, remplies d'un suc
visqueux. Les racines sont rampantes, très longues, tendres, succulentes, d'un roux pâle; les feuilles sont sessiles, alternes, distan-
tes, ovales, lisses, molles, un peu épaisses. Les fleurs sont disposées
en grappes vers le sommet des tiges. La
corolle est grande, fort belle, blanche en
dedans, d'un jaune verdâtre en dehors.
Le fruit est une capsule pulpeuse, charnue, de la grosseur du doigt, presque
cylindrique, arquée, remplie d'un grand
nombre de petites semences noires. Cette
plante croît dans les lieux humides et
ombragés, sur le bord des sources et des
ruisseaux, dans presque toutes les contrées chaudes de l'Amérique méridionale. Son fruit, si connu sous le nom
de vanille, est remarquable par une
odeur balsamique très suave et par une
saveur chaude, piquante, fort agréable.

Vanille : feuilles, fleurs et fruits.

« Avant de la répandre dans le commerce, les habitants de la
Guyane font subir à la vanille le traitement que voici : Lorsqu'on a
réuni une douzaine de fruits, on les enfile en manière de chapelets
à la partie postérieure, le plus près possible du pédoncule; on fait
bouillir de l'eau dans un vase, et quand elle est bouillante, on y
trempe les vanilles pour les blanchir, ce qui s'opère en un instant.
Cela fait, l'on tend et l'on attache par les deux bouts les fils où
sont enfilés les vanilles, de manière qu'elles se trouvent suspendues à un air libre, où le soleil frappe pendant quelques heures
du jour.

« Le lendemain, avec la barbe d'une plume ou avec les doigts,
on enduit les vanilles d'huile, pour qu'elles se dessèchent avec
lenteur, afin qu'elles ne se raccourcissent pas et qu'elles se conser-

vent toujours molles. On les entoure d'un fil de coton imbibé d'huile
pour empêcher la séparation de leurs valves.

« Tandis qu'elles sont ainsi suspendues pour être desséchées, il
en découle abondamment une liqueur visqueuse. Quand elles ont
perdu toute leur viscosité, on l s passe dans les mains ointes
d'huile, et on les met dans un pot vernissé afin de les conserver
fraîches.

« En Amérique, et particulièrement sous la zone torride, la
vanille est fort aisée à cultiver; mais elle est entièrement négligée.
Les habitants se contentent de ramasser les fruits qu'ils trouvent sur
des pieds venus sans culture. Ces vanilles ne se trouvent que sur
les rives des criques et dans les lieux circonvoisins, sujets à être
submergés par les grandes marées; elles préfèrent les lieux inha-
bités, incultes, couverts de grands arbres, toujours humides et souvent inondés. La plante fleurit en mai; la récolte des fruits se fait
en automne. » (1)

André demanda le nom d'une plante, dont les fleurs bleues avaient
attiré son attention.

— Dites-moi d'abord, dit l'oncle, à quelle famille cette plante
appartient, car vous la connaissez.

L'enfant, après avoir regardé un instant les fleurs, déclare qu'elle
doit appartenir à la famille des *labiées*.

C'est bien cela, reprit le professeur, et cette plante est la Bugle
rampante (*Ajuga reptans*) très commune dans nos prés et remarquable par sa tige de un à deux décimètres, velue seulement sur
deux faces, émettant à sa base de longs jets stériles, rampants et
feuillés; les feuilles sont ovales, entières ou sinuées; les fleurs sont
bleues, quelquefois roses ou blanches, verticillées et rapprochées
en épi terminal.

Le genre ajuga se distingue par un calice à cinq dents presque
égales; la lèvre supérieure de la corolle est remplacée par deux
petites dents droites.

Cette plante, que vous n'avez pas remarquée et qui est beaucoup
plus rare que l'espèce précédente, est encore une bugle. C'est la
Bugle pyramidale (*Ajuga pyramidalis*) dont la racine ne produit

---

(1) Poiret.

jamais qu'une tige de cinq à vingt centimètres, velues sur les quatre faces et dépourvues de stolons à la base ; les feuilles sont velues, les bractées sont rougeâtres ou bleuâtres ; les fleurs bleues, roses ou blanches sont disposées en épi terminal.

Le mot *ajuga*, qui vient du grec, signifie *sans goug* et s'applique à l'absence de lèvre supérieure dans la corolle, ce qui laisse libre (sans joug) les étamines. Cette plante, vulgairement appelée *herbe de Saint-Laurent* donne ses fleurs bleues ou roses dès les premiers jours de printemps. Les longs stolons rampants de la bugle permettent de la cultiver avantageusement dans des vases suspendus. Alors, au lieu de ramper, ils descendent en gracieuses guirlandes, pendant que la tige centrale dresse son épi ruisselant de fleurs. C'est surtout en réunissant les différentes variétés qu'on obtient un effet charmant.

Toutes les bugles sont astringentes et vulnéraires.

Voici, au bord de la rivière, plusieurs plantes d'une famille voisine de la précédente, celle des *personnées* ou *personacées* et de la tribu des *véronicées*. Cette nombreuse tribu se compose d'une foule de plantes dont les fleurs mignonnes et délicates ont toutes les nuances du bleu de ciel ; plusieurs ont des propriétés fort utiles.

Vous connaissez, mes enfants, le grand muflier dont on fait ouvrir la fleur en forme de gueule, en la pressant légèrement entre les doigts ; c'est le type de la famille des *personnées*. Le mot *personnée* vient du latin *persona*, qui signifie *masque, figure*. C'est d'après la configuration bizarre de la corolle de plusieurs plantes de cette famille que les anciens botanistes, doués d'une riche imagination, ont supposé que ces plantes, empruntant au règne animal ses formes et ses allures, se donnaient pour ainsi dire le plaisir d'un travestissement, d'un masque.

Cependant, ce prétendu déguisement ne suffirait pas toujours à faire reconnaître les *personnées* ; il en est, en effet, qui, abandonnant le masque, montrent des corolles en cloche ou grelot. Il est donc nécessaire de s'arrêter aux caractères suivants pour savoir si une plante appartient à cette famille :

Une corolle irrégulière ; quatre étamines didynames, réduites quelquefois à deux ; un fruit capsulaire unique, s'ouvrant tantôt par deux valves, tantôt par deux ou trois trous placés au sommet. Ce caractère du fruit suffit pour distinguer les personnées des labiées qui ont toujours quatre carpelles indéhiscents au fond de chaque calice.

Cette plante, à fleurs d'un beau bleu de ciel, striées de veines plus foncées, à feuilles charnues, opposées et oblongues, à tige couchée et radicante à la base et entièrement glabre, est la VÉRONIQUE BECCABONGUE (*Veronica beccabunga*), vulgairement *cresson de chien* ou *salade de chouette*. Ses feuilles sont fréquemment prescrites en suc d'herbe comme dépuratives et antiscorbutiques ; leur saveur est légèrement piquante, âcre et amère.

Celle-ci, qu'on rencontre à peu près partout, est la VÉRONIQUE PETIT-CHÊNE (*Veronica chamœdrys*) ; ses fleurs d'un beau bleu de ciel comme dans l'espèce précédente, sont veinées, blanches au centre et disposées en grappes lâches penchées à leur sommet dans la partie qui n'est pas encore épanouie. Les tiges, de vingt à trente centimètres, sont d'abord couchées à leur base, puis se redressent ; elles sont munies de deux lignes de poils parallèles et opposées ; les feuilles, ovales, sont fortement dentées en scie.

Voici la VÉRONIQUE GERMANDRÉE (*Veronica teucrium*) plante velue dont la tige d'abord couchée, puis dressée peut at'eindre quarante centimètres ; les feuilles sessiles et ovales sont profondément dentées ; le calice est à cinq divisions, la supérieure très courte et semblable à une petite dent ; la corolle est à segments aigus ; la capsule est pubescente et les fleurs très élégantes, toujours d'un beau bleu, sont disposées en grappes coniques et serrées.

Cette autre est la VÉRONIQUE OFFICINALE (*Veronica officinalis*), vulgairement *thé d'Europe*, plante entièrement velue, remarquable par sa tige couchée, radicante et presque sous-ligneuse à la base. Ses feuilles à court pétiole sont ovales ou oblongues-elliptiques, finement dentées en scie ; ses petites fleurs bleues ou roses sont disposées en grappes étroites portées sur des pédoncules raides et dressés. La véronique officinale, très célèbre autrefois dans le traitement de la jaunisse et de la gravelle, était quelquefois appelée *herbe aux ladres ;* elle constitue un très bon sudorifique dans les catarrhes chroniques.

Nommons encore la VÉRONIQUE EN ÉPI (*Veroniqua spicata*) plante grisâtre, finement pubescente, dont les fleurs d'un bleu vif sont très

nombreuses et disposées en un long épi terminal serré. La Véronique mouron d'eau (*Veronica anagalys*) à feuilles charnues, dont la
tige atteint jusqu'à cinquante centimètres, et dont les fleurs d'un bleu
pâle, striées de veines plus foncées, deviennent parfois roses et même
entièrement blanches.

Ne nous éloignons pas avant d'avoir examiné la Sauge des prés
(*Salvia pratensis*) dont la fleur d'un beau bleu se dresse devant nous
en long épi terminal. Cette plante doit son nom de *sauge* (du latin
salvia, sauver) à ses propriétés bienfaisantes.

La sauge des prés a une tige droite de près de quatre-vingts centimètres de hauteur ; cette plante est hérissée de poils très courts ;
ses feuilles ovales sont cotonneuses en dessous ; les bractées, la
corolle et le calice sont visqueux ; la lèvre supérieure de la corolle
est comprimée et courbée en faulx ; les fleurs sont disposées en verticilles autour de l'épi.

Un peu plus tard, dans le mois de juillet, vous verrez s'épanouir
dans le jardin de vos parents la Sauge sclarée (*Salvia sclarea*), vulgairement *toute-bonne*, plante herbacée, velue-laineuse, à odeur
aromatique très pénétrante dont la tige de quatre-vingts centimètres
environ porte des feuilles en cœur, ridées, toutes pétiolées à l'exception des supérieures qui sont sessiles. Les bractées, larges et colorées,
dépassent longuement les calices ; la corolle a la lèvre supérieure
comprimée et courbée en faulx ; les fleurs sont d'un bleu pâle ou
cendré et sont disposées en épis sur les rameaux qui forment, par
leur réunion, une panicule terminale.

Signalons encore la Sauge officinale (*Salvia officinalis*) qui ne
croît pas spontanément dans notre pays. Cette plante sous-ligneuse
à la base, et fortement aromatique, est connue sous les noms de
grande sauge de Provence, thé de France, herbe sacrée ; ses fleurs
sont ordinairement d'un bleu violacé, quelquefois roses, lilas ou
blanches.

Toutes les sauges sont fortement aromatiques ; mais la sauge
officinale se distingue par des qualités bien supérieures : Elle est
tonique, incisive, excitante, vermifuge, antispasmodique. On en
compose un vin aromatique, et on l'emploie en décoctions et fumigations dans les rhumatismes. L'huile essentielle de sauge possède,
à un degré supérieur, les mêmes propriétés.

Au risque de tomber dans la rivière, Laurence se précipitait pour
atteindre une plante qui lui paraissait intéressante. L'oncle arrêta
l'imprudente enfant, et s'aidant de son bâton recourbé, il atteignit

la plante dont les racines baignaient dans l'eau. C'est, dit le vieillard,
un très bel échantillon du Ményanthe trèfle d'eau (*Menyanthis
trifoliata*), remarquable par son rhizôme rampant épais et articulé,
ses feuilles longuement pétiolées à trois folioles obovales un peu

charnues, entières ou légèrement denticulées ; la corolle rosée est garnie en dedans d'une jolie barbe blanche ; les fleurs très élégantes sont portées sur des pédicelles munis de bractées à leur base, et forment une grappe ovale au sommet d'un long pédoncule.

Le *ményanthe* qui se rencontre surtout dans les endroits marécageux des montagnes est encore moins élégant qu'il n'est utile : C'est un amer et un tonique précieux pour réveiller les forces vitales et digestives ; il est encore utilisé comme fébribuge et dans les maladies de la peau ; mais son usage exige des précautions.

Je n'ai pas encore dit que le trèfle d'eau appartient à la famille des *gentianées* ou *gentianacées* à laquelle les *gentianes* ont donné leur nom. Il faudrait, mes enfants, aller dans les Alpes, pour admirer et cueillir ces plantes remarquables. La *grande gentiane*, Gentiane jaune (*Gentiana lutea*) dresse au milieu des autres herbes sa tige gigantesque qui atteint jusqu'à deux mètres de hauteur. Cette tige, ferme et robuste, porte des feuilles d'un vert cendré, ovales, très larges, marquées de nervures très fortes et convergentes ; les feuilles radicales sont atténuées en pétiole ; les supérieures sont sessiles et connées, c'est-à-dire opposées et soudées par la base. Le calice membraneux est en forme de spathe fendue d'un seul côté ; la corolle en roue est à segments très profonds ouverts en étoile ; les fleurs jaunes sont pédonculées et verticillées.

Cette plante a emprunté son nom de celui de *Gentius*, roi d'Illyrie qui, dit-on, en fit le premier usage. Les racines de la grande gentiane ne sont pas moins utiles que la tige et les fleurs ne sont belles ; sa saveur amère et ses propriétés précieuses lui ont valu le nom de *quinquina indigène*. De tous les amers de l'Europe, employés par la médecine, elle est certainement le plus usité.

Si je vous ai entretenu de cette plante que nous ne rencontrerons pas dans nos excursions, c'est à cause de ses propriétés utiles, et parce que vous ne manquerez pas de rencontrer son nom dans vos lectures.

En traversant un champ de luzerne, André remarqua une plante singulière sur laquelle il appela l'attention du vieux botaniste.

— Ce végétal, dit-il, est un de ces parasites dont nous nous sommes entretenus en faisant l'histoire de la plante. C'est l'Orobanche de la luzerne (*Orobanche medicaginis*) dont la tige rougeâtre prend

quelquefois une teinte d'un jaune pâle. La tige atteint jusqu'à quarante centimètres ; elle est renflée vers la base et partout couverte de
petits poils glanduleux ; elle est, au lieu de feuilles, munie d'écailles
lancéolées, assez consistantes, serrées à la base et plus espacées à
partir du milieu de la tige ; le calice est à sépales ovales-acuminés
munis d'une dent de chaque côté ; la corolle constitue un tube
allongé, arqué, resserré au-dessus de la gorge et à lèvres inégalement denticulées ; la lèvre supérieure est bilobée ; les filets des étamines, cotonneux à la base, sont insérés dans la courbure de la
corolle ; les stigmates, d'un jaune de cire, sont à lobes réfléchis ; les
fleurs jaunâtres à la base, rougeâtres au sommet, exhalent une légère
odeur, très fugace.

Toutes les orobanches qui ont donné leur nom à la famille des
orobanchées, sont des plantes parasites dont la racine renflée, plus
ou moins revêtue d'écailles, s'implante toujours sur la racine d'une
plante étrangère aux dépens de laquelle elle vit. La tige des orobanches est pourvue d'écailles qui remplacent les feuilles ; et, au lieu
d'être composée d'un parenchyme vert, elle est formée uniquement
d'un tissu cellulaire blanchâtre recouvert d'un épiderme de couleur
variable, mais jamais vert.

L'Orobanche rave (*Orobanche rapum*) est une plante d'un jaune
roussâtre, à fleurs rougeâtres ou d'un rose jaunâtre qui exhale
une faible odeur d'épine-vinette et dont la racine s'implante sur
celle du genêt à balais.

L'Orobanche rouge de sang (*Orobanche cruenta*) à tiges rougeâtres
à la base, à fleurs jaunâtres, rayées de rouge au sommet, d'un rouge
de sang à l'intérieur, et à odeur fugace de giroflée, est un parasite des
légumineuses et plus particulièrement du sainfoin, de même que sa
congénère, l'Orobanche spécieuse (*Orobanche speciosa*), plante poi-
lue-pulvérulente à fleurs blanches avec des stries bleues ou violettes.

L'Orobanche a petites fleurs (*Orobanche minor*) malheureusement très commune, est un parasite du trèfle ; elle se distingue par
sa tige grêle, pubescente, renflée à la base en un bulbe arrondi et
écailleux, de couleur roussâtre, un peu violacée ; ses fleurs sont
petites, blanchâtres, à veines d'un bleu lilas, disposées en épi lâche
à la base, serré au sommet.

Le chanvre a pour redoutable parasite l'Orobanche rameuse (*Oro-*

banche ramosa) qui en dévaste quelquefois des champs entiers. Cette orobanche se distingue par sa courte tige pubescente, jaunâtre, ordinairement rameuse dès la base, à écailles peu nombreuses et très espacées ; les fleurs sont petites, d'un blanc jaunâtre, lavées d'un bleu violet dans leur partie supérieure et disposées en épi grêle.

Disons enfin que les racines des vieux arbres ont aussi un parasite appartenant à la même famille la Lathrée écailleuse (*Lathrœa squamaria*) plante d'abord blanchâtre, noircissant avec l'âge, pourvue d'un rhizôme rameux, tortueux, couvert d'écailles charnues et imbriquées.

La tige extérieure est simple, dressée, écailleuse à la base ; les bractées sont ovales ; les fleurs blanchâtres, lavées de rose à court pédicelle, sont penchées et disposées en épi terminal et unilatéral.

La boîte des botanistes était remplie ; il était l'heure de rentrer à la maison ; et Sultan, qui n'abandonnait jamais ses petits maîtres partit en bondissant dès qu'il eut compris que le vieux professeur donnait le signal du retour.

CHAPITRE VII

Encore des rosacées. — Le rosier des chiens. — Le millepertuis. — La famille des hypéricacées. — Le tamier ou couleuvrée noire. — La clématite. — L'herbe aux gueux — Le sureau noir. — La bryone dioïque ou navet du diable. — Les cucurbitacées. — Les campanules. — La campanule raiponce. — La raiponce en épi. — Les gaillets. — Le caille-lait. — Les rubiacées. — Les aroïdées. — Le gouet commun. — Le gouet serpentaire. — Les amaryllidées. — Les narcisses. — La narcisse des poètes. — La narcisse jonquille. — Les saules. — Le saule des chèvres ou saule-marseau. — Le saule blanc. — Le saule jaune. — Le saule des vanniers. — Le saule pleureur.

La campagne s'était rapidement transformée ; les grands arbres des bois avaient suivi l'exemple général ; et, pour faire fête au printemps, s'étaient parés de leur manteau de verdure. Sous leur abri protecteur, le coucou répétait les deux notes qui, avec des inflexions diverses, constituent tout son répertoire musical, et lui ont valu son nom ; le loriot — ce joli merle d'or — faisait entendre ses curieuses roulades qui semblaient partir en même temps de tous les coins du bois, pendant que, de toutes parts, les petits oiseaux babillaient leur chanson matinale.

Laurence, ce jour là, avait dû rester auprès de sa mère, ce qui enlevait à la promenade un peu de son animation habituelle. André et son viel oncle, assis au milieu d'une clairière, sur des blocs de rochers, se reposaient un instant de leur course.

Voici, dit l'oncle, une touffe d'églantiers qui va nous permettre de commencer notre leçon.

Le Rosier des chiens (*Rosa canina*) vulgairement connu sous les noms d'*églantier, rosier sauvage*, est le vrai type de la famille des *rosacées*. Examinez cette rose et vous y trouverez la structure de toutes les plantes de cette importante et magnifique famille : corolle composée de cinq pétales égaux disposés en couronne; étamines nombreuses et disposées au bord d'une cavité du fond de laquelle s'élèvent des pistils également nombreux. La culture a rendu méconnaissable la rose des jardins dont les organes de la fructification ont tous été transformés en pétales.

Feuille, bouton et fleur du rosier cultivé.

Notre églantier est remarquable par ses rameaux diffus armés de robustes aiguillons, courbés en faulx, dilatés et comprimés à leur base. Les feuilles, composées de sept folioles, sont ovales, dentées, luisantes, assez semblables à celles du rosier cultivé; les fleurs élégantes — roses simples — à cinq pétales blancs ou roses, renferment ainsi que nous venons de le dire, de nombreuses étamines, semblables à des filets d'or, et elles exhalent une suave odeur. A ces fleurs, succéderont des fruits oblongs, rouges comme du corail quand ils sont à maturité, et dont l'écorce charnue recouvre une substance d'un goût douceâtre mêlé d'une agréable acidité. Les semences sont enveloppées d'un poil ferme, qui s'en détache aisément, et qui cause des démangeaisons insupportables lorsqu'il s'attache à quelques parties du corps.

Il croît souvent aux branches des églantiers une espèce d'éponge velue, grosse comme une noix, de couleur rousse, hérissée d'une multitude de filaments qui lui forment comme une chevelure, et qu'on nomme *bédaguar*. Cette sorte de tumeur est occasionnée par la piqûre d'un insecte qui en fait le berceau de sa famille. Le bédaguar était souvent employé dans l'ancienne médecine.

Les botanistes avaient repris leur excursion : Ils gravissaient la pente d'un coteau où l'oncle fit plusieurs découvertes précieuses.

Regarde, dit-il à André, cette plante dont les feuilles semblent percées de mille petits trous. C'est le Millepertuis a feuilles per-forées (*Hypericum perforatum*) dont les tiges s'élèvent jusqu'à qua-tre-vingts centimètres, dont les feuilles oblongues, nervées, sont marquées de points translucides très nombreux, et parsemées en dessous de quelques glandes noires sur les bords; les sépales du calice sont tous aigus; les fleurs jaunes sont disposées en panicule très fournie.

Le millepertuis, appelé quelquefois *herbe aux piqûres*, ne doit point son nom à de véritables trous, mais, ainsi que tu le vois à des vésicules translucides mêlées au parenchyme, et qui bordent quel-quefois les sépales du calice, et les pétales de la corolle. Ces vési-cules sont remplies d'une huile essentielle qui rend cette plante et surtout ses sommités fleuries, vulnéraires, excitantes et astringentes.

Le millepertuis appartient à la famille des *hypéricacées* complè-tement composée de plantes vivaces, tantôt herbacées, tantôt sous-ligneuses, à feuilles toujours opposées, entières et sans stipules, et à fleurs jaunes. Les végétaux de cette famille se distinguent en outre, par leur calice formé de quatre ou cinq sépales ou segments persistants; par leur corolle composée de quatre ou cinq pétales à préfloraison contournée; par leurs étamines en nombre indéfini à filets réunis à la base en faisceaux opposés aux pétales. Le fruit, conique, ordinairement capsulaire, rarement bacciforme et indé-hiscent, a, dans le premier cas, tantôt trois, tantôt cinq loges, indiquées par le nombre des styles dont il est couronné.

Cette plante qui enroule sa tige au pied de ce jeune chêne est le Tamier commun (*Tamus communis*) de la famille des *asparagacées*, dans laquelle nous avons déjà rangé le muguet odorant.

Le tamier, connu sous les noms de *racine vierge, couleuvrée noi-re, sceau de Notre-Dame,* s'entortille comme le liseron et porte quelquefois jusqu'à vingt pieds de haut, ses tiges faibles, ornées de feuilles en cœur, luisantes, d'un vert sombre; ces feuilles sont alternes à nervures convergentes et ramifiées. Les baies, rouges à la maturité, exhalent une mauvaise odeur. Cette plante est dioïque; ses petites fleurs sont d'un blanc verdâtre ou jaunâtre; celles à étamines sont disposées en grappes axillaires, lâches, interrompues, plus longues que les feuilles; celles à pistils sont groupées en petites grappes très courtes.

La grosse racine charnue du tamier commun est noire à l'extérieur, et blanche en dedans; elle s'emploie en application comme un excellent résolutif. On peut, par des lavages, lui enlever son principe actif, et tirer parti de l'abondante fécule qu'elle renferme.

Voici la Clématite vigne blanche (*Clematis vitalba*), connue sous les noms de *berceau-de-la-Vierge* et d'*herbe-aux-gueux*. Elle étend au loin ses rameaux flexibles et s'accroche de toutes parts au moyen des pétioles de ses feuilles qui lui servent de vrilles; ses innombrables fleurs blanches sont odorantes et forment de gracieux bouquets; mais, elles sont moins remarquables encore que les fruits surmontés de jolies houpettes de soie blanche et frisée; on dirait de légères plumes d'autruches attachées de toutes parts à la plante pour lui servir de parure.

Les feuilles de la clématite sont pennées, à folioles ovales, légèrement en cœur; les fleurs blanches sont disposées en panicules axillaires.

On a donné à cette clématite le nom d'*herbe-aux-gueux*, parce qu'elle est vénéneuse et que ses feuilles vésicantes sont quelquefois employées par les mendiants pour provoquer des ulcères, des plaies factices, du reste, faciles à guérir, mais qui excitent la pitié des personnes charitables. De ses tiges sarmenteuses, on fait des liens, des ouvrages grossiers de vannerie, de grandes corbeilles, des ruches à miel, etc.

Le genre clématite forme la deuxième tribu de la famille des *renonculacées*.

Je n'ai pas besoin de te nommer cet autre végétal que tu connais depuis longtemps.

— C'est, reprit André, le sureau; je le reconnais à son bois, à ses feuilles et aussi à ses fleurs blanches.

— Le Sureau noir (*Sambucus nigra*) appartient à la famille des *caprifoliacées* qui doit son nom au chèvre-feuille, et à la tribu des *Sambucées*. Ce bel arbuste étale ses feuilles ailées, composées de grandes folioles ovales, et ses fleurs blanches, odorantes disposées en magnifiques ombelles, ou plutôt en *cymes*. Tu sais par expérience, mon ami, que les enfants recherchent le bois du sureau dont ils font des flûtes, de petits canons et d'autres jouets. Le bois des vieux pieds de sureau sert aux tourneurs et aux sculpteurs; il est dur, fin, homogène; on en fait des peignes communs, de petites boîtes, des tabatières. Le sureau a été, de tout temps, vanté comme plante médicinale. L'infusion des fleurs est sudorifique; on les emploie en lotions, en fumigations, etc. La seconde écorce est purgative; elle constitue aussi un remède contre la brûlure; les feuilles chauffées et appliquées sur le front dissipent, dit-on, la migraine. Les baies du sureau, préparées en conserve ou prises naturellement, sont un précieux remède contre la dyssenterie; par la fermentation, on en retire de l'alcool. Les fleurs servent à aromatiser le vinaigre et à communiquer au vin un goût de muscat. L'odeur des feuilles éloigne les insectes et préserve de leurs atteintes les objets qu'on en a frottés.

La famille des caprifoliacées a été ainsi appelée parce que le chèvre-feuille croît naturellement parmi les rochers abruptes où la chèvre aventureuse va grimper comme lui pour y brouter ses jeunes rameaux.

Les végétaux de cette famille sont des arbustes ou des herbes à feuilles opposées. Leurs fleurs en corymbe, cyme ou capitule, leur calice adhérent et à dents ou limbe peu saillants couronnant le fruit, les rapprochent des ombellifères.

La corolle monopétale, régulière ou irrégulière, est insérée au sommet du tube du calice. Les étamines sont libres et plantées dans le tube de la corolle ou à sa gorge; le fruit est toujours une baie à trois ou cinq loges, se réduisant souvent à une seule par la destruction des cloisons, et renfermant une ou plusieurs graines osseuses.

Revenus au bas de la colline et sortis du bois, nos excursionnistes aperçurent dans une haie la Bryone dioique (*Bryonia dioïca*) appelée encore *couleuvrée blanche* et *navet du diable*. Lorsqu'on arrache la grosse racine qui a mérité à la bryone ce dernier nom, on est étonné de l'envahissement prodigieux de cette plante. Les feuilles ressemblent vaguement à celles de la vigne, sont rudes au toucher, et portent à leur base une longue vrille roulée en spirale. Il naît à l'aisselle des feuilles, des fleurs d'un blanc verdâtre ; les plus grandes sont les fleurs mâles. Aux fleurs carpellées succèdent des baies de la grosseur d'un pois, rondes, rouges lorsqu'elles sont à maturité, remplies d'un suc qui excite des nausées. La racine, ou navet, couverte d'une écorce jaunâtre, sillonnée ou annelée transversalement comme un reptile, a fait désigner la bryone sous le nom de *couleuvrine*. L'intérieur de cette racine est blanchâtre, d'une saveur amère et d'une odeur vireuse qui ne fait qu'augmenter par la dessication : Appliquée fraîche, elle est rubéfiante et presque vésicante ; prise à l'intérieur, elle agit comme les poisons irritants et produit des vomissements. On peut, par de nombreux lavages, enlever à la racine toute son amertume et en retirer, pour l'utiliser, l'abondante fécule qu'elle contient.

La bryone est de la famille des *cucurbitacées*, à laquelle appartiennent le melon, la citrouille, le concombre, etc. Ce qu'il y a de plus remarquable dans la plupart des espèces de cette famille plus utile que belle, ce sont les fruits connus sous le nom de *péponides* ou *pépons*, baies charnues entourées d'une écorce plus ou moins dure, renfermant une abondante pulpe aqueuse et divisées en plusieurs loges dans lesquelles les graines se trouvent disposées horizontalement.

Les fleurs régulières, monoïques, ou dioïques ont un calice monosépale dont la base adhère au fruit et dont le limbe s'ouvre en plusieurs segments. La corolle, insérée sur le point où le calice se rétrécit, est monopétale et à tube soudé avec l'ovaire ; elle supporte cinq étamines séparées en trois groupes. Toutes les plantes de cette famille rampent sur le sol ou grimpent sur des supports auxquels elles s'attachent par des vrilles.

— Oh ! les jolies clochettes bleues, s'écria André.

— Cette exclamation de l'enfant attira l'attention de son guide qui reconnut les élégantes fleurs bleues de la Campanule raiponce (*Campanula rapunculus*). Cette plante est remarquable par sa racine charnue, semblable à une petite rave. Sa tige, qui peut atteindre jusqu'à un mètre de hauteur est droite, anguleuse, pubescente, et porte des feuilles radicales ovales atténuées en un long pétiole ailé, et des feuilles caulinaires oblongues et sessiles. Le calice forme un tube glabre à dents linéaires; les fleurs, bleues ou blanches, sont nombreuses et disposées en une longue panicule terminale.

Le mot *campanule*, du latin *campana*, signifie cloche; et ces jolies plantes doivent leur nom à la forme de leurs fleurs disposées en clochettes qui se balancent silencieuses dans nos bois, dans nos prairies, au bord des sentiers, et que tous les promeneurs ne peuvent s'empêcher d'admirer.

Cette famille ne comprend que des plantes herbacées, à suc ordinairement laiteux et à feuilles toujours simples, alternes ou éparses. Leurs fleurs régulières ont un calice à cinq segments et une corolle monopétale à cinq divisions, insérée au sommet du tube du calice. Les étamines, ordinairement lilas, et au nombre de cinq, sont implantées sur l'ovaire en avant de la corolle; le style, unique, a son stigmate partagé en plusieurs lobes. L'ovaire devient une capsule à plusieurs loges polyspermes s'ouvrant par des trous latéraux.

La *campanule raiponce*, appelée *rave sauvage*, *bâton de Saint-Jacques* n'a pas seulement en partage la grâce et la beauté, elle joint à l'éclat de ses fleurs le mérite d'être alimentaire dans toutes ses parties. Ses jeunes pousses se mangent en salade, et sa racine donne une rave ferme, charnue et de bon goût.

Voici une autre campanule à fleurs plus petites, s'écria l'infatigable André, dont l'œil explorait tous les buissons.

C'est, en effet, une campanule; mais celle-ci appartient au genre *raiponce*. La RAIPONCE EN ÉPI (*Phyteuma spicatum*) est remarquable par sa racine charnue et pivotante, sa tige qui ne dépasse pas soixante-dix centimètres de hauteur, ses feuilles crénelées.

Celles de la partie inférieure sont en cœur, longuement pétiolées, souvent marquées d'une tache noire en forme de croissant sur le milieu de leur limbe; les supérieures sont sessiles, linéaires ou oblongues-lancéolées. Les étamines sont à filets glabres; les fleurs, ordinairement d'un blanc jaunâtre sont en épi oblong et accompagnées de bractées linéaires. Il en existe une variété à fleurs d'un beau bleu.

Connue sous les noms de *raponcule*, *rave sauvage*, cette plante croît sur les bords des ruisseaux ombragés; c'est sa racine en forme de petite rave, comestible comme celle de la campanule rampante, qui lui a valu son nom.

Voici, dans ce buisson le Gaillet croisette (*Galium cruciata*)

dont la tige velue, simple, couchée, quadrangulaire, porte des feuilles ovales, velues, verticillées quatre à quatre. Ses fleurs jaunes sont, les unes complètes, les autres simplement à étamines; elles sont disposées en petites grappes axillaires plus courtes que les feuilles.

Cette autre plante est le GAILLET CAILLE-LAIT (*Galium verum*) dont la tige et les feuilles se noircissent par la dessication ; les feuilles linéaires, verticillées sont enroulées sur les bords ; les fleurs d'un beau jaune sont disposées en panicules terminales.

Il existe de nombreuses espèces de *gaillet* ou *caille-lait*, qui toutes se distinguent par une corolle en roue, à quatre lobes, quelquefois, mais rarement, à trois lobes seulement. Le fruit est formé de deux carpelles secs, arrondis, non couronnés par les dents du calice.

Ces plantes sont de la famille des *rubiacées*, ainsi nommées de la couleur rouge que l'on extrait de la plupart de leurs racines. Les feuilles des rubiacées sont entières et disposées en verticilles autour de la tige. La corolle très petite et régulière est monopétale.

Le nom de *gaillet*, donné aux plantes que nous venons d'examiner, est tiré du grec et signifie *lait*. Cette dénomination provient de ce que les feuilles de plusieurs espèces de ce genre ont la propriété de faire cailler le lait. C'est le *gaillet jaune, fleur de la Saint-Jean*, qui possède le mieux la qualité indiquée par son nom : Les fermiers du Comté de Chester, dont les fromages ont une si grande réputation, mêlent à la présure ses sommités fleuries. Le *gaillet croisette*, vulgairement *croix de Saint-André* n'a de remarquable que la précocité de ses fleurs jaunâtres.

J'aperçois là-bas, caché dans les herbes, un représentant d'une nouvelle famille, celle des *aroïdées* ou *aroïdacées*, plantes à feuilles radicales, dont les fleurs singulières sont disposées autour d'un axe simple et charnu nommé spadice qu'elles recouvrent entièrement ou en partie.

Celui-ci est le GOUET COMMUN (*Arum vulgare*) désigné sous les noms de *pied-de-veau* ou d'*herbe aux serpents*. Les feuilles, qui naissent au printemps, sont luisantes, d'un beau vert, quelquefois marbrées de brun et légèrement ondulées. Le spadice droit, a sa massue terminale, d'un violet vineux, deux ou trois fois plus courte que le support. Les baies sont disposées en épi serré, et sont d'un beau rouge corail au moment de leur maturité qui a lieu vers le mois d'août.

Tout, dans ce genre de plantes, semble bizarre : Les feuilles souvent marbrées, sagittées et pétiolées quoique engaînantes par leur base ; leur spathe en capuchon ou plutôt en longue oreille de lèvre, leur spadice en massue, des étamines sur plusieurs rangs, des carpelles stériles, des ovaires groupés en sorose. Quelque chose de plus étonnant encore, c'est la chaleur qui se développe dans la fleur au moment de son épanouissement : Cette chaleur est telle que, dans les grandes espèces étrangères, on ne peut tenir le spadice entre les doigts.

Les enfants appellent le gouet *religieuse, cornet, fuseau* et ne se font pas faute de cueillir le spadice quand sa tête nue se montre sous son large capuchon; mais ils doivent se défier du suc âcre et vénéneux que contiennent ces plantes.

Le Gouet serpentaire *(Arum dracunculus)* qui est particulier au midi de la France, se distingue par sa haute taille, sa tige blanche et marbrée de noir comme le ventre d'une vipère, son grand capuchon vert en dehors et rougeâtre en dedans. Cette plante exhale, au moment de la floraison, une odeur cadavéreuse qui attire les mouches et les trompe.

De la famille des aroïdées, nous allons passer à celle des *amaryllidées* ou *amaryllidacées,* car voici des narcisses à fleurs jaunes, qui sont mieux connues sous le nom de *fleur de coucou.* Le Narcisse faux narcisse, dont la hampe droite, ordinairement uniflore s'élève jusqu'à quarante centimètres, est assez répandu dans nos prairies et dans quelques-uns de nos bois. Ses feuilles vertes, oblongues et obtuses sont légèrement canaliculées. La couronne d'un beau jaune est campanulée, crispée et crénelée sur les bords; les anthères s'appliquent contre le style après l'émission du pollen. Les fleurs jaunes, presque inodores, sont un peu inclinées.

Les Amaryllidées joignent souvent à la richesse de leurs teintes, l'odeur la plus suave. Les racines des plantes de cette famille sont bulbeuses, leurs feuilles sont radicales et engaînantes; trois fleurs, solitaires ou en ombelle, sont enveloppées, avant la floraison, dans une spathe membraneuse. Leur périanthe, toujours coloré, forme un tube plus ou moins long, adhérent à l'ovaire qu'il surmonte et se divise, à son sommet, en six lobes plus ou moins profonds. Les étamines, au nombre de six, ont leurs anthères tournées en dedans. L'ovaire infère offre un style à stigmate simple ou trilobé et se transforme en une capsule à trois loges, s'ouvrant par trois valves, portant chacune une cloison médiane. Les graines nombreuses adhèrent à leur angle interne. Toutes les espèces sont herbacées.

La Narcisse des poètes *(Narcissus poeticus)* cultivée dans nos jardins, a une hampe striée et comprimée ordinairement uniflore ; la couronne très courte est étalée, jaunâtre à la base et rougeâtre snr les bords ondulés-crénelés ; les fleurs blanches sont à douce et agréable odeur.

La Narcisse jonquille *(Narcissus junquilla)* doit son nom à ses feuilles qui ressemblent à celles du jonc. On a obtenu, par la culture, des jonquilles doubles.

Sous les noms de *Dame, Jeannette, Claudinette*, la Narcisse des poëtes est partout connue et aimée. Les poëtes ont donné à cette plante charmante une origine mythologique. Le jeune Narcisse, racontent-ils, s'étant regardé dans une fontaine fut si épris de sa beauté que, consumé d'amour pour lui-même, il en mourut. Les dieux changèrent le jeune vaniteux en la fleur qui porte son nom et la placèrent au bord des eaux où, se penchant gracieusement sur sa tige, elle semble encore se mirer.

Arrêtons-nous devant ces saules qui, nous l'avons dit ailleurs, appartiennent à la grande famille des amentacées et à la tribu des *salicées* dont les fleurs dioïques sont toutes en chatons, les graines à aigrettes ou houppes soyeuses, les cotylédons plans ou foliacés.

On trouve les saules, en compagnie des aulnes et des peupliers, sur les bords des ruisseaux et des rivières une seule espèce, le Saule des chèvres *(Salix caprœa)* vulgairement *saule-marseau* se trouve quelquefois associé aux arbres de nos bois, et encore, sa présence suppose le voisinage d'un ruisseau, d'un étang, de quelque ancienne mare desséchée, d'un réservoir souterrain.

La plupart du temps on met les saules en coupes réglées et on les émonde tous les trois ou quatre ans après les avoir *étêtés* ; mais, lorsqu'on les laisse croître naturellement, ils deviennent souvent de grands et beaux arbres.

Le marseau, qui la souvent ne dépasse pas les dimensions d'un arbrisseau, peut atteindre, grâce à certaines conditions locales, jusqu'à quinze mètres de hauteur. Il fait les délices des chèvres et est probablement celui que Virgile a chanté. Il est l'un des premiers qui donne des fleurs ; elles sont disposées en gros chatons dorés que les abeilles recherchent avec avidité.

Les étamines des saules forment des chatons écailleux ; les fleurs

carpellées sont également disposées en chatons. Aux pistils, succèdent des capsules renfermant un grand nombre de semences munies
d'aigrettes, ce qui fait paraître les chatons comme chargés d'un
coton court et très fin.

Le SAULE BLANC, *(Salix alba)* est un arbre à rameaux dressés
désigné sous les noms d'*osier blanc* ou *saule commun*; il croît avec
une très grande rapidité, mais il se désorganise non moins vite.
Dans sa vieillesse, il offre un tronc caverneux dont le centre vermoulu nourrit souvent des plantes étrangères et sert de refuge à de
nombreuses larves d'insectes, en même temps qu'à l'extérieur
l'écorce pousse des branches en abondance et conserve toute la
vigueur de la jeunesse. Les feuilles velues, lancéolées, aiguës, sont
soyeuses et argentées en dessous; son écorce est verdâtre et lisse.
Son bois blanc, très léger est peu estimé; son écorce, tonique et
fébrifuge est employée en médecine. La charmante *saulaie* qui nous
abrite en ce moment est presque tout entière composée de saules
blancs.

Le SAULE JAUNE *(Salix vitellina)* désigné sous les noms d'*osier
jaune, ambrier, verdelle, verdoison* est regardé comme une variété
de saule blanc; il s'élève peu et on ne le rencontre guèreà l'état d'arbre; mais il est précieux par ses rameaux flexibles que les jardiniers
et les tonneliers emploient pour faire des liens. Il est très commun:
ses branches, d'un jaune éclatant, produisent un joli effet et contribuent à orner les prairies humides en même temps qu'elles constituent en excellent revenu pour les propriétaires. On le plante aussi
dans les vignes et on l'élève ordinairement en petit cerceau qui se
couvre tout à l'entour de branches flexibles.

Le SAULE DES VANNIERS *(Salix viminalis)* vulgairement *osier vert*,
forme, à l'état d'arbrisseau, la bordure des rivières et l'ornement
des petites îles. C'est cette espèce qui, en compagnie du *saule fra-
gile* et du *saule pourpre* ou *osier rouge,* constitue des oseraies de
grand produit.

Le SAULE PLEUREUR *(Salix babylonica)* vulgairement *Paradis des
jardiniers* et *Parasol du grand Seigneur*, dont la tige échevelée
s'agite lentement au-dessus des tombes des cimetières, prend sur
le bord des rivières une attitude gracieusement mélancolique: Cet
arbre, originaire d'Asie, a été apporté des rives de l'Euphrate, près

de l'emplacement où florissait autrefois l'antique Babylone. C'est celui auquel les Israëlites exilés suspendaient leurs lyres, lorsqu'assis sous son ombre, ils pleuraient au souvenir de Jérusalem. Il remplace dans les cimetières le sombre cyprès. Entre ses branches que ba'ance le moindre souffle et d'où l'on peut entrevoir le ciel, la lumière du soleil semble jeter un rayon d'espérance.

Les fleurs de plusieurs saules ont une odeur agréable; on en prépare une eau médicinale appelée *kalaf* et qui jouit, en Orient, d'une grande réputation. On vante notamment la délicieuse odeur d'une espèce de saule particulière à la Perse.

Malgré les témoignages réitérés d'affection du bon Sultan, André souffrait de l'absence de sa sœur et cette promenade lui parut un peu longue; aussi, ne se fit-il pas prier pour se mettre en route quand le vieil oncle annonça quil était temps de retourner à la maison.

CHAPITRE VIII

La joubarbe des toits. — Les orpins ou sedum. — L'orpin âcre. — L'orpin reprise ou herbe aux charpentiers. — La chélidoine ou grande éclaire. — Les papavéracées. — Le coquelicot. — Le pavot somnifère; ses propriétés. — La centaurée bleuet ou casse-lunettes. — La centaurée jacée. — La centaurée chausse-trappe. — La lampette nielle. — La lampette à fleur de coucou. — Le chèvre-feuille des bois. — Le salsifis des prés. — La grande consoude ou langue de vache. — La buglosse d'Italie ou langue de bœuf. — La scrofulaire à racine noueuse. — La digitale pourprée ou gant de Notre-Dame. — Le mélampyre des champs. — La saponaire officinale ou herbe à foulon. — Le liseron des haies. — Les convolvulacées. — Le liseron des champs. — La molène officinale ou bouillon-blanc. — La tanaisie commune ou herbe aux vers. — La grande bardane. — La petite bardane.

Cette fois, la petite troupe est au complet, Laurence est de la partie et André en est tout joyeux. Il ne faut pas aller bien loin pour trouver des sujets d'entretien : A peine les botanistes sont-ils sortis de la maison que le vieux professeur fait remarquer aux enfants une plante aux feuilles épaisses qui croît sur une vieille muraille.

C'est, dit-il, la JOUBARBE DES TOITS (*Sempervirum tectorum*) appelée vulgairement *artichaut de muraille*, de la famille des *crassulacées*.

Les plantes de cette famille sont remarquables par leurs feuilles épaisses et charnues ; leurs fleurs sont ordinairement disposées en cyme ou en corymbe. Les sépales, légèrement soudés à la base sont habituellement au nombre de cinq ; les pétales réguliers, libres, excepté dans un seul genre, alternent avec eux et sont en même quantité.

Dans les joubarbes, les feuilles des jeunes pousses sont disposées en rosettes semblables à de petits artichauts.

La tige de la joubarbe des toits est droite, pubescente, un peu glanduleuse au sommet. Les feuilles glaucescentes sont bordées de cils blancs ; celles des rosettes sont oblongues, brusquement acuminées, glabres sur les deux faces ; les feuilles caulinaires sont oblongues lancéolées et dressées ; celles de la partie supérieure de la tige sont pubescentes-glanduleuses ; les écailles nectarifères sont réduites à de petites glandes convexes et très courtes. Les pétales ciliés sont ouverts en étoile ; les fleurs d'un rose pâle sont disposées en corymbe rameux.

Ces plantes, à petites feuilles aiguës et à fleurs jaunes, sont des orpins (*sedum*). Les espèces de ce genre se distinguent par un calice à cinq divisions, une corolle à cinq pétales, dix étamines, cinq écailles nectarifères entières et quatre carpelles polyspermes.

Celui-ci est l'ORPIN ACRE (*Sedum acre*) dont la tige d'environ dix centimètres est couchée et étalée, puis redressée ; cette tige est munie de rejets stériles à la base. Les feuilles ovales, un peu aiguës, renflées sur le dos, sont sessiles sur leur base arrondie ; celles des rejets stériles sont imbriquées, souvent sur six rangs, mais non réguliers ; les pétales sont lancéolés et aigus ; les fleurs d'un beau jaune d'or sont disposées en cyme terminale à trois branches ; il croît sur les vieux murs et les coteaux pierreux et sablonneux.

L'orpin âcre, connu sous les noms d'*orpin brûlant, orpin vermiculaire, joubarbe âcre, pain d'oiseau, poivre de muraille* est un rubéfiant énergique. Employé à l'intérieur, il est vénéneux ou tout au moins fortement émétique. Les feuilles guérissent les gencives ulcérées et scorbutiques.

Le plus précieux de nos orpins est l'ORPIN REPRISE (*Sedum telephium*) qui ne fleurit qu'au mois de juillet. Sa tige grosse et dressée peut atteindre jusqu'à soixante centimètres ; ses feuilles larges, vertes, ovales ou oblongues, inégalement et lâchement dentées, ordinairement éparses, sont élargies à la base ; les supérieures sont sessiles, les inférieures sont munies d'un court pétiole. Les pétales étalés et recourbés en dehors sont faiblement canaliculés au sommet ; les étamines intérieures sont insérées au-dessus de la base des pétales ; les fleurs roses, quelquefois blanchâtres, sont disposées er corymbes terminaux.

Vulgairement désigné sous les noms de *joubarbe des vignes, fève grasse, herbe au charpentier, herbe à la coupure,* cet orpin croît sur les rochers, dans les haies et les bois humides, d'où on l'a transporté dans les jardins. Ses feuilles larges et épaisses, sont très employées à la campagne comme vulnéraires, consolidantes, tempérant les douleurs hémorrhoïdales et détergeant les ulcères.

Voici une plante qui va nous initier aux caractères d'une autre famille, celle des *Papavéracées ;* c'est la CHÉLIDOINE MAJEURE (*Chelidonium majus*) qui vit sur les vieux murs en compagnie des orpins et des joubarbes.

Cette plante, connue sous le nom de *grande éclaire* est à odeur vireuse ; sa tige qui atteint quelquefois soixante centimètres est rameuse et parsemée de poils étalés ; ses feuilles glauques en dessous et pennatiséquées, sont à segments ovales, crénelés, lobés et incisés ; ses fleurs jaunes sont disposées en petites ombelles.

Le mot *chélidoine* vient d'un mot grec qui signifie hirondelle, parce que c'est environ vers le retour de ces charmants oiseaux que cette papavéracée épanouit sa fleur. Indépendamment de son nom de *grande éclaire,* on l'appelle encore *herbe aux verrues.* Lorsque l'on cueille la chélidonie, il découle de la tige un suc jaunâtre, corrosif et d'une odeur désagréable : L'application réitérée de ce suc sur les verrues et sur les cors les fait à peu près disparaître. L'extrait de la racine est un purgatif violent ; il a été conseillé contre les taches de la cornée, et c'est ce qui a valu à la plante le nom de *grande éclaire.* L'application de la chélidoine sur les glandes et les ulcères scrofuleux a eu quelquefois d'heureux résultats.

Les *papavaracées* (de *papaver,* pavot) ont pour type le joli coquelicot que nous allons cueillir dans les champs voisins où il est en compagnie du bleuet et de la nielle ou lampette.

Les espèces de cette famille sont peu nombreuses, mais elles sont

remarquables par l'huile de leurs graines et leurs propriétés narcotiques. Elles présentent les caractères suivants : deux sépales verts
et caducs ; quatre pétales réguliers ; des étamines en nombre indé-

fini. Le fruit que nous connaissons est une capsule s'ouvrant par
des trous placés sous les stigmates rayonnants. Toutes ces plantes
sont à feuilles alternes et à suc ordinairement vénéneux, laiteux ou
rougeâtre.

Le Pavot coquelicot (*Papaver rhœas*), dont Laurence nous apporte plusieurs beaux spécimens, est une plante hérissée de poils raides dont la tige peut atteindre jusqu'à plus de cinquante centimètres de hauteur ; ses feuilles pennatipartites sont à partitions irrégulières mais dentées ; les étamines sont à filets filiformes ; la capsule est obovale ; les fleurs d'un beau rouge sont souvent tachées de noir sur l'onglet.

Le pavot a attiré de tout temps l'attention des botanistes puisque les anciens ont reconnu ses propriétés soporifiques et qu'ils plaçaient un pavot dans la main de Morphée dieu de sommeil. Ils consacraient également cette plante à Cérès dont elle avait endormi la douleur. Ils faisaient des gâteaux dans lesquels les graines du pavot étaient mêlées au miel et à la farine, et lui donnaient l'épithète de *nourricier*.

Le Pavot somnifère ou *pavot des jardins*, originaire de la Perse, a été, depuis longtemps, introduit dans nos jardins où il est cultivé pour la beauté de ses grosses fleurs en boule, offrant toutes les nuances du rouge au blanc. Avec des soins, il devient facilement double et porte une quantité de pétales ; on ne peut lui reprocher que sa mauvaise odeur.

Le pavot des jardins offre deux variétés moins brillantes, mais infiniment plus précieuses ; l'une de ces variétés est *l'œillette* ou *pavot à fleur simple*, d'un blanc lilas, à capsule perforée sous le disque et à graines noires ; l'autre est le *pavot blanc à grosse tête* ou *pavot des boutiques*, à grosses capsules toujours fermées et à graines blanches.

Dans le nord, on cultive en grand l'œillette dont la graine fournit une très bonne huile, la meilleure et la plus douce après l'huile d'olive.

Les têtes de pavot blanc sont d'un fréquent usage en médecine ; elles participent, dans une faible proportion, des propriétés de l'opium, et on les emploie en décoction comme narcotiques et antispasmodiques.

L'opium, qui jouit d'une si grande célébrité dans tous les pays d'Orient, est extrait du pavot blanc. Ce narcotique précieux s'obtient en pratiquant des incisions à la plante et surtout à la capsule ; il en sort un suc blanc qui se durcit à l'air et qu'on recueille avec le plus grand soin.

L'opium nous vient de l'Orient et de la Perse ; on le purifie au moyen d'une grande quantité d'eau froide ; et mélangé à d'autres substances, il prend le nom de *laudanum* ou extrait d'opium.

La Centaurée bleuet (*Centaurea cyanus*) est une *composée-cynarocéphalée*. Le genre centaurée se distingue par un involucre à écailles imbriquées, les fleurons de la circonférence plus grands et stériles, le réceptacle garni de soies, les graines à aigrettes inégales disposées sur plusieurs rangs. C'est en raison des propriétés médicinales de plusieurs espèces de centaurées que les botanistes anciens ont donné à ce genre le nom du *Centaure* Chiron l'un des plus fameux médecins dont la mythologie ait célébré les talents.

— Le *bleuet*, trop commun dans nos moissons, présente une tige droite, anguleuse, rameuse, légèrement couverte de flocons cotonneux ainsi que les feuilles. Cette plante qui s'élève jusqu'à environ soixante centimètres a des feuilles radicales obovales ; les feuilles caulinaires sont linéaires-lancéolées et sessiles.

L'involucre est muni d'écailles d'un vert pâle sur le dos et entourées d'une bordure brune frangée ; l'aigrette rousse égale à peu près les dimensions de la graine ; les fleurons de la circonférence, plus grand set stériles, sont ordinairement d'un beau bleu de ciel, quelquefois blancs, rosés, violacés, ou mélangés de ces diverses couleurs ; les fleurons du centre sont plus petits, fertiles et ordinairement purpurins.

Le joli bleuet, connu sous le nom de *barbeau bleu*, épanouit partout en ce moment, dans nos champs de blé, soné légante corolle bleu d'azur. Le suc de ses fleurs, employé comme colyre, lui a valu le nom de *casse-lunettes*. Il est utilisé pour orner les mets, pour colorer les crêmes. Lorsqu'il est broyé avec l'alun, il fournit de l'encre bleue.

Nous trouverons, dans la prairie, la Centaurée jacée (*Centaurea jacea*) vulgairement *tête de moineau*, qui s'élève jusqu'à quatre-vingts centimètres de hauteur. Ses feuilles sont rudes, surtout sur les bords ; les inférieures sont sinuées-dentées, les supérieures sont lancéolées, assez larges et entières. Les écailles de l'involucre sont terminées par un appendice roussâtre ; les graines, sans aigrette, portent un rang de très petits cils ; les fleurs sont rouges, rarement blanches, les extérieures rayonnantes ; elles sont disposées en capitules arrondis, solitaires, et rarement géminés à l'extrémité de chaque rameau.

Cette centaurée croît abondamment dans les prairies où elle donne un assez bon fourrage ; sa racine est amère et astringente, toute la plante teint en jaune.

La CENTAURÉE CHAUSSE-TRAPPE (*Centaurea calcitrapa*) est commune dans les lieux stériles et aux bords des chemins ; on l'appelle généralement *chardon étoilé*. Cette plante a une tige d'environ quarante centimètres, blanchâtre, très rameuse à branches étalées ; les feuilles sont molles et les florales seules sont entières ; l'involucre ovoïde est formé d'écailles terminées par une épine d'un blanc jaunâtre, très forte et très allongée munie elle même à sa base d'épnes latérales plus courtes et plus faibles; les graines sont sans aigrette ; les fleurs sont roses, quelquefois blanches.

Le nom de *chausse-trappe* a été donné à cette plante à cause de la ressemblance de ses involucres épineux avec les chausses-trappes en usage autrefois contre la cavalerie. Elle est dans toutes ses parties extrêm'ment amère. Elle constitue un tonique assez employé dans les digestions laborieuses et dans les affections chroniques.

Cette autre plante est la LAMPETTE NIELLE (*Lychnis githago*).

— Il me semble, dit André, que cette plante appartient à la famille des *caryophyllacées*.

— Je vois que mes leçons ne sont pas sans résultats car la lampette nielle est, en effet, une caryophyllacée. Celle-ci est remarquable par les poils soyeux et blanchâtres qui la recouvrent. Sa tige, haute quelquefois d'un mètre, est dressée ; les feuilles sont lancéolées et allongées ; le calice, à longs poils soyeux, est muni de cinq dents foliacées dépassant les pétales ; la corolle est à pétales entiers ou à peine échancrés ; ses grandes fleurs rouges prennent souvent une teinte violacée.

Cette plante si élégante et si gracieuse est la perte des céréales ; elle se sème avec le blé, mûrit avec lui et est moissonné avec lui ; ses graines noircissent le pain et le rendent amer. Les animaux mangent avec plaisir la tige de la lampette.

Une autre espèce remarquable par l'éclat de ses pétales rayon-

Laurence.

nants, se rencontre dans les prés et dans les bois humides : C'est la
LAMPETTE A FLEUR DE COUCOU (*Lychnis flos coculi*) remarquable par
sa tige pubescente, un peu visqueuse au sommet ; ses feuilles radicales atténuées en pétioles et ses feuilles caulinaires lancéolées, de
plus en plus étroites ; le calice a dix côtes rougeâtres et est, à la fin,
globuleux campanulé ; les pétales couronnés sont profondément
déchiquetés en quatre lanières inégales et divergentes ; les fleurs
roses, rarement blanches, sont disposées en panicule lâche.

Connue sous les noms de *véronique des jardiniers, œillet des prés*,
cette fleur charmante émaille nos prairies vers l'époque où le coucou
commence à chanter. Facilement reconnaissable à ses pétales roses
frangés et à sa tige rougeâtre, elle jette une note gaie sur le fond
vert des gazons qui l'entourent.

Voici, dans cette haie, les corymbes embaumés du CHÈVRE-FEUILLE
DES BOIS (*Lonicera periclymenum*) moins jolis que ceux du chèvre-
feuille des jardins, mais tout aussi odorants.

Il est remarquable par ses feuilles caduques, minces et souples,
d'un glauque blanchâtre en dessous, ovales ou oblongues, à courts
pétioles ; les fleurs d'abord blanches, puis jaunâtres en dedans,
striées de rose en dehors, sont disposées en capitules terminaux
pédonculés.

Très commun dans les bois et dans les haies, il s'étend en élé-
gants festons, en gracieuses guirlandes ; il s'enlace en spirales serrées autour de l'aubépine, et produit ces sortes de vis dont on fait
des cannes singulières.

Voyez cette plante dont les fleurs jaunes sont fermées comme pour
le sommeil, c'est une *composée-chicoracée*, le SALSIFIS DES PRÉS (*Tra-
gopogon pratensis*) dont la tige droite et glabre s'élève à environ
quatre-vingts centimètres ; les feuilles lancéolées-linéaires, sont
dilatées et canaliculées à la base, souvent réfléchies ou tortillées au
sommet ; les pédoncules sont peu renflés à leur sommet ; l'involucre
est composé de folioles égalant ou dépassant peu les fleurs jaunes.

Les jeunes tiges de cette plante, très commune dans les prés secs,
se mangent cuites ou en salade.

Voici la CONSOUDE OFFICINALE *(Symphitum officinale)* vulgairement *grande consoude*, de la famille des *borraginées*. Vous la
reconnaîtrez à sa racine charnue, épaisse, rameuse, à sa tige qui

s'élève jusqu'à quatre-vingts centimètres, qui est droite, anguleuse, hérissée de poils blanchâtres; les feuilles ovales, lancéolées sont molles et un peu rudes; celles de la partie supérieure sont presque sessiles tandis que les inférieures sont contractées en un court pétiole; les fleurs d'un blanc jaunâtre, quelquefois lilas ou violettes se présentent en grappes penchées, latérales et terminales.

Le nom de *consoude* (du latin *consolida*) indique assez les propriétés bienfaisantes de cette borraginée plus connue sous le nom de *langue-de-vache*. Elle est employée dans la phtisie, les fluxions de poitrine, les crachements de sang. Les sommités et les racines peuvent être consommées. On fait avec les feuilles une colle pour la préparation de la laine mêlée avec le poil de chèvre quand on veut filer ensemble ces deux matières.

Cette autre borraginée est la BUGLOSSE D'ITALIE *(Anchusa italica)* vulgairement *langue-de-bœuf*, toute hérissée de poils raides, rudes et étalés. Sa tige qui atteint un mètre de hauteur est droite et rameuse; ses feuilles ovales sont luisantes et ondulées; les écailles de la gorge de la corolle sont surmontées par des pinceaux de poils blancs, les fleurs d'un beau bleu d'azur, souvent d'un violet purpurin sont disposées en grappes terminales.

Cette plante doit son nom de *langue-de-bœuf* à la rudesse et à la forme de ses feuilles. Elle jouit des mêmes avantages que la bourrache; et, elle est, comme elle, émolliente, sudorifique et pectorale.

Ici, vous avez devant vous un représentant de la famille des *personnées* : C'est la SCROFULAIRE A RACINE NOUEUSE *(Scrophularia nodosa)* vulgairement *herbe aux écrouelles* dont l'odeur repoussante est caractéristique. Sa racine est renflée en tubercules noueux et sa tige, qui s'élève jusqu'à un mètre, est droite, à quatre angles aigus; les feuilles glabres, pétiolées, ovales-lancéolées, sont dentées en scie; le calice est à stigmates ovales, très étroitement membraneux sur les bords; les fleurs, d'un brun rougeâtre en dehors, olivâtre en dedans, sont disposées en panicules terminales. Cette plante croît dans les fossés et les prairies humides.

La *scrofulaire, noueuse* dont la couleur est aussi triste que l'odeur est repoussante, doit son nom à ses propriétés contre les écrouelles; ses principes utiles résident surtout dans sa grosse racine noueuse. On l'administre en poudre infusée dans du vin ; les graines sont vermifuges ; les feuilles fraîches sont très propres à panser les plaies en suppuration.

J'aperçois, sur le talus du fossé, une plante très commuue dans les terrains granitiques, mais rare dans nos contrées; elle appartient, comme la scrofulaire, à la famille des *personnées*; c'est la DIGITALE POURPRÉE (*Digitalis purpurea*) vulgairement *gant de Notre-*

Digitale.

Dame. Sa tige élevée, ferme, pubescente, est ordinairement simple, ses grandes feuilles ovales, tomenteuses en dessous, bordées de dents inégales, sont un peu écartées et mucronées, c'est-à-dire terminées en pointe. La corolle glabre en dehors, barbue en dedans est subitement et fortement renflée en tube campanulé, assez grand pour qu'on y puisse mettre le doigt ; elle est bordée de lobes peu profonds, ovales arrondis; les fleurs rouges sont marquetées en dedans de points d'un rouge plus foncé et bordés de blanc; elles sont disposées en longue grappe unilatérale.

La digitale pourprée n'est pas seulement l'ornement des terrains granitiques et schisteux; elle a été introduite dans nos jardins où ses fleurs supportent la comparaison avec les plus belles. Du milieu de ces feuilles blanchâtres s'élance une longue tige terminée par une jolie fusée de fleurs en grelots rouges, roses et tigrés; c'est la ressemblance de ces fleurs avec des doigts de gants qui a fait nommer la plante *gant de Notre-Dame*. Il est important de connaître ses propriétés énergiques, car son emploi inconsidéré pourrait amener les plus grands dangers. Ses feuilles sèches ou fraiches, contiennent un principe actif, même vénéneux. Prise à haute dose, la digitale provoque des vomissements, des vertiges, le délire, des convulsions, et enfin la mort. La médecine, en l'employant par doses bien calculées, en fait des applications très utiles. La *digitaline* qu'on extrait de cette plante est beaucoup plus active.

Cette plante, dont le champ voisin est infesté et qui croît abondamment dans la plupart de nos champs de blé, est le MÉLAMPYRE DES CHAMPS *(Melampyrum arvense)* de la famille des *personnées*. Sa tige de quarante-cinq centimètres environ est droite, simple ou rameuse; les feuilles opposées sont oblongues; les inférieures et les moyennes sont entières; les supérieures sont pennatifides à la base; les bractées, d'un beau rouge, sont découpées en lanières profondes et linéaires; la corolle est à gorge fermée; les fleurs purpurines, à gorge jaune, sont disposées en épis serrés, presque cylindriques.

Les agriculteurs connaissent le mélampyre des champs sous les noms de *froment de vache, blé de renard, queue de loup, rougeotte,* etc.

Quelques instants plus tard, nos botanistes trouvaient, au bord de la rivière la SAPONAIRE OFFICINALE *(Saponaria officinalis)* de la famille des *caryophillacées*. C'est une plante haute de plus de cinquante centimètres, à tige grosse et droite, glabre ou légèrement pubescente ainsi que les feuilles oblongues atténuées en court pétiole et marquées de trois nervures. Le calice est glabre; les pétales sont munis à la base de deux petits appendices linéaires; les fleurs d'un beau rose, quelquefois blanches, sont en corymbe paniculé.

La *saponaire savonnière, herbe à foulon*, joint à la beauté de ses fleurs la propriété qui lui a valu son nom. Les feuilles broyées et mêlées à l'eau la font mousser comme le savon en lui communiquant une sorte de mucilage très propre à blanchir les dentelles et à nettoyer les étoffes. Cette plante a également des propriétés médicinales : elle est à la fois tonique et rafraîchissante, et on emploie son suc, ses fleurs et ses racines, contre les dartres, la jaunisse, le rhumatisme, et les affections de foie.

Vous connaissez cette plante qui enroule gracieusement sa tige autour de ce jeune peuplier. C'est le LISERON DES HAIES *(Convolvulus sœpium)* et il appartient à une famille dont nous n'avons pas encore parlé, celle des *convolvulacées*. Sa tige anguleuse et volubile peut s'élever très haut en s'aidant des plantes voisines; ses feuilles pétiolées sont largement ovales-sagittées, à oreillettes d'abord parallèles au pétiole, puis obliquement coupées et souvent lobées-anguleuses; le calice est entièrement recouvert par deux bractées foliacées, larges, en cœur ; les pédoncules quadrangulaires sont axillaires et uniflores; les grandes fleurs sont d'un beau blanc.

Nous rencontrerons souvent le LISERON DES CHAMPS *(Convolvulus arvensis)* dont la tige est couchée ou s'enroule autour de plantes voisines; ses feuilles sont pétiolées, sagittées, à oreillettes ordinairement aiguës; le pédoncule anguleux, axillaires, porte une, deux ou trois fleurs roses ou blanches, souvent, tout à la fois roses et blanches.

Les *liserons* sont ainsi nommées du liseré rose et blanc du liseron des champs; et c'est la tige roulée de la plupart des espèces de ce genre qui l'a fait appeler *convolvulus*. Les belles fleurs du liseron s'épanouissent généralement avant le lever du soleil; elles sont très remarquables par leur corolle en cloche, à limbe entier et sans segments.

Le liseron des champs est appelé *clochette des blés, petite vrillée;* ses tiges s'entortillent autour des chaumes et ses fleurs seraient certainement plus remarquées si elles étaient moins communes. Sa racine est purgative.

Le liseron des haies, dont nous trouvons ici de très beaux spéci-mens, est connu sous les noms de *grand convolvulus, manchette de la Vierge, grande vrillée;* il grimpe en s'enroulant autour des arbres et des arbrisseaux qui croissent dans son voisinage ; ses belles feuilles vertes et ses grandes cloches d'un blanc pur forment de magnifiques guirlandes. Sa racine laiteuse est très purgative.

Nos amis, qui se disposaient au retour, rencontrèrent chemin faisant la MOLÈNE OFFICINALE *(Verbascum thapsus)* de la famille des *solanées*. Ils connaissaient cette plante sous le nom de *bouillon-blanc*. La *molène*, facilement reconnaissable à première vue, est entièrement recouverte d'un duvet court, laineux, un peu rude et d'un blanc jaunâtre. La tige qui prend quelquefois un développement de deux mètres de hauteur, est simple, droite et robuste ; les les feuilles radicales sont très grandes et atténuées en pétiole ailé ; les autres sont sessiles et d'autant plus étroites et plus courtes qu'elles se rapprochent davantage du sommet. Parmi les cinq étamines de la fleur, les deux supérieures sont plus courtes et à filets laineux-blanchâtres ; les deux inférieures sont plus longues et à filets munis de quelques poils épars ; la corolle est concave. Les fleurs jaunes sont réunies en petits paquets sessiles disposés en un long épi terminal.

La molène officinale, connue sous les différents noms de *bouillon-blanc, bonhomme, cierge de Notre-Dame,* décore les rocailles et les lieux arides de ses longues fusées de fleurs jaunes. Les fleurs de cette plante sont émollientes, antispasmodiques, béchiques et souvent employées dans les dyssenteries, les coliques et les toux violentes. Les feuilles sont utilisées en cataplasmes ; et, elles sont tellement cotonneuses qu'une fois desséchées on peut en faire des mèches de lampe. On dit la graine très propre à endormir le poisson.

Cette plante, à fleurs jaunes et à odeur fortement aromatique est la TANAISIE COMMUNE *(tanacetum vulgare)* vulgairement *barbotine* et *tanacée* de la famille des *composées-corymbifères.* On la cultive dans les jardins, à cause de ses propriétés médicinales. Elle est excitante, stomachique et surtout anthelminthique ; c'est cette dernière qualité qui lui a valu le nom d'*herbe aux vers.*

Voici la GRANDE BARDANE *(Lappa major)* de la famille des *composées-cynarocéphalées* remarquable par sa haute tige droite, robuste, anguleuse, souvent rougeâtre ; les feuilles toutes pétiolées sont vertes et pubescentes en dessus, plus ou moins blanches-tomenteuses en dessous ; les radicalss sont très grandes ; l'involucre glabre est composé d'écailles toutes en crochet au sommet, entièrement vertes ou un peu roussâtres à l'extrémité. Les fleurs rouges, en gros capitules pédonculés, sont disposées en grappe lâche corymbiforme.

La Petite bardane (*Lappa minor*) diffère de l'espèce précédente par sa taille un peu moins élevée, par ses capitules de fleurs deux fois plus petits et espacés le long des rameaux, et par sa floraison qui est d'une quinzaine de jours plus précoce.

Le nom scientifique de la bardane (*lappa*, prenant, accrochant) lui vient sans doute de la disposition des involucres dont les écailles, disposées en hameçons se prennent aux habits, s'accrochent aux toisons et se mêlent aux cheveux de telle façon qu'on a peine à s'en débarrasser. Il existe peu de plantes dont les feuilles soient si larges; aussi les a-t-on appelées *oreilles-de-géant*. Les jardiniers les utilisent pour servir de parasol aux jeunes plantes.

La médecine fait un grand usage des feuilles et des racines de la bardane; elles sont toniques, dépuratives et diurétiques; on les emploie en décoctions dans les maladies de la peau et dans les affections goutteuses et rhumatismales.

Nous avons sous les yeux plusieurs autres plantes très intéressantes dont nous sommes obligés de remettre la description à notre prochain entretien.

CHAPITRE IX

Les graminées. — Espèces diverses. — La digitaire sanguine. — La flouve odorante. — Le vulpin des prés ou queue de renard. — La fléole des prés. — Le chamagrostis nain. — Le chiendent digité. — L'agrostis commune ou trainasse. — L'agrostis jouet du vent ou fenasse. — L'arrhénatère élevée ou fromental. — L'avoine folle. — Le pâturin des prés. — La brize moyenne ou amourette des prés. — Le dactyle pelotonné. — La fétuque rouge — L'ivraie vivace. — L'ivraie enivrante. — Considérations diverses sur les céréales. — Le maïs. — Le riz. — La canne à sucre.

De toutes parts on dépouillait les prairies; la bonne odeur des foins invitait nos botanistes à ne pas retarder plus longtemps l'étude de l'intéressante famille des graminées. Ils se dirigèrent donc vers la prairie où éclataient les chants et les rires des faucheurs et des faneuses.

De toutes les familles végétales, commença le vieil oncle, les graminées constituent certainement la plus importante et la plus utile pour l'homme et les animaux. C'est à elle que nous devons toutes les céréales qui dorent nos guérets, tous les gazons qui tapissent nos prairies.

Le froment, le seigle, l'orge, l'avoine sont des graminées; le riz et le maïs, la canne à sucre appartiennent également à cette intéressante famille.

Ces plantes ne sont pas pourvues de brillantes corolles; elles n'attirent pas par le vif éclat de leurs fleurs, mais elles forment la base de notre existence, et c'est à elles que nous devons le pain dont il nous serait si pénible d'être privés.

« Les gramens, plébéiens, campagnards, pauvres, gens de chaume, communs, simples, vivaces, constituent, dit Linné, la puissance du règne végétal, et se multiplient d'autant plus qu'on les maltraite davantage et qu'on les foule aux pieds. »

« Le blé, l'orge et l'avoine, dit M. Fabre, appartiennent à la famille des graminées. La tige est fluette, élancée, non ramifiée, creuse à l'intérieur, et fortifiée de distance en distance par des cloisons qui correspondent à des renflements appelés nœuds. Cette tige creuse et noueuse porte le nom de chaume. Les feuilles sont étroites, allongées en fine lame d'épée; leur base se contourne en une gaîne qui enveloppe et fortifie la tige.

» Si vous regardez comme caractère indispensable des fleurs la présence d'une corolle à couleurs vives, à formes élégantes, les graminées vous paraîtront ne jamais fleurir. Mais la corolle, si somptueuse qu'elle soit, n'est qu'une partie très secondaire de la fleur; elle en est en quelque sorte la parure, ou tout au plus le vêtement. Les parties vraiment essentielles sont les organes de la fructification; l'ovaire, qui doit devenir le fruit, et l'anthère, dont le pollen communique à l'ovaire la puissance de vie qui le fait croître et mûrir. Partout où se trouve un ovaire, partout où se trouve une étamine, la fleur existe en réalité alors même que tout manquerait, corolle et calice.

» Les graminées, cependant, ne sont pas tout à fait dépourvues de calice et de corolle; mais ces parties sont réduites au strict nécessaire, à l'absolu indispensable pour défendre des injures de l'air les organes délicats de la fructification. Ce sont de modestes écailles vertes ou bla châtres, qui, d'abord accolées deux à deux l'une à l'autre, renferment dans leur cavité les étamines et les pistils, puis s'ouvrent, s'éca tent pour les laisser s'épanouir.

» Les étamines sont au nombre de trois. Leur filet flexible et pendant porte à son extrémité une longue anthère placée en travers. Les stigmates sont deux élégantes aigrettes plumeuses; le fruit est une graine dont le blé nous fournit une image familière.

» Les fleurs sont tantôt étroitement serrées l'une contre l'autre autour de l'extrémité de la tige commune et forment ce qu'on appelle un *épi*, comme dans le froment, le seigle, l'orge; tantôt elles sont portées par petits paquets à l'extrémité de longs pédicu'es minces et flexibles qu'agite le moindre vent et constituent alors ce qu'on nomme une *panicule*, comme dans l'avoine.

» Les graminées sont les plébéiens du règne végétal; avec leurs modestes apparences, elles sont en réalité la richesse fondamentale du sol. Elles viennent partout en sociétés innombrables, elles couvrent tout de leur verdo ant gazon. Elles nous fournissent les céréales, base de l'alimentation; elles nous donnent indirectement la chair, le lait, la toison des troup aux, nourris de l'herbe des pâturages et du foin des pr irics. »

Vous connaissez, mes enfants, le beau froment doré pour avoir vu les épis dans les champs, balancés sur leurs chaumes, les gerbes entassées dans la grange ou les graines dans le grenier. Vous con naissez l'orge, l'avoine et le seigle; mais vous avez à peine fait attention aux nombreuses graminées qui constituent la partie essentielle de nos prairies et qui, jusqu'à ce jour, n'ont été à vos yeux que de l'*herbe*, considérée sans distinction de genres ou d'espèces. Il me paraît donc intéressant de vous faire connaître un certain nombre des graminées de nos prés.

Voici une espèce bien modeste, qu'on rencontre plus particulièrement dans les jardins et les champs cultivés, mais qui se mêle aux autres erbes de la prairie. Sa tige, couchée à la base, peut s'élever jusqu'à cinquante centimètres; ses feuilles à gaîne sont plus ou moins poilues; les glumes sont glabres; les fleurs vertes ou violacées sont disposées en épis linéaires, dressés ou peu étalés : C'est la DIGITAIRE SANGUINE *(Digitaria sanguinalis)* assez jolie par sa panicule formée par de petits doigts rouges. Les troupeaux la mangent avec plaisir.

Celle-ci est la FLOUVE ODORANTE (*Anthoxanthum odoratum*) qui exhale, surtout quand elle est sèche, une odeur fortement aromatique. La racine vivace supporte des chaumes de soixante à quatre-vingts centimètres, dressés, lisses, venant par touffes. Les feuilles planes sont plus ou moins poilues; les fleurs glabres, luisantes, un peu bigarrées de vert, de jaunâtre et de brun, sont disposées en panicule ayant la forme d'un épi.

Il existe, à propos de la flouve odorante, un préjugé bizarre : On a accusé cette innocente graminée de donner la fièvre; sa présence dans certaines contrées marécageuses où les fièvres sévissent constamment, a, sans doute, donné lieu à cette erreur populaire. C'est une plante fourragère recherchée des bestiaux qui la mangent avec avidité; elle est précieuse par sa précocité et par l'odeur agréable qu'elle communique au foin auquel on l'associe le plus possible dans certains pays. L'odeur particulière à la flouve est plus forte dans la racine et dans l'épi desséché.

Cette autre plante, dont les grands chaumes lisses et droits s'élèvent à environ quatre-vingt-dix centimètres de hauteur, est le VULPIN DES PRÉS (*Alopecurus pratensis*) mieux connue sous le nom de *queue de renard*. Le vulpin doit cette dénomination à son gros épi soyeux qui paraît, dans les prairies, aussitôt que les herbes commencent à monter. Les feuilles supérieures de cette graminée sont à gaîne allongée et un peu renflée; les glumes sont velues et ciliées; les anthères, d'abord jaunes, passent ensuite au violet.

Examinons cette plante dont le long chaume dressé porte des feuilles planes, un peu rudes sur les bords, la supérieure à gaîne cylindrique; ses glumes blanches sont vertes et ciliées sur la carène; ses fleurs d'un vert blanchâtre sont serrées en épi cylindrique : C'est la FLÉOLE DES PRÉS (*Phleum pratensis)* connue sous les noms de *fléau* ou *massette* qui pousse des tiges très hauts, très fortes et d'un produit considérable. Elle fournit un excellent foin et convient particulièrement aux terrains humides, argileux ou sableux. Ses longs épis, teints de diverses couleurs, sont employés par les modistes pour orner les chapeaux.

— Oh! les jolies petites plantes, dit tout-à-coup Laurence, en montrant des touffes de gazon qui atteignaient à peine dix centimètres de hauteur : Ce sont aussi des graminées?

— Oui, mes enfants, cette plante to..te mignonne est une graminée; c'est le Chamagrostis nain (*Chamagrostis minima*) vulgairement *poil de chat* ou *poil de souris*, dont les chaumes filiformes et dressés forment des touffes très élégantes; les feuilles courtes sont linéaires et canaliculées; les fleurs colorées ordinairement de rouge et de violet sont disposées en épis linéaires. Le *poil de chat* constitue le plus charmant gazon qu'on puisse rencontrer dans les champs; il fleurit avec le printemps; et, on le voit apparaître çà et là en petites gerbes d'une extrême délicatesse. C'est une des plantes qui ornent le mieux un herbier, à cause du faisceau élégant et délicat que forment ses petits épis d'un rouge de feu.

— Voici du chiendent; c'est encore une graminée, dit André, qui voulait aussi, comme sa sœur, faire sa découverte.

— C'est un chiendent, en effet, mais ce n'est pas le *chiendent des boutiques* ou *froment rampant*, si nuisible aux autres plantes des terrains cultivés, mais dont la racine jaunâtre et sucrée est une des substances émollientes les plus fréquemment employées en médecine. C'est le Chiendent digité *(cynodon dactylon)* appelé vulgairement *pied de poule*, dont la racine est rampante et stolonifère, les chaumes rameux à la base, les feuilles glauques disposées sur deux rangs opposés, les fleurs rougeâtres et unilatérales. Du reste, les racines du *pied de poule* offrent toutes les propriétés du chiendent des boutiques. Cette graminée, à panicule divisée en forme de doigts allongés, minces et rouges, à feuilles disposées en peigne, est remarquable par sa distribution géographique. Il n'existe peut-être pas de plante aussi répandue presque partout. Les racines, prises en décoction, sont rafraîchissantes et apéritives; elles fournissent un assez bon gruau, et on les emploie encore à faire des brosses. La plante constitue un excellent fourrage.

Voici l'Agrostis commune (*Agrostis vulgaris*) à racines fibreuses, à chaumes grêles, couchés à la base, puis redressés, à feuilles rudes au rebours, planes, linéaires, à languette courte et tronquée; les rameaux de la panicule sont étalés, et les fleurs sont communément rougeâtres.

Les agrostis abondent dans les champs de blé qu'elles infestent et qu'on n'en purge qu'au prix des plus grandes peines. Toutes les agrostis vivaces, que les agriculteurs appellent *traînasse*, si nuisibles aux champs cultivés, constituent en prairies, un excellent fourrage qui prospère dans les plus mauvais terrains. Leur végétation presque continuelle fournit aux troupeaux une nourriture solide ; mais, quand la *traînasse* s'empare des cultures, on ne parvient à la détruire que par des labours nombreux, de fréquents hersages et l'incinération des herbes dont la reprise se fait avec la plus grande facilité.

La souplesse des rameaux délicats de l'AGROSTIS JOUET-DU-VENT (*Agrostis spica-venti*) la rend propre à faire des balayettes. Cette plante que les laboureurs nomment *fenasse*, cause la perte des blés qu'elle envahit dans les saisons pluvieuses ; ses tiges longues et minces s'élancent du milieu des chaumes et balancent au-dessus des épis de longues panicules ouvertes, dures et à fines arêtes.

Cette graminée qui domine toutes les autres herbes de la prairie est l'ARRHÉNATÈRE ÉLEVÉE (*Arrhenaterum elatius*) mieux connue sous le nom de *fromental*. Classée autrefois parmi les avoines, elle est remarquable par l'élévation de son chaume, et par l'excellente qualité du foin qu'elle fournit.

Cette autre est l'AVOINE FOLLE (*Avena fatua*) dont le chaume atteint près d'un mètre et dont les fleurs verdâtres sont disposées en panicules étalées dans tous les sens. Cette plante tient le milieu entre les avoines fourragères et les avoines à grain.

Voici la plante qui constitue la base de nos prairies naturelles. C'est le PATURIN DES PRÉS (*Poa pratensis*) remarquable par ses chaumes grêles, droits, cylindriques, ses feuilles planes, lisses, glabres, ses fleurs verdâtres ou violacées, en panicule étalée.

Il existe de nombreuses espèces de pâturins qui toutes offrent aux troupeaux une bonne nourriture et fournissent à nos prés le gazon le plus touffu.

C'est encore Laurence qui découvrit, la première, la BRIZE MOYENNE (*Briza media*) qu'elle connaissait sous le nom d'*amourette des prés*, et qui est, sans contredit, la plus élégante de toutes les graminées.

Sa panicule ouverte et d'une régularité parfaite porte, suspendu au sommet de chaque pédicelle, un gracieux épillet en forme de cœur arrondi, nuancé de vert et de violet. Tous ces épillets déli-

cats et tremblottants, s'agitent au plus léger souffle en prenant
diverses teintes d'un effet charmant

Voici, dit l'oncle, à côté de ces jolies brizes, le DACTYLE PELOTONNÉ
(*Dactylis glomerata*) très commun dans nos prés, qui donne un
fourrage un peu dur, mais très abondant et qui veut être fauché de
bonne heure. Ses fleurs verdâtres ou violacées sont disposées en
petits paquets alternes et forment une panicule unilatérale très
serrée présentant quelquefois à la base deux ou trois rameaux plus
longuement pédonculés.

Cette autre plante est la FÉTUQUE ROUGE (*Festuca rubra*) qui donne,
comme les autres graminées de ce genre, un foin menu et délicat
et qui se distingue par son chaume grêle à feuilles radicales enroulées, et par ses fleurs glauques, le plus souvent rougeâtres, disposées en panicule dressée, rameuse et un peu lâche.

Celle-ci est l'IVRAIE VIVACE (*Lolium perenne*) appelée *gazon
anglais*, remarquable par ses chaumes dressés et lisses qui s'élèvent
à environ cinquante centimètres, par ses feuilles linéaires étroites,
et par ses fleurs en épi dressé et comprimé.

L'ivraie vivace est la graminée qui fournit les gazons les plus
épais pour les bancs et les tapis de verdure; il forme un effet
charmant, surtout lorsqu'on y mêle quelques plants de primevère
de diverses couleurs, et quelques touffes de safran ou de colchique.

Le nom scientifique *lolium*, est tiré du grec et signifie trompeur,
sans doute à cause de l'enivrement que produit l'espèce la plus
curieuse de ce genre, l'IVRAIE ENIVRANTE (*Lolium temulentum*), la
plante funeste de l'Evangile, et qui doit être séparée du bon grain.

L'ivraie est une plante annuelle, comme les céréales; mais, comme
elle se sème, grandit et mûrit avec elles et qu'elle leur ressemble
beaucoup, il n'est pas toujours facile de les en purger complètement.
Le pain dans lequel elle se trouve mêlée en trop grande quantité,
cause des vertiges et produit des vomissements; mais elle convient
parfaitement pour engraisser les volailles.

Asseyons-nous sur cette verte pelouse et nous allons parler du
blé, du maïs, du riz et de la canne à sucre qui sont les graminées
précieuses par excellence.

« Les coquelicots et les bleuets, dit Bernardin de Saint-Pierre, se
trouvent toujours dans les blés de l'Europe, quelques soins que les

laboureurs prennent de les sarcler et de les vanner. Le rouge des premiers et l'azur des seconds se détachent admirablement sur la couleur fauve des moissons. On trouve encore dans les blés la nielle, qui s'élève à la hauteur de leurs épis, avec de jolies fleurs purpurines en trompettes, et le liseron à fleurs couleur de chair qui grimpe autour de leurs chalumeaux, et les entoure de verdure comme des thyrses. Il y a plusieurs autres végétaux qui ont coutume d'y croître, et d'y former d'agréables contrastes. Quand le vent les agite, vous diriez, à leurs ondulations, une mer de verdure et de fleurs. Joignez-y un certain frissonnement d'épis fort agréable, qui invite au sommeil par un doux murmure.

» Ces aimables forêts ne sont pas sans habitants. On voit courir sous leurs ombrages le carabe doré; des mouches, des papillons sont attirés par les fleurs. L'hirondelle voyageuse plane à leur surface ondoyante, comme sur un lac, tandis que l'alouette sédentaire s'élève à pic au dessus d'elles en chantant à la vue de son nid. La perdrix domiciliée et la caille passagère y nourrissent également leurs petits. Souvent un lièvre place son gîte dans leur voisinage, et y broute en paix les laiterons.

» Le blé, qui sert à la subsistance générale du genre humain, n'est pas produit par des végétaux d'une grande taille, mais par de simples graminées. Le principal soutien de la vie humaine est porté par des herbes et exposé à la merci des moindres vents. Il y a apparence que si nous avions été chargés de la sûreté de nos récoltes, nous n'eussions pas manqué de les placer sur de grands arbres; mais en cela, comme dans tout le reste, il faut admirer la prévoyance divine et nous méfier de la nôtre. Si nos moissons étaient portées par les forêts, lorsque celles-ci sont détruites par la guerre, ou incendiées par notre imprudence, ou renversées par les vents, ou ravagées par les inondations, il faudrait des siècles pour les voir renaître dans un pays. Telle calamité est impossible avec une plante qui germe, fleurit et fructifie dans un an. D'ailleurs, par la souplesse de leurs tiges fortifiées de nœuds de distance en distance, et par leurs feuilles menues, les graminées échappent à la violence des vents. Leur faiblesse leur est plus utile que la force ne l'est aux grands arbres. Semblables aux petites fortunes, elles sont ressemées et multipliées par les mêmes tempêtes qui dévastent les grandes forêts.

Ajoutez aux avantages généraux des graminées, une variété étonnante de caractéres dans leurs floraisons et leurs attitudes, qui les
rend plus propres que les végétaux de toute autre famille, à croître
dans toutes sortes de sites.

» C'est dans cette famille cosmopolite que la nature a placé le
principal aliment de l'homme; car les blés, dont tous les peuples
subsistent, ne sont que des espèces de graminées. Il n'y a point de

terre où il ne puisse croître quelque espèce de céréale. Homère, qui avait si bien étudié la nature, caractérise souvent chaque pays par le végétal qui lui est propre. Il vante une île pour ses raisins, une autre pour ses oliviers, une autre pour ses lauriers, une autre pour ses palmiers ; mais il ne donne qu'à la terre l'épithète générale de *Zeidora*, ou *porte-blé*.

» En effet, la nature en a formé pour croître dans tous les sites, depuis l'équateur jusqu'aux bords de la mer Glaciale. Il y en a pour les lieux humides des pays chauds, comme le riz, qui vient en abondance dans les vases du Gange. Il y en a pour les lieux marécageux des pays froids, comme une espèce d'avoine qui croit naturellement sur les bords des fleuves de l'Amérique septentrionale. D'autres réussissent à merveille sur les terres chaudes et sèches, comme le millet et le panic en Afrique, le maïs au Brésil. Dans nos climats, le froment se plaît dans les terres fortes, le seigle dans les sables, l'avoine dans les plaines humides, l'orge dans les rochers. L'orge réussit jusque dans le fond du Nord. »

« C'est à la culture des céréales, dit un autre auteur, que beaucoup d'écrivains anciens et modernes attribuent la civilisation ; et, en effet, les hommes n'ont pu se livrer aux travaux de l'agriculture, qui exigent des soins continuels, qu'en se formant en sociétés régulières, qu'en partageant les terres, et en assurant la propriété du sol à ceux qui le mettraient en valeur. Les Égyptiens mirent au rang des dieux Osiris, qui leur avait enseigné l'agriculture. Les Grecs attribuaient l'invention de l'art de cultiver la terre à Triptolème, et particulièrement à Cérès. Avant que cette déesse eût appris aux hommes à labourer les champs pour y semer le blé, ils se nourrissaient de glands.

» Aujourd'hui, un petit nombre d'hommes vivent uniquement des fruits des arbres, comparativement à la quantité innombrable de ceux qui cultivent les céréales pour en retirer leur principale nourriture. Ce n'est guère que dans les climats extraordinairement favorisés de la nature, dans lesquels règnent un printemps et un été continuels qui font produire aux arbres des fruits en abondance et sans interruption, que quelques peuples sauvages ou à demi-sauvages ont continué à se nourrir des fruits ou des substances tirées

immédiatement des arbres. Ainsi le cocotier, dans certaines parties
des Indes, suffit aux besoins peu nombreux des hommes de ces contrées. Les naturels des îles de la mer du Sud se nourrissent presque
uniquement des fruits de l'arbre à pain ; les habitants des Moluques
et des îles voisines, outre l'arbre à pain, se nourrissent aussi de
Sagou. Les dattes et les figues font encore une grande partie de la
nourriture des Persans, des Égyptiens de la Barbarie, des habitants
de l'Archipel grec ; dans quelques provinces méridionales de l'Espagne et du Portugal, on mange encore les glands doux de quelques
espèces de chênes, principalement du chêne ballote ; dans les Cé-
vennes, le Limousin, la Corse, les Apennins, les châtaignes sont la
nourriture presque exclusive des habitants des campagnes ; mais
dans tous ces pays, les classes aisées font usage du pain.

» Les graines céréales ont donc remplacé les fruits des arbres
pour l'alimentation, dans la plus grande partie du monde. Ces végétaux géants qui élèvent dans les airs leurs têtes superbes, et qui
pendant des siècles, bravent les rigueurs des hivers et le soleil brûlant des étés, ont cédé la place à d'humbles plantes que la même
année voit naître et périr. Aujourd'hui le blé couvre de ses moissons
dorées la plus grande partie de l'Europe, et les contrées tempérées
de l'Asie, de l'Afrique et de l'Amérique du Nord.

» Après le blé, les principales céréales cultivées pour la nourriture des hommes sont le riz, que toutes les nations indiennes de
l'Asie préfèrent au pain ; le maïs, que nous devons à l'Amérique
méridionale ; plusieurs millets, qui font la nourriture presque unique
de tous les peuples noirs de l'Afrique ; le seigle et l'orge, enfin, qui
remplacent le froment dans les parties de l'Europe où le blé ne peut
réussir, soit à cause de la rigueur du climat, soit à cause de la qualité inférieure des terres.

» Le grain de froment, réduit en farine, donne le meilleur pain,
celui qui est le plus usité dans les villes et le plus propre à l'alimentation des hommes. Il doit ces qualités à l'association de la
fécule et du gluten, qui entrent dans la constitution de la farine de
froment. » (1)

Le Maïs, *blé de Turquie, blé de Barbarie, blé d'Espagne* ou *gros*

____

(1) Loiseleur.

millet des Indes est une magnifique céréale dont on ne connaît pas précisément la patrie, mais qui doit être originaire de l'Amérique, puisque aucun auteur n'en a parlé avant la découverte de cette partie du monde. Les Péruviens en faisaient usage quand les Européens pénétrèrent dans cette contrée, ce qui prouve que cette plante y est indigène. Son grain, réduit en farine, formait leur principal aliment, et ils le faisaient fermenter pour préparer les liqueurs fortes dont ils s'enivraient aux jours de fêtes.

Considéré comme plante alimentaire, ou simplement comme plante fourragère, le maïs est d'une grande importance. Lorsqu'il est cultivé pour la graine, il faut que sa maturité soit complète avant les premières gelées ; les pieds doivent être éloignés les uns des autres et on doit, quelque temps après la floraison, couper la tige au-dessus de l'épi et retrancher tous les petits rameaux inutiles qui sont au-dessous. A l'époque où le grain se colore en jaune et que l'enveloppe des fusées se dessèche, on les coupe pour les lier en faisceaux et les suspendre à l'air afin de hâter la dessication, ce qui donne à la farine de maïs un meilleur goût ; enfin quand les fusées sont bien sèches, on les égrène ; le grain conserve très longtemps ses facultés germinatives.

La farine de maïs est pour l'homme une nourriture saine et substantielle ; il n'en existe pas de meilleure pour l'engraissement des volailles, et c'est à elle que nous devons les fines poulardes de Caux et les chapons de Bresse.

Employé comme plante fourragère, le maïs donne abondamment, pousse rapidement et contient un principe sucré dont les vaches laitières, les bœufs, les chevaux et tous les animaux herbivores sont très avides.

« Le Riz, écrit Duchartre, est une haute graminée à feuilles planes et dont les fleurs sont disposées en panicule rameuse rappelant celles du sorgho. Cette plante importante, dont le grain nourrit plus de la moitié des habitants du globe, est regardée comme originaire de l'Inde. Peu à peu sa culture s'est propagée, non seulement dans toutes les contrées tropicales, mais encore dans un grand nombre de pays tempérés, jusqu'en Espagne, en Italie et même en France.

» Son chaume cylindrique s'élève à un mètre et plus de hauteur ; ses feuilles sont allongées, planes, rudes au toucher ; sa panicule est resserrée, à rameaux faibles et pendants. Le riz se plaît dans les terrains humides ou marécageux ; aussi la culture s'en fait-elle toujours dans des champs qu'on maintient recouverts d'une couche d'eau assez épaisse pour que la plante y soit plongée en partie mais sans être jamais submergée. De là résulte généralement une grande insalubrité pour les pays de rizières ; mais, en compensation de ce mal, la culture du riz permet d'utiliser des terres marécageuses, qui, sans cela, resteraient entièrement perdues pour l'agriculture.

» En Chine, où la culture de cette graminée se fait sur une très grande échelle, la terre qui doit être ensemencée est d'abord surabondamment arrosée, au point même d'être presque réduite à l'état de vase. Elle est ensuite retournée au moyen d'une charrue légère traînée par un buffle. Le semis se fait avec des grains qui ont commencé à germer dans de l'eau, et seulement dans une portion du champ. Vingt-quatre heures suffisent pour que les jeunes plantes commencent à montrer le sommet de leur première feuille à la surface du sol. Quand elles sont assez fortes, on les repique, en quinconce, dans la portion du champ jusqu'à ce moment inoccupée. Aussitôt cette opération terminée, on ramène l'eau sur la terre, en ayant soin d'en élever graduellement le niveau à mesure que les plantes grandissent, sans que cependant elles soient submergées. Pour obtenir ce résultat, on a disposé préalablement des levées de terre, qui font de chaque champ ou de chaque portion de champ un véritable bassin. On conçoit aisément que cette culture ne peut avoir lieu que dans le voisinage des cours d'eau et des canaux. Lorsque le niveau des champs est inférieur à celui des canaux et des cours d'eau, il suffit d'avoir une vanne pour inonder la terre ; dans le cas contraire, les Chinois emploient des machines hydrauliques grossières, ou même de simples seaux qui rendent cette partie de la culture du riz extrêmement fatigante. Pendant tout le temps que le riz reste sur pied, on arrache avec soin les mauvaises herbes ; cette opération est très pénible pour les cultivateurs, obligés d'être constamment enfoncés dans l'eau et dans la vase jusqu'au dessus du genou.

» La récolte du riz se fait à la faucille ; on en fait des gerbes qu'on transporte sous des hangards pour les battre au fléau. Une opération assez longue est celle qui consiste à débarrasser le grain des glumelles dans lesquelles il est étroitement enveloppé. Elle a lieu dans des moulins où un axe horizontal de bois, mis en mouvement par une roue hydraulique, soulève et laisse retomber tour à tour, dans une auge de pierre, une vingtaine de pilons creux.

» La culture du riz, dans l'Amérique septentrionale, quoique ne remontant qu'aux premières années du XVIIIe siècle, a pris une extension considérable, particulièrement dans la Caroline. Le mode de culture y est différent de celui des Chinois. Vers la mi-mars, on divise la terre en rigoles, au fond desquelles le grain est semé à la main. On couvre ensuite le champ de quelques centimètres d'eau qu'on fait écouler après cinq jours, de manière à laisser la terre découverte jusqu'à ce que les jeunes plantes aient environ un décimètre de hauteur, ce qui a lieu un mois après les semailles. Alors on inonde encore les champs dans le but de faire périr les mauvaises herbes et de favoriser en même temps la végétation du riz. La terre reste ensuite découverte pendant deux mois. Enfin on ramène l'eau, qu'on laisse sur le champ jusqu'au moment de la récolte, c'est-à-dire de la fin d'août jusqu'en octobre. Ce mode de culture, laissant la terre alternativement inondée et à découvert, amène une insalubrité qui décime annuellement les nègres employés au travail des rizières.

» En Espagne et dans le nord de l'Italie, où la culture du riz a pris de grands développements, on est dans l'usage de laisser constamment l'eau dans les champs, jusqu'au moment de la récolte. Dans le royaume de Valence, la moisson se fait même dans l'eau, et les moissonneurs y sont constamment enfoncés jusqu'aux genoux.

» Des essais de culture du riz ont été faits avec succès en France, dans la Camargue ou delta du Rhône, et dans les terres marécageuses qui s'étendent sur une surface considérable le long de la Méditerranée.

» Comme plante alimentaire, le riz est d'une importance capitale. Dans l'immense étendue de pays où il est cultivé, il forme la base principale de l'alimentation ; quelquefois même, il nourrit à lui seul les classes inférieures de la société. Ainsi, dans l'Inde et en Chine, le peuple ne connaît guère d'autre aliment que le riz cuit à l'eau et mêlé de quelques condiments. En Europe, le riz joue un rôle important mais beaucoup moins exclusif, car la culture du froment

fournit une matière alimentaire beaucoup plus avantageuse et surtout plus nutritive. L'analyse chimique a montré que si le riz est le
grain le plus riche en fécule parmi tous ceux des céréales, il est en
revanche presque entièrement dépourvu de gluten, principe par
excellence du froment. Aussi est-il impossible de faire du pain avec
la farine du riz. »

Parlons maintenant, mes enfants, de cette autre graminée qui
pendant de longs siècles nous a fourni du sucre, à l'exclusion de
tous les autres végétaux.

La *canne à sucre* est une plante bisannuelle, — sorte de roseau
gigantesque, — dont la hauteur varie de trois à six mètres selon les
variétés, et selon que la nature du sol est plus ou moins favorable
à sa culture.

Ses racines sont courtes, minces et peu fournies; sa tige est simple et partagée de dix en dix centimètres par des nœuds circulaires
qui la coupent entièrement et d'où partent des feuilles longues de
un mètre sur trois à cinq centimètres de largeur, qui alternent les
unes par rapport aux autres, et tombent à mesure que la plante
meurt.

Figurez-vous un chaume monstrueux de blé ou de seigle, et vous
aurez une idée de la canne à sucre.

Vers le douzième mois de la croissance, il pousse à l'extrémité
de la tige de canne un jet à surface lisse et sans nœuds, qui acquiert
en peu de temps une hauteur de 2^m à 2^m 50, et se termine par une
ample panicule divisée en plusieurs ramifications noueuses dont les
diverses parties se couvrent d'un grand nombre de fleurs blanches. Cette panicule est à la canne ce qu'est l'épi à un chaume de
blé.

Ce jet, toujours très pauvre en matière sucrée, se nomme la flèche. Dans certaines contrées, les grains qu'ils donne servent à la
reproduction de la canne, mais plus fréquemment on l'emploie, à
cause de son peu de rendement, pour faire des boutures. Ces boutures, jointes aux rejetons qui poussent quand on a coupé la maîtresse tige, servent à regarnir le champ de cannes.

La canne à sucre peut être avantageusement cultivée dans les
climats tempérés jusqu'au 40° ou 42° degré de latitude.

Toutefois, le climat le plus favorable à son développement est celui de la zone torride.

Pour arriver à un état complet de maturité, il lui faut, suivant le pays, de dix à douze mois de végétation active.

De plus, pour être très productive, elle exige une terre substantielle, médiocrement légère, un peu limoneuse, très divisée ou facile à diviser, préparée par de bons labours et amendée avec les détritus de la récolte précédente qu'on enterre à demi-pourris ou réduits en cendres.

Lorsqu'une pièce de terre est bien entretenue, elle produit pendant plusieurs années sans avoir besoin d'être replantée.

On connaît différentes variétés de cannes à sucre, dont trois sont particulièrement cultivées en Amérique.

Ces trois variétés principales dont les planteurs ont obtenu les meilleurs résultats sont :

La *canne commune* ou *canne créole* qui est la plus anciennement connue et qui fut transportée aux Antilles en 1506.

La *canne d'Otahiti* qui n'a été introduite dans le Nouveau-Monde que vers la fin du siècle dernier.

Et la *canne violette* qui a été apportée de Batavia en Amérique en 1782.

La canne est mûre, ou plutôt propre à être recueillie, avant l'époque de sa floraison.

Dans l'Inde, la période qui s'écoule depuis la plantation jusqu'à la récolte est de neuf mois environ. Cette période est de douze à vingt mois en Amérique, suivant les localités et les espèces de cannes.

On reconnaît que le moment est venu de recueillir la récolte, lorsque les tiges sont lourdes, très lisses, cassantes et que leur couleur est d'un blanc jaunâtre.

Les intervalles situés entre les nœuds sont alors remplis d'une moelle fibreuse et spongieuse renfermant un suc très abondant. On retranche la flèche et l'on coupe la tige très près de terre.

La canne renferme environ 90 p. 100 de suc ; mais les tiges sont si difficiles à écraser qu'il y a toujours une perte assez notable et qu'on ne recueille guère que les deux tiers de cette quantité.

La fabrication du *sucre* consiste, en principe, à extraire le suc des

tiges et à le concentrer par l'évaporation pour faire cristalliser la
matière sucrée.

Pour obtenir le suc ou jus des cannes, il faut soumettre celles-ci
à une forte pression.

L'appareil dont on se sert le plus fréquemment pour obtenir ce
résultat est une sorte de grossier laminoir, appelé *moulin*, qui se
compose de trois cylindres de fer, cannelés ou striés, montés sur un
axe et élevés verticalement sur une table horizontale entourée d'une
rigole.

Le cylindre du milieu, mû par une force quelconque, communique son mouvement aux deux autres au moyen d'engrenages.

Quand la machine est en marche, un ouvrier présente un paquet
de cannes entre deux de ses cylindres.

Les cylindres entraînent les cannes et les écrasent tandis que le
jus s'écoule dans la rigole de la table. Pour mieux les épuiser, un
second ouvrier, placé derrière le moulin, les saisit à son tour à mesure qu'elles se présentent et les fait passer de l'autre côté du cylindre du milieu.

Aujourd'hui, cet appareil grossier n'est plus employé que dans
les anciennes sucreries.

Dans les nouveaux établissements, on a adopté des presses beaucoup plus énergiques consistant en trois gros cylindres creux, en
fonte, et dont l'écartement se règle à volonté. Ces cylindres sont
fixés horizontalement dans un bâti très solide, également en
fonte.

Comme dans le moulin, le mouvement est communiqué à l'un
des cylindres qui fait tourner les deux autres.

Un homme suffit à la manœuvre de ces nouvelles presses ; son
travail consiste à étaler les cannes sur une trémie d'alimentation
qui les conduit aux cylindres. Ceux-ci les attirent en tournant; et
le jus exprimé se rend dans un réservoir.

On obtient ainsi de 60 à 65 kilogrammes de jus pour 100 kilogrammes de cannes; tandis que les anciens moulins en procuraient
à peine 50 kilogrammes.

Les cannes écrasées se nomment *bagasses ;* on fait sécher cette
partie fibreuse et on l'emploie comme combustible.

Le suc obtenu qu'on appelle *vesou* ou *vin de cannes* n'est en réalité que de l'eau sucrée presque pure contenant à peu près une partie de sucre pour quatre parties d'eau.

Comme ce liquide s'altère rapidement, on le clarifie sans retard en y ajoutant quelques centièmes de chaux et en le faisant chauffer dans une grande chaudière de cuivre qu'on nomme *clarificateur*. A mesure que le jus s'échauffe, il se forme des écumes qui s'élèvent à la surface et qu'on enlève avec soin.

Lorsque cette opération, qui dure environ quarante minutes, est terminée, on laisse reposer le liquide pendant une heure; puis on le fait passer dans une première chaudière de *cuite* où on l'évapore rapidement. Alors, on le filtre à travers une étoffe de laine; puis on le fait couler dans une seconde chaudière de cuite où il se constitue en sirop très épais.

Enfin, on le verse dans une large bassine pour en accélérer le refroidissement, et ensuite dans des caisses ou tonneaux percés de trous qui sont bouchés, et, quelque temps après, on remue le sirop avec une latte de bois pour favoriser la cristallisation.

En se refroidissant, le contenu des tonneaux se prend en une masse confuse de petits cristaux irréguliers. Quand ce résultat est obtenu, on débouche les trous afin de faire écouler la partie du sirop qui ne s'est point cristallisée.

C'est ce sirop épais et de couleur brune qui constitue la *mélasse* et qui est particulièrement employée pour faire du *rhum*.

Quant au sucre cristallisé, on le fait sécher lentement, puis on le livre au commerce sous le nom de *sucre brut*, de *moscouade* et de *cassonade*.

Cette longue leçon sur les graminées ne fatigua pas trop nos jeunes amis qui se passionnaient de plus en plus pour les études de botanique. Le retour, ce jour-là, ne manqua pas de gaieté, car, c'est perchés sur une haute charrette remplie de foin que Laurence et André regagnèrent la demeure de leurs parents suivis de leur vieux guide et du brave Sultan dont les bonds et les aboiements joyeux réjouissaient fort le conducteur du pittoresque véhicule.

LA FEUILLE

De ta tige détachée,
Pauvre feuille desséchée,
Où vas-tu ? — Je n'en sais rien.
L'orage a brisé le chêne
Qui seul était mon soutien.
De leur inconstante haleine,
Le zéphir ou l'aquilon
Depuis ce jour me promène,
De la forêt à la plaine,
De la montagne au vallon :
Je vais où le vent me mène,
Sans me plaindre ou m'effrayer.
Je vais où va toute chose,
Où va la feuille de rose
Et la feuille de laurier.
ARNAULT.

Janvier.

CHAPITRE X

Nous allons aujourd'hui, mes enfants, décrire comme nous avons l'habitude de le faire, les végétaux les plus remarquables que nous rencontrerons duns notre excursion, mais nous dirigerons particulièrement nos recherches vers les plantes de l'importante famille des ombellifères dont nous n'avons pas encore parlé.

Représentez-vous une longue tige assez droite, creuse, garnie de feuilles découpées, embrassant par leur base des branches qui sortent de leurs aisselles. De l'extrémité supérieure de cette tige partent, comme d'un centre commun, plusieurs pédicules ou rayons qui s'écartent circulairement et régulièrement comme les cônes d'un parasol et aboutissent, en *ombelle*, à la même hauteur. Quelquefois ces rayons se terminent chacun par une fleur. D'autres fois ils sont couronnés d'autres rayons plus petits, précisément comme les premiers couronnent la tige, et ces rayons plus petits sont terminés par les fleurs ; ils s'arrêtent encore à un même niveau et constituent des *ombellules*. Si vous pouvez vous faire une idée exacte de la forme que je viens de décrire, vous aurez celle de la disposition des fleurs dans la famille des *ombellifères* ou *porte-parasols*, car le mot latin *umbella*, signifie un parasol.

Les fleurs des ombellifères sont assez petites, leur calice soudé à l'ovaire, n'est pas bien distinct ; la corolle a cinq pétales. Dans les fleurs qui bordent l'ombelle, les deux pétales tournés en dehors sont plus grands que les trois autres. Il y a cinq étamines distribuées une à une entre les pétales; enfin, du centre de la fleur, s'élèvent deux styles.

La forme la plus commune du fruit est un ovale allongé, qui, dans sa maturité, s'ouvre par la moitié et se partage en deux semences attachées au pédicule; celui-ci, par un art admirable, se divise en deux, ainsi que le fruit, et tient les graines séparément suspendues jusqu'à leur chute.

Le point d'où partent les rayons, aussi bien de la grande ombelle que des ombellules, est fréquemment, mais pas toujours, entouré de petite feuilles ou folioles, comme d'une manchette. On donne à l'ensemble de ces folioles le nom d'*involucre* (enveloppe) pour la grande ombelle, et le nom d'*involucelle* (petite enveloppe) pour les petites ombelles ou ombellules.

La plupart des ombellifères, comme la carotte, le cerfeuil, le persil, la ciguë, l'angélique, le céleri, ont les fleurs blanches; quelques-unes, comme le fenouil, le panais ont les fleurs jaunes.

— Voilà, dit André, une description générale des ombellifères; mais comment p ut-on distinguer la ciguë, qui est un poison, du persil et du cerfeuil, qui figurent tous les jours dans nos aliments.

— Cette dist nction est assez facile, bien que la ciguë porte des fleurs blanches en ombelles, comme le persil et le cerfeuil. La petite ciguë a, sous chaque ombellule ou petite ombelle, un involucre composé de trois folioles pointues, assez longues, et toutes trois tournées en dehors; tandis que les folioles des ombellules du cerfeuil enveloppent la tige tout autour, et sont tournées également de tous les côtés. Quant au persil, à peine a-t-il quelques courts folioles, fines comme des cheveux et distribuées indifféremment, tant dans l'ombelle que dans les ombellules qui sont toutes claires et maigres.

A ce caractère s'en joint un autre bien facile à saisir : Si vous sentez la feuille de la ciguë après l'avoir légèrement froissée, son odeur vireuse et repoussante ne vous permettra pas de la confondre avec le persil ni avec le cerfeuil, dont l'odeur bien connue n'a rien de désagréable.

Voici, précisément la *grande ciguë*, CIGUE TACHÉE (*Conium maculatum*) qui se dresse sur ce monceau de décombres; sa tige de plus d'un mètre de hauteur est droite, rameuse, marquée de taches d'un rouge de sang; les ombelles affectent la disposition que je viens de vous indiquer; les fleurs sont blanches; les feuilles deux ou trois fois pennées, sont découpées en segments incisés-dentés. Détachez en quelques-unes et froissez-les légèrement, vous verrez qu'elles exhalent une odeur fétide qui n'a rien de commun avec celle du cerfeuil.

C'est surtout la mort de Socrate qui a rendu célèbre le nom de cette plante très commune dans les environs d'Athènes. Son suc constitue, en effet, un poison des plus violents et on a vu des enfants périr en une demi-heure dans de terribles convulsions pour avoir mangé sa racine qu'ils avaient prise pour celle du panais. Lorsqu'il se produit un empoisonnement par la ciguë, il faut se hâter de provoquer des vomissements et administrer au malade des adoucissants.

Cette autre plante qui croît à côté de la ciguë n'est pas une ombellifère; c'est une *Solanée* qu'il est nécessaire de connaître et sur laquelle nous allons arrêter quelques instants notre attention : C'est le DATURA STRAMOINE (*Datura stramonium*) vulgairement connu sous les noms de *pomme épineuse, herbe du diable, chausse-trappe, herbe des sorciers*, remarquable par ses feuilles glabres d'un vert sombre, par ses fruits à capsul s ovales hérissées d'épines, et par ses fleurs blanches portées sur de courts pédoncules.

Depuis lon temps naturalisée en France où elle croit parmi les déc mbres dans les terrains gras et fertiles, cette plante paraît nous être venue d'Amérique. Le beau vert de ses feuilles et l'éclatante blancheur de ses fleurs en cornets attirent la vue, mais l'odeur nauséabonde qui s'en exhale est un indice des dangers qu'elle peut offrir. Elle a, en effet, des propriétés narcotiques et âcres très vénéneuses; s n suc et ses graines pris à l'intérieur excitent des vomissements violents et convulsifs, provoquent quelquefois la léthargie et peuvent entraîner la mort. Les semences prises par le nez, comme le tabac, occasionnent aussi des assoupissements dont certains criminels poursuivis sou s le nom d'endormeurs ont su abuser. Cependant, le suc de la stramoine, pris à très pet tes doses, a été employé avec succès dans les névralgies, l'épilepsie, les convulsions, l'asthme et les rhumatismes chroniques; mais il serait imprudent d'en faire usage sans avis du médecin. A l'extérieur, l'extrait du datura peut calmer les plaies douloureuses, les panaris, etc.

Mais revenons à nos ombellifères, car j'aperçois, dans ce terrain

sec et inculte, le Panicaut champêtre (*Eryngium campestre*) de la tribu des *anomalées*, plantes à ombelles irrégulières, sans ombellules, ou à rayons très inégaux.

Le panicaut est remarquable par sa tige blanchâtre, haute de

cinquante à soixante centimètres, et portant plusieurs capitules.
Les feuilles dures à nervures saillantes, sont munies de dents
fortement épineuses; ses fleurs sont blanchâtres ou d'un vert très
pâle et bleuâtre.

Mieux connu sous le nom de *chardon roland* ou *chardon à cent
têtes*, le panicaut porte des fleurs disposées plutôt en capitules qu'en
ombelles qui le feraient prendre à première vue pour une *carduacée*.
C'est du reste une plante utile par sa racine qui est comestible et
qui est souvent employée comme diurétique.

Voici la CAROTTE SAUVAGE (*Daucus carota*) que les paysans
appellent *pastonade,* dont la tige dressée porte des feuilles pennées
et des ombelles de vingt à quarante rayons longuement pédonculées,
formant le nid d'oiseau après la floraison; les fleurs sont blanches
et celle du centre, qui est stérile, affecte une couleur pourpre foncé.

C'est cette petite fleur rouge du centre des ombelles qui est le
signe distinctif de la carotte sauvage, souche de la carotte de nos
jardins. En cultivant avec soin la pastonade on en a obtenu une
racine plus grosse et très bonne.

« La plupart de nos plantes potagères, dit M. Fabre, nous ont
été transmises par nos prédécesseurs, asservies à la culture et
toutes façonnées. Leur origine remonte à des temps si reculés, que
le souvenir s'en est perdu. Pour quelques-uns, comme le froment,
les types sauvages n'existent plus, ou du moins n'ont pas été retrou-
vés jusqu'ici; pour d'autres, comme le chou, la carotte, la betterave,
le navet, les types sauvages nous sont connus. La betterave primi-
tive, par exemple, végète dans les sables au bord de la mer, et la
carotte sauvage est très fréquente dans tous les champs abandonnés.
Ni l'une ni l'autre ne possèdent, à l'état de nature, la puissante
racine charnue que vous savez. Leur racine est un maigre pivot de
la grosseur d'une plume, assez long, il est vrai, mais dépourvu de
chair et de matière sucrée. Rien, absolument rien, ne peut faire
soupçonner à des yeux non exercés la parenté qui existe entre ces
misérables queues de rat et les racines dodues de la carotte et de
la betterave cultivées. »

La carotte des jardins, je n'ai pas besoin de vous la décrire : Vous
connaissez cette utile ombellifère qui devient de plus en plus l'objet
d'une grande culture comme plante agricole.

Les racines de la carotte sont rouges ou jaunes, blanches ou violettes; les blanches sont les plus douces.

Cette plante dont les fruits comprimés par le côté sont prolongés
en forme de bec est encore une ombellifère de la tribu des *scandi-
cées*. C'est le Scandix peigne (*Scandix pecten*) vulgairement *aiguille-
de-berger* dont la tige à rameaux étalés ne dépasse pas trente centimètres de hauteur; les feuilles pennées, d'un beau vert, sont divisées en lanières linéaires; le bec du fruit, très allongé, est hérissé
de petits aiguillons très courts placés sur deux rangs; les ombelles
simples sont à deux ou trois rayons; les fleurs sont petites et de
couleur blanche.

Cette charmante petite plante aussi gracieuse par ses feuilles
finement découpées et sa petite fleur blanche que par ses fruits
formant un petit peigne est aussi appelée *aiguille-de-dame*; elle est
fourragère et peut être consommée comme la pastonade.

Il existe différentes espèces de cerfeuil sauvage, et j'aperçois, sous
l'abri de cette haie, le Cerfeuil penché (*Chœrophyllum temulum*)
dont la tige qui s'élève à un mètre de hauteur est striée, dressée,
rameuse, renflée sous les nœuds, hérissée et parsemée de taches de
rouille. Ses feuilles pubescentes sont luisantes en dessous; les fleurs
blanches sont disposées en ombelles penchées avant la floraison.

L'Anthrisque sauvage (*Anthriscus sylvestris*) *cerfeuil sauvage*
proprement dit a une tige de quatre-vingts centimètres environ,
glabre au sommet, pubescente à la base, dressée, cannelée, rameuse;
les feuilles inodores sont luisantes et glabres en dessus, quelquefois
un peu poilues en dessous, sur les nervures principales; les ombelles, formées de huit à seize rayons, portent des fleurs blanches un
peu rayonnantes.

Le plus connu de tous les cerfeuils est celui des jardins que je
n'ai pas besoin de vous décrire. Le cerfeuil penché que ses tiges
tachées de noir et ses ombelles penchées avant la floraison vous
feront aisément reconnaître, est commun dans les haies; on l'accuse
de causer l'ivresse, l'assoupissement et le vertige. Le cerfeuil sauvage, ou anthrisque sauvage, se distingue par son joli feuillage et son
grand développement; on le rencontre dans certaines prairies qu'il
infeste par son abondance. On dit cette espèce très délétère et il faut

bien se garder de la confondre avec le persil des jardins auquel elle ressemble beaucoup.

A mesure que les botanistes s'approchaient du bord de la rivière, ils découvraient un plus grand nombre de plantes dignes d'être observées.

Cette grande ombellifère, dit l'oncle, dont la tige de un mètre cinquante centimètres de hauteur est fortement aromatique, est l'ANGÉLIQUE SAUVAGE (*Angelica sylvestris*) qui se distingue par ses feuilles deux ou trois fois pennées avec des folioles ovales, larges, dentées en scie, la terminale entière ou légèrement trilobée. Les grandes ombelles formées de vingt à trente rayons sont pourvues de feuilles d'un blanc rosé. Les fruits ailés et les feuilles découpées de cette plante, qui ont de grands rapports avec l'angélique des confiseurs lui ont fait, sans doute, attribuer le nom qu'elle porte.

Mais, il ne faut pas confondre l'angélique sauvage avec l'ANGÉLIQUE ARCHANGÉLIQUE, ou racine du Saint-Esprit, indigène sur les montagnes du Nord et du Midi, que nous ne possédons pas dans nos contrées, du moins à l'état sauvage. On la cultive en grand pour l'usage des confiseurs. Toutes les parties de cette plante ont une odeur agréable et une saveur chaude, amère et musquée.

Les habitants de l'extrême nord mangent les feuilles et les racines de l'angélique. En France, en Belgique, en Angleterre et dans plusieurs autres pays, elle entre dans la composition de certaines liqueurs, et les tronçons des rameaux se confisent au sucre pour être vendus sous le nom de *bois d'angélique*; cette friandise a l'avantage d'être stimulante et stomachique.

Voici comment on prépare l'angélique : On coupe les tiges dans le courant du mois de mai à une longueur de vingt à vingt-cinq centimètres; on les blanchit en les faisant bouillir dans l'eau jusqu'à ce qu'elles s'écrasent facilement entre les doigts; on les met dans un linge pour les faire égoutter; puis, on les jette dans une bassine en y joignant du sucre clarifié dans lequel on leur fait prendre une dizaine de bouillons quand il est réduit en sirop. On les retire alors pour les mettre dans des vases où on les conserve.

L'angélique est trisannuelle, c'est-à-dire, qu'elle met trois années pour acquérir son entier développement.

Cette grande plante dont la tige hérissée, cannelée, fistuleuse et rameuse au sommet s'élève a près d'un mètre cinquante centimètres, est la BERCE BRANCURSINE (*Heracleum sphondylium*) remarquable par ses grandes ombelles formées de quinze à trente rayons et terminées par des fleurs blanches ou d'un blanc verdâtre. Ses feuilles grandes et épaisses, vertes et rudes en dessus sont hérissées en dessous et sur les pétioles de poils blanchâtres; elles sont profondément pennatiséquées, à segments larges, ovales, irrégulièrement lobés ou dentés, le segment terminal est plus longuement pétiolé.

Le nom scientifique (*heracleum*) de la *berce*, vient du grec et signifie *hercule*; c'est sans doute la forte tige et la haute stature de cette imposante ombellifère qui lui ont valu son nom. On l'appelle encore *acanthe d'Allemagne* et *panais sauvage*. Son nom de fausse acanthe lui vient de ce que ses feuilles ressemblent à celles que l'architecture a si souvent imité.

La berce est une fort belle plante des prés, mais ses grosses tiges donnent un mauvais foin. Dans certaines contrées, on en mange les jeunes pousses comme les asperges; l'intérieur de la tige donne, par dessication, une fécule sucrée qu'on utilise en Sibérie.

Cette plante, haute de près d'un mètre, dont la tige sillonnée, dressée et rameuse porte des feuilles pennées à folioles linéaires et des ombelles formées de six à huit rayons écartés, avec des fleurs blanches, est l'ŒNANTHE A FEUILLES DE PEUCÉDAN.

Celle-ci est l'ŒNANTHE FISTULEUSE (*Œnantha fistulosa*) dont la tige atteint les dimensions de l'espèce précédente, et dont les feuilles pennées à long pétiole fistuleux sont toutes à folioles linéaires; les ombelles ont de de deux à cinq rayons et des fleurs blanches.

L'ŒNANTHE PHELLANDRE (*Œnanthe phellandrium*) atteint jusqu'à un mètre de hauteur; sa tige, rampante à la base, se dresse et devient très rameuse; les feuilles sont à folioles ovales; celles qui sont submergées (car cette plante croit dans l'eau des étangs) sont découpées en lanières capillaires; les ombelles, la plupart latérales, et opposées aux feuilles, sont composées de fleurs blanches, toutes fertiles.

Les œnanthes sont des plantes très dangereuses dont le suc vénéneux s'échappe, par incision, en un lait blanchâtre.

L'œnanthe fistuleuse sert à empoisonner les taupes et les rats.

On a conseillé la racine de cette plante contre les affections scro-
fuleuses.

L'œnanthe phellandre, ou *fenouil d'eau* est aussi très vénéneuse.

Il ne faut pas confondre ce fenouil d'eau avec le FENOUIL OFFICINAL
(*Fœniculum officinale*) plante absolument inoffensive, exhalant une
odeur aromatique agréable et que vous connaissez très bien. Sa
tige, qui peut s'élever jusqu'à près de deux mètres est droite, rameuse,
striée, glaucescente; les feuilles sont plusieurs fois découpées en
segments filliformes et allongés, ses ombelles dressées sont formées
de douze à trente rayons surmontés de fleurs jaunes.

Laissons maintenant les ombellifères et passons à la description
de quelques-unes des plantes des autres familles qui s'épanouissent
autour de nous.

Voici la *reine des prés*, la SPIRÉE ORMIÈRE (*Spirœa ulmaria*) qui
dresse sa tige anguleuse à feuilles pennées, à folioles ovales, et
l'élégant corymbe paniculé de ses jolies fleurs blanches : C'est une
rosacée.

Les capsules roulées en spires des fruits des plantes de ce genre
leur ont valu leur nom de *spirées*.

La *spirée ormière* ou *ulmaire* connue sous les noms de *fleur des
abeilles*, *vignette*, *petite barbe de bouc*, doit le sien à ses folioles
rudes et plissés comme celles de l'orme.

La beauté de cette plante, aimée des abeilles et des papillons, la
grâce majestueuse de sa tige que couronnent d'élégantes panicules
d'un beau blanc, en font réellement la reine des prés. Une variété à
fleurs doubles est cultivée dans les jardins où elle produit un très
bel effet.

La spirée fait partie des vulnéraires suisses; elle a été préco-
nisée comme un spécifique assuré contre l'hydropisie. La fleur
donne au vin doux le parfum et le goût du Frontignan.

La SPIRÉE FILIPENDULE (*Spirca filipendula*) ne dépasse pas cinquante centimètres de hauteur; elle croît en abondance dans nos
prés. Ses feuilles, presque toutes radicales, étroites et allongées, sont
pennées et à folioles nombreuses, petites, ovales ou oblongues; les
fleurs blanches, quelquefois rosées ou rougeâtres, sont disposées en
corymbes paniculés.

Cette plante est remarquable par des tubercules qui pendent à ses racines chevelues comme des grains de chapelet. Elle est cultivée pour ses jolies fleurs, et on en possède une variété double.

Plus grande encore que la reine des prés, la Spirée barbe-de-bouc (*Spirea arcuncus*) plante des hautes montagnes, élève sa tige jusqu'à deux mètres de hauteur; ses feuilles pennées sont à folioles ovales ou oblongues, accuminées, doublement dentées en scie; les fleurs blanches, dioïques sont disposées en panicule terminale très ample.

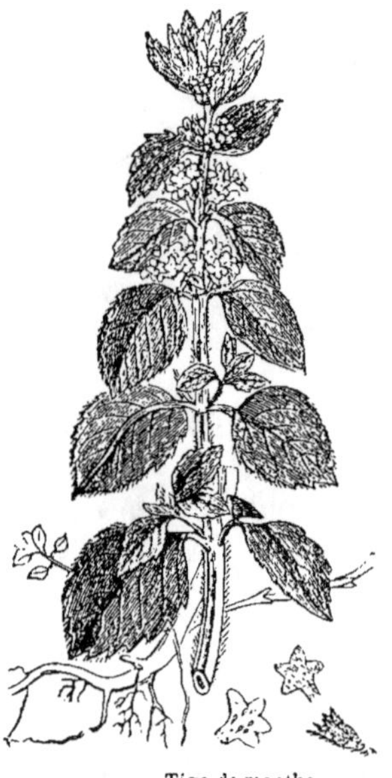

Tige de menthe.

On cultive cette plante dans les jardins pour ses longues panicules de fleurs blanches qui retombent en marabout; les étamines qui dépassent la corolle ajoutent encore à sa beauté.

Cette labiée, dont la tige velue atteint environ soixante-dix centimètres et porte des rameaux étalés, est la Menthe aquatique (*Mentha aquatica*). Les feuilles ovales et dentées en scie sont plus ou moins pétiolées; les fleurs d'un beau rose exhalent une forte odeur.

Cette autre plante velue à tige moins élevée, à feuilles d'un vert gris et toutes pétiolées avec des fleurs roses passant au lilas, est la Menthe cultivée (*Mentha sativa)* qui croît dans les lieux humides.

Le mot *menthe* vient du grec et signifie *soin des dieux*. L'odeur fortement aromatique et agréable des menthes a fait donner le nom de *baume* à toutes les espèces. Très précieuses par leurs propriétés pharmaceutiques, elles ont en outre l'avantage de neutraliser par leurs émanations balsamiques, les miasmes des terrains marécageux où elles se rencontrent en abondance. Ces plantes sont toniques, stimulantes et antispasmodiques.

La Menthe poivrée (*Mentha piperita*) ou *menthe anglaise* est la plus usitée en médecine; son eau distillée et son essence forment la base des pastilles de menthe dont l'usage est si commun.

Cette plante qui croît sur la pente de la berge de la rivière est l'Iris faux acore (*Iris pseudo-acorus*) ou *glaïeul des marais*. Sa tige de près de un mètre est rameuse ; ses feuilles glaucescentes sont allongées et lancéolées ; les segments extérieurs du périanthe sont à limbe étalé ou réfléchi plus ou moins veiné de lignes brunes à la base ; les stigmates sont bifides et irrégulièrement denticulés au sommet ; les fleurs sont jaunes.

Cette plante qu'on appelle encore *flambe d'eau,* croît sur le bord des rivières, des fossés et des étangs ; sa racine est vénéneuse ou au moins fortement émétique ; elle teint en noir et on en fait de l'encre avec des sels de fer.

Il existe un grand nombre d'espèces d'Iris et vous en connaissez de très belles qui sont cultivées dans votre jardin. Toutes sont singulières par leurs feuilles en glaive s'emboîtant par les tranches et par le développement excessif de leurs stigmates qu'on prendrait pour trois pétales. C'est le nom de la belle Iris, la messagère de Junon, figurée par l'arc-en-ciel qu'on a donné à cette famille.

L'Iris d'Allemagne, ou *glaïeul bleu,* est le plus grand de tous ; ses belles fleurs bleues, violettes ou lilas se succèdent ; les souches radicales ou racines forment de grosses touffes horizontales qui se développent jusque sur les vieilles murailles ; elles sont purgatives et même vénéneuses à fortes doses. Les parfumeurs s'en servent pour leur odeur de violette et les ménagères en font usage pour donner an linge une suave odeur.

L'Iris de Florence, à fleurs blanches, est celui dont on emploie la racine pour faire une poudre destinée au nettoyage des dents. Les parfumeurs et les confiseurs l'emploient pour aromatiser certaines préparations.

Cette plante dont la tige sarmenteuse grimpe dans ces arbres, et qui exhale par le frottement une odeur désagréable, est la Morelle douce-amère (*solanum dulcamara*) de la famille des *solanées,* remarquable par sa tige ligneuse à la base, par ses feuilles pétiolées et ovales, plus ou moins en cœur ; les fleurs violettes sont disposées en petites grappes pédonculées et les fruits sont des baies rouges à la maturité.

La morelle douce amère, vulgairement *vigne de Judée,* très commune dans les haies humides, attire l'attention par ses fleurs violettes à étamines dorées. L'écorce et la tige de cette plante sont employées comme sudorifiques dans les maladies de la peau et les affections rhumatismales. Les baies vénéneuses servent quelquefois comme purgatif.

Les rameaux flexibles et grimpants de la vigne de Judée sont propres à garnir les berceaux et les tonnelles. Une variété à feuilles panachées est cultivée dans les jardins d'agréments.

Les *solanées* sont la plupart des plantes herbacées dont les fleurs sont composées d'un calice persistant à cinq lobes, d'une corolle régulière à cinq divisions plissées, de cinq étamines libres, d'un style simple terminé par un stigmate bilobé et d'un ovaire posé sur un disque hypogyne, le plus souvent biloculaire. Le fruit est, en général, une capsule à deux ou quatre loges.

La plupart des plantes de cette famille sont remarquables par leurs propriétés vénéneuses et narcotiques. On y trouve la stramoine dont nous avons parlé, la belladone, la jusquiame, le tabac, la tomate, la pomme de terre, etc.

En 1492, dit un auteur, Christophe Colomb, après avoir débarqué à l'île San-Salvador, une des Lucayes, découvrit Cuba et Saint-Domingue. Craignant de se hasarder au milieu des sauvages, il envoya des éclaireurs dans l'île de Cuba. « Ces éclaireurs, dit l'historien du grand navigateur, rencontrèrent en chemin beaucoup d'Indiens, hommes et femmes, avec un petit tison allumé, composé d'une sorte d'herbe dont ils aspiraient la fumée ». Les habitants de Cuba sont donc les premiers fumeurs dont il soit fait mention dans l'histoire.

Le vénérable apôtre des Indiens, Barthélemy de Las Cazas, contemporain de Christophe Colomb, fait aussi mention des fumeurs américains dans ses ouvrages. Il écrivait en 1527 :

« Les Indiens ont une herbe dont ils aspirent la fumée avec délices. Cette herbe est roulée dans une feuille sèche, comme dans un mousqueton pareil à ceux que font les enfants. Les Indiens l'allument par un bout et hument par l'autre extrémité, en aspirant la fumée avec leur haleine, ce qui produit un assoupissement dans tout le corps et dégénère en une espèce d'ivresse. Ils prétendent qu'alors on ne sent presque plus la fatigue. Ces mousquetons sont appelés *tabagos*. »

Les peuples de l'archipel indien, et surtout les Caraïbes, fumaient donc probablement plusieurs siècles avant l'arrivée des navigateurs européens. Qui leur apprit à faire usage du tabac? Nous l'ignorons. Les prêtres indiens s'occupaient beaucoup de divination, et il y avait dans chaque île une espèce de collége ou réunion d'augures, qui faisaient profession de prédire l'avenir. Lorsqu'un de ces devins était mandé par une peuplade qui voulait le consulter sur l'issue d'une campagne projetée contre les voisins, il commençait par humer la fumée de plusieurs *tabagos*. Ses collègues se rangeaient autour de lui en demi-cercle et des nuages de fumée cachaient bientôt l'augure, dont la tête se trouvait subitement exaltée par le tabac. Il parlait alors un langage figuré, hyperbolique, extraordinaire, et le peuple étonné croyait entendre la voix de la divinité, qui avait choisi l'augure pour interprète.

Les mêmes Indiens se servaient aussi des *tabagos* pour la prospérité commune. Ainsi, dans les assemblées où l'on délibérait sur les intérêts de la peuplade, l'orateur ne prenait la parole qu'après avoir subi une abondante fumigation. Assis sur une pierre et muni d'un énorme *tabago* dont il aspirait précipitamment la fumée, il attendait sans sourciller les chefs de la nation qui s'approchaient de lui à tour de rôle, en lui recommandant de bien défendre les intérêts du pays, et en lui envoyant de copieuses bouffées de fumée au visage. L'orateur, ayant la tête ainsi environnée d'un nuage bleuâtre, s'exaltait graduellement, et tout à coup ce Démosthène caraïbe électrisait l'assemblée en lui parlant chaleureusement d'indépendance, d'honneur et de patrie. Un voyageur espagnol assure avoir vu plusieurs de ces orateurs, dont les discours paraissaient produire une grande impression sur les auditeurs, qui témoignaient leur enthousiasme par des cris et des battements de mains.

On ignore généralement si Christophe Colomb, en revenant d'Amérique, apporta des feuilles et des graines de tabac en Europe. Tout porte à croire néanmoins que ses compagnons de voyage, qui avaient appris à fumer chez les Caraïbes, restèrent fidèles à cette puissante habitude et continuèrent à fumer en Espagne.

En 1518, le célèbre Fernand Cortez envoya des graines de tabac à l'empereur Charles-Quint. On les sema dans un jardin du palais, et tous les plants réussirent parfaitement ; mais les seigneurs n'osèrent pas fumer parce que les médecins affirmaient que les feuilles américaines étaient un violent poison. Le tabac fut donc cultivé pendant quelques années à Madrid, mais comme plante médicinale et objet de curiosité.

En 1521, Hernandez de Tolède envoya une grande quantité de graines en Espagne et en Portugal. Le tabac avait déjà triomphé des premières hésitations ; plusieurs personnes voyant fumer les marins se hasardèrent à les imiter, et le nombre des fumeurs s'accrut rapidement.

On imagina vers la même époque de réduire les feuilles en poudre ; et quelques années après, grandes dames, nobles seigneurs et bourgeois, prisaient avec frénésie. On poussa l'amour du tabac jusqu'au fanatisme.

L'Espagne et le Portugal comptaient déjà des milliers de fumeurs et de priseurs, et le tabac était encore inconnu en France. Enfin, en 1560, Nicot, ambassadeur français auprès du roi de Portugal, envoya de Lisbone à Catherine de Médicis des graines. Cette reine, qui reçut en même temps une petite boîte pleine de tabac en poudre, y prit tant de plaisir, qu'elle contracta en peu de temps la passion de priser. Pour lui plaire, on cultiva le tabac avec le plus grand soin, et cette plante se répandit en peu de temps dans toutes les provinces. Les courtisans de Catherine de Médicis prisèrent d'abord parce que la reine avait mis le tabac à la mode ; bientôt ils en contractèrent la passion, et le tabac fut en très grande faveur.

Il fallait pourtant baptiser cette plante qui s'était si promptement introduite en France. Le duc de Guise tira tout le monde d'embarras en disant qu'il fallait appeler la nouvelle plante *Nicotiane*, du nom de Jean Nicot, qui l'avait envoyée du Portugal. Un puissant seigneur, grand adulateur de Catherine de Médicis, s'avisa de dire à la cour qu'il fallait appeler le tabac *Herbe de la reine*, puisque Sa Majesté s'etait déclarée protectrice de cette plante. La motion du courtisan fut adoptée à l'unanimité, et pendant quelques temps le tabac ne fut connu que sous le nom d'*Herbe à la reine*. On dit que Catherine fit tout au monde pour qu'on l'appelât *Herbe Médicie*, de son nom de famille, les Médicis de Florence, et qu'elle ne put y réussir.

Les mémoires du temps rapportent que le grand prieur de France, de la maison de Lorraine, était un priseur infatigable et qu'il consommait trois onces de tabac par jour, avidité remarquable, surtout au seizième siècle, car l'usage du tabac n'était pas encore très répandu. Les priseurs, dans leur enthousiasme, appelèrent le tabac *Herbe du grand prieur*, et ce nom eut quelques temps les honneurs de la vogue. En Espagne, les priseurs et fumeurs fanatiques l'appelaient *Herbe sainte, Panacée antarctique, Herbe à tous les maux*. Les ennemis déclarés de la nouvelle plante lui donnaient le nom de *Jusquiame du Pérou*.

L'usage du tabac ne se répandit pas paisiblement et sans contestation; il rencontra une foule d'adversaires dans les écrivains plus ou moins célèbres, et dans des gouvernements acharnés à le proscrire. Plusieurs rois se liguèrent contre lui, et en défendirent l'usage sous les peines les plus sévères. A la tête des ennemis jurés du tabac figura Jacques Ier, roi d'Angleterre. Ce prince, d'une humeur très pacifique, possédait, dit-on, une grande instruction et aimait beaucoup à discuter, ce qui lui fit donner par ses flatteurs le surnom de Salomon. Il employa ses loisirs royaux à composer une violente diatribe contre le tabac, dont l'usage était devenu très commun en Angleterre, depuis l'exportation de cette plante par sir Walter Raleigh, sous le règne d'Élisabeth.

L'empereur des Turcs, Amurat IV, jeune débauché qui, au mépris des préceptes du Coran permit l'usage du vin, et fut lui-même un ivrogne renommé, frappa le tabac de proscription. Il avait fait, dit-on, de vains efforts pour s'habituer à fumer; il ne voulut pas avoir un démenti en face de ses courtisans, et pour sauver son amour-propre, il porta les peines les plus sévères contre les priseurs et les fumeurs. Les délinquants recevaient cinquante coups de bâton sur la plante des pieds comme premier avertissement; et en cas de récidive, on leur coupait le nez.

Le Shah de Perse alla plus loin. Tout homme surpris une pipe ou un cigare à la bouche avait la lèvre supérieure coupée, et tout nez convaincu d'avoir humé une prise de tabac tombait sous le couteau du bourreau.

En Russie, le nombre des fumeurs s'accrut si rapidement, que l'autorité fut alarmée des envahissements du tabac. Mais on n'osa d'abord le proscrire; on se contenta de classer les fumeurs dans la catégorie des suspects. Sous le règne de Michel Fédérowich, la passion de fumer était si grande, que les dames moscovites s'en mêlèrent et se mirent à fumer dans d'élégantes et longues pipes, ornées de tous les agréments et de tout le luxe de la coquetterie la plus recherchée. Cette passion fut poussée au point que les grands seigneurs, et les bourgeois s'endormaient une pipe à la bouche. Cette imprudence porta un coup funeste au tabac.

En effet, un fumeur ayant laissé tomber sa pipe en dormant, elle

Feuilles et fleurs du tabac.

communiqua le feu à quelques meubles. La maison et le fumeur devinrent la proie des flammes ; et l'incendie se propagea avec tant de rapidité, que plusieurs quartiers furent entièrement consumés. Irrité de ce désastre, l'empereur profita de cette occasion pour frapper le tabac d'interdiction. Un ukase annonçait que tout homme convaincu d'avoir fumé recevrait soixante coups de bâton sur la plante des pieds, que tout priseur aurait le nez coupé.

Aujourd'hui, on use et on abuse partout du tabac qui, fumé ou prisé, procure, dit-on, les plus vives jouissances.

Cependant l'usage exagéré du tabac à fumer épuise l'estomac,

dessèche la bouche, rend l'haleine fétide et enlève à la digestion la
salive dont elle a besoin.

Quelquefois les fumeurs passionnés tombent dans la maigreur et
le marasme, voient diminuer chez eux la sensibilité des organes du
goût, en même temps que les facultés intellectuelles s'atrophient.

Mais la vente du tabac constitue pour le gouvernement une somme de revenus considérables et qui va toujours s'augmentant ; car,
il est pénible de le constater, les enfants même croient se donner de
l'importance en fumant le cigare ou la cigarette malgré les maux
de tête et de cœur que leur coûtent leurs premières tentatives.

C'est encore à la famille des solanées que nous devons la plus
précieuse de toutes les plantes, après le blé :

« La Pomme de terre, dit Duchartre, est cultivée très abondamment et depuis une haute antiquité dans les parties un peu élevées
de la Colombie, au Pérou, où elle porte le nom de *Papas* ; elle forme
l'aliment principal des habitants de cette contrée. Il paraît même
démontré qu'elle est originaire du Pérou, quoique la détermination
du lieu précis où elle se trouve à l'état sauvage soit entourée de
difficultés, de même que pour les autres végétaux alimentaires les
plus importants.

» Son introduction en Europe remonte à près de trois siècles ;
mais c'est seulement à une époque bien plus rapprochée de nous
qu'elle a commencé à se répandre partout et que son tubercule est
devenu une matière alimentaire de la plus haute importance. D'après
les documents les plus probables, ce serait le capitaine John Hawkins qui, le premier, aurait essayé d'introduire en Europe la culture
de cette plante. En 1565, il en rapporta en Irlande, de Santa-Fé-de-
Bogota, quelques tubercules qui furent entièrement négligés. Le
célèbre navigateur Franz Drake, qui avait d'abord navigué sur les
vaisseaux de Hawkins, reconnut toute l'étendue des services que
pourrait rendre à l'Europe la culture de ce précieux végétal. A son
retour d'une expédition dans les mers du Sud, il en porta des tubercules en Virginie, où ils furent cultivés avec succès. Ce fut en Virginie qu'il prit ceux qu'il porta en Angleterre en 1586, et qu'il remit
à son propre jardinier, en lui enjoignant de donner tous ses soins
aux plantes qui en sortiraient. Drake donna également quelques

tuberculcs au botaniste anglais Gérard, qui les planta dans son jardin à Londres, et qui, à son tour, en envoya à quelques-uns de ses
amis, et particulièrement à Clusius ; aussi ce dernier botaniste est-il
le premier qui ait fait mention de la pomme de terre dans ses ouvrages.

» Tout porte à croire que, vers la même époque, il arriva des
pommes de terre dans le midi de l'Europe, par l'intermédiaire des
Espagnols. Toutefois on n'apprécia pas plus en Espagne et en Italie
qu'en Angleterre l'importance de la nouvelle acquisition, qui resta
dans la catégorie des raretés et fut même bientôt oubliée.

» Au commencement du dix-septième siècle, l'amiral Walter
Raleigh rapporta de nouveaux tubercules de Virginie en Irlande.
Cette fois l'acquisition fut définitive, et les cultivateurs de la Grande-
Bretagne commencèrent à faire de la précieuse plante l'objet de
tous leurs soins ; aussi cette nouvelle culture ne tarda-t-elle pas à
prendre de l'importance dans les îles Britanniques ; mais son introduction et ses progrès sur le continent furent beaucoup plus tardifs.
En 1616, il est vrai, des pommes de terre furent servies en France
sur la table du roi ; mais ce fait même montre que c'était alors dans
notre pays une rareté de haut prix.

» Enfin, dans les dernières années du dix-huitième siècle, un
homme dont le nom est devenu célèbre, Parmentier, employa plusieurs années de sa vie en efforts, dont une énergie de volonté peu
commune et une conviction profonde pouvaient seules le rendre
capable, pour propager parmi nous une plante qu'il savait être appelée à rendre les plus grands services. Cependant ses efforts et ses
écrits n'auraient peut-être amené que partiellement les résultats
qu'il désirait, sans la disette qui suivit les premières guerres de la
Révolution et fit sentir toutes les ressources qu'offrait la plante pré-
conisée par Parmentier. La pomme de terre se répandit alors rapidement sur toute l'étendue de la France, et lorsque ses immenses
avantages furent universellement constatés, la reconnaissance publique la nomma *Parmentière,* pour rappeler le nom de l'homme
de bien dont les généreux efforts avaient tant contribué à des résultats d'une si grande importance. »

Voici ce que dit, à son tour M. Le Mahout : « C'est aux savants
travaux et au zèle infatigable du chimiste Parmentier que nous

devons la culture et l'emploi de la pomme de terre. Ce philantrope sut, le premier, apprécier dans toute leur étendue les services que le tubercule américain pouvait rendre à l'espèce humaine ; il fit part de ses idées au roi Louis XVI, qui les partagea bientôt avec ardeur ; mais il fallait rendre ces idées populaires, et surtout intéresser à leur succès la *mode*, cette reine despotique dont l'autorité domine celle des rois.

» Sur le conseil de Parmentier, Louis XVI se montra dans une fête publique, tenant à la main un bouquet composé de fleurs de pommes de terre. Ces belles corolles blanches, à anthères jaunes, disposées en corymbe et accompagnées de feuilles élégamment découpées, excitèrent la curiosité. On en parla à la cour et à la ville ; on les imita pour les faire entrer dans les bouquets artificiels ; elles furent rangées par les fleuristes au nombre des plantes d'agrément ; les seigneurs, pour faire la cour au roi, en envoyèrent à leurs fermiers, avec ordre de les cultiver.

» Néanmoins, cette première tentative resta stérile ; les grands propriétaires avaient, il est vrai, suivi l'impulsion donnée par le bon Louis XVI ; ils avaient permis à la pomme de terre de végéter dans quelques coins de leurs domaines, mais les paysans ne les cultivaient qu'avec répugnance, ils refusaient d'en manger et l'abandonnaient à leurs bestiaux ; il y en avait même qui ne la jugeaient pas digne de servir d'aliment à ces derniers.

» Convaincu que si la pomme de terre finissait par entrer dans les usages et par suppléer le froment, toute famine devenait à jamais impossible, Parmentier n'hésita pas à consacrer sa fortune, son talent, sa vie entière à cette œuvre immense de charité. Ce n'était pas assez d'encourager la culture par des écrits, des discours, des récompenses, en un mot par tous les moyens d'influence que lui donnait sa haute position : il acheta ou prit à ferme une grande quantité de terrains en friche, dans le voisinage de Paris, et y fit planter des pommes de terre. La première année, il les vendit à bas prix aux paysans des environs : peu de gens en achetaient. La seconde année, il les distribua pour rien : personne n'en voulut.

» A la fin, son zèle devint du génie. Il supprima les distributions gratuites, et fit publier à son de trompe, dans tous les villages, une défense expresse qui menaçait de toute la rigueur des lois quiconque se permettrait de toucher aux pommes de terre, dont ses champs regorgeaient. Les gardes champêtres eurent ordre d'exercer, pendant le jour, une surveillance active, et de rester chez eux pendant la nuit. Dès lors, chaque carré de pommes de terre devint, pour les paysans, un jardin des Hespérides, dont le dragon était endormi. La maraude nocturne s'organisa régulièrement, et le bon Parmentier reçut de tous côtés des rapports sur la dévastation de ses champs, rapports qui le faisaient pleurer de joie. La pomme de terre avait acquis la saveur du fruit défendu, et sa culture s'étendit rapidement sur tous les points du royaume. »

Mais, laissons la parole à Parmentier lui-même : « Convaincu, dit-il, qu'il est du devoir d'un véritable citoyen de diriger la science qu'il cultive vers le bonheur de la société, j'ai toujours pensé que l'art des subsistances devait faire l'occupation la plus sérieuse de l'homme, puisque son existence et celle des compagnons de ses travaux tiennent aux moyens de se nourrir. Mais ce n'est pas assez de multiplier les ressources alimentaires, il faut encore que ces ressources exigent peu d'embarras et de dépense dans leur préparation ; qu'elles ne préjudicient ni à la qualité du sol qui les donne, ni à la santé des individus pour lesquels elles sont destinées. Or, quelle plante remplit mieux toutes ces conditions que la pomme de terre, le plus utile présent, sans contredit, que le nouveau monde ait fait à l'ancien ?

» Quand on réfléchit que la plus grande fertilité du sol, et l'industrie des hommes, ne sauraient mettre le meilleur pays à l'abri de la disette ; que les années les moins riches en blé sont extrêmement abondantes en pommes de terre ; que ces tubercules, se développant avec sûreté dans l'intérieur du sol, peuvent suppléer le grain ravagé par les intempéries, et donnent, sans aucun apprêt, une nourriture aussi commode que salutaire, on est en droit d'être étonné, affligé même de l'indifférence qui règne encore dans certains cantons au sujet de la précieuse plante.

» Combien de landes ou de bruyères autour desquelles végètent tristement plusieurs familles, seraient en état de leur procurer la subsistance, ainsi qu'à beaucoup de nos concitoyens, toujours aux prises avec la nécessité ! Ah ! s'il était possible de pénétrer de ces vérités les habitants des campagnes et de leur persuader que la

pomme de terre peut servir à la fois dans la cuisine et dans la bas-
se-cour, sans doute on les verrait bientôt bêcher le coin d'un jardin
ou d'un verger, rapportant au plus un boisseau de pois ou de haricots, pour y planter ces précieux tubercules, qui fourniraient une
subsistance assurée pendant la saison la plus morte de l'année. On
verrait les cultivateurs intelligents et laborieux obtenir d'une petite
étendue du terrain le plus médiocre, de quoi faire vivre leur famille
jusqu'au retour de l'abondance ; on verrait les vignerons, dont le
sort est presque toujours digne de compassion, au lieu de se nourrir
d'un pain grossier, composé d'orge, de sarrasin et de criblures où
l'ivraie domine (heureux encore quand ils en ont suffisamment), on
verrait, dis-je, les vignerons mettre au pied de leurs vignes des
pommes de terre, et se ménager ainsi un genre d'aliment qui sup-
plée à tous les autres, et peut les remplacer dans les temps de
disette.

» Sans doute il faut bien des années pour convaincre nos villageois
des avantages qu'on leur propose, pour les faire renoncer à leurs
anciens préjugés, et les déterminer à changer, en faveur d'une nouvelle méthode, la routine qu'ils ont héritée de leurs pères, et qu'ils
transmettent à leurs enfants ; mais on ne doit pas, à cause de ces
obstacles, abandonner le dessein de les instruire. Quand on veut
être essentiellement utile à ses semblables, il ne suffit pas de leur
dire une seule fois ce qu'on a vu, ce qu'on a fait, et ce qu'il est nécessaire de faire ; il convient de ne jamais se lasser de le leur répéter
sous toutes les formes.

» Persuadé qu'aux leçons de l'exemple, il fallait encore ajouter les
conseils, les exhortations même, je n'ai cessé de recommander aux
seigneurs et curés qui me consultaient sur la manière de répandre
dans leurs cantons la culture et les usages des pommes de terre,
d'employer quelques-uns des moyens que voici : Ces tubercules,
leur disais-je, peuvent soulager le pauvre pendant l'hiver, et lui
procurer à peu de frais une nourriture substantielle et salutaire.
Accoutumez-y vos vassaux et vos paroissiens par toutes sortes de
voies, excepté par l'autorité ; consacrez à leur culture les terrains
dont vous ne tiriez aucun parti ; faites en sorte que ce soit les plus
exposés à la vue ; défendez-en expressément l'entrée ; donnez une
espèce d'éclat à votre récolte, afin que chacun puisse être témoin

de sa fécondité ; ordonnez qu'on serve ces pommes de terre sur vos
tables ; traitez-les comme un mets précieux pour la santé ; et lorsque les indigents viendront solliciter à votre porte votre bienfaisance
et votre humanité, distribuez à plusieurs d'entre eux, comme par
prédilection, quelques pommes de terre au lieu d'un morceau de
pain.

» C'est ainsi qu'à l'aide de quelques pratiques variées, on parvient
sans contrainte à inspirer à l'homme de la curiosité, et le désir de
faire ce qu'on a intention qu'il fasse pour son propre intérêt. Combien de fois ne m'est-il pas arrivé que, mes petites plantations arri-
vées à maturité, j'en abandonnais la récolte à la discrétion de ceux
que j'en avais rendus témoins ; et que, retournant ensuite aux mêmes lieux, j'avais la douce satisfaction de voir des carrés de terrains,
auparavant en friche, occupés par la nouvelle culture ! »

Le vieux botaniste étant dans l'obligation d'entreprendre un long
voyage, cette excursion avec ses neveux devait être la dernière de
la saison. Mais les enfants promirent de continuer l'étude des plantes et de recueillir pour l'herbier qu'ils composaient, toutes celles
qui leur paraîtraient dignes d'y figurer.

TABLE DES MATIÈRES

TABLE DES MATIÈRES

PREMIÈRE PARTIE

BOTANIQUE ORGANIQUE

CHAPITRE PREMIER

CHAPITRE II

CHAPITRE III

CHAPITRE IV

CHAPITRE V

CHAPITRE VI

CHAPITRE VII

CHAPITRE VIII

CHAPITRE IX

CHAPITRE X

CHAPITRE XI

CHAPITRE XII

DEUXIÈME PARTIE

COUP D'ŒIL HISTORIQUE ET CLASSIFICATION

CHAPITRE PREMIER

LA BOTANIQUE CHEZ LES ANCIENS

CHAPITRE II

LES PROGRÈS DE LA BOTANIQUE

CHAPITRE III

DIX-SEPTIÈME SIÈCLE

CHAPITRE IV

LA BOTANIQUE AU XVIIIᵉ SIÈCLE

CHAPITRE V

LES BOTANISTES DU XVIIIᵉ SIÈCLE (SUITE)

CHAPITRE VI

ANTOINE-LAURENT DE JUSSIEU ET SA MÉTHODE

TROISIÈME PARTIE

A TRAVERS CHAMPS BOIS ET COTEAUX

CHAPITRE PREMIER

CHAPITRE II

CHAPITRE III

CHAPITRE IV

CHAPITRE V

CHAPITRE VI

CHAPITRE VII

CHAPITRE VIII

CHAPITRE IX

CHAPITRE X

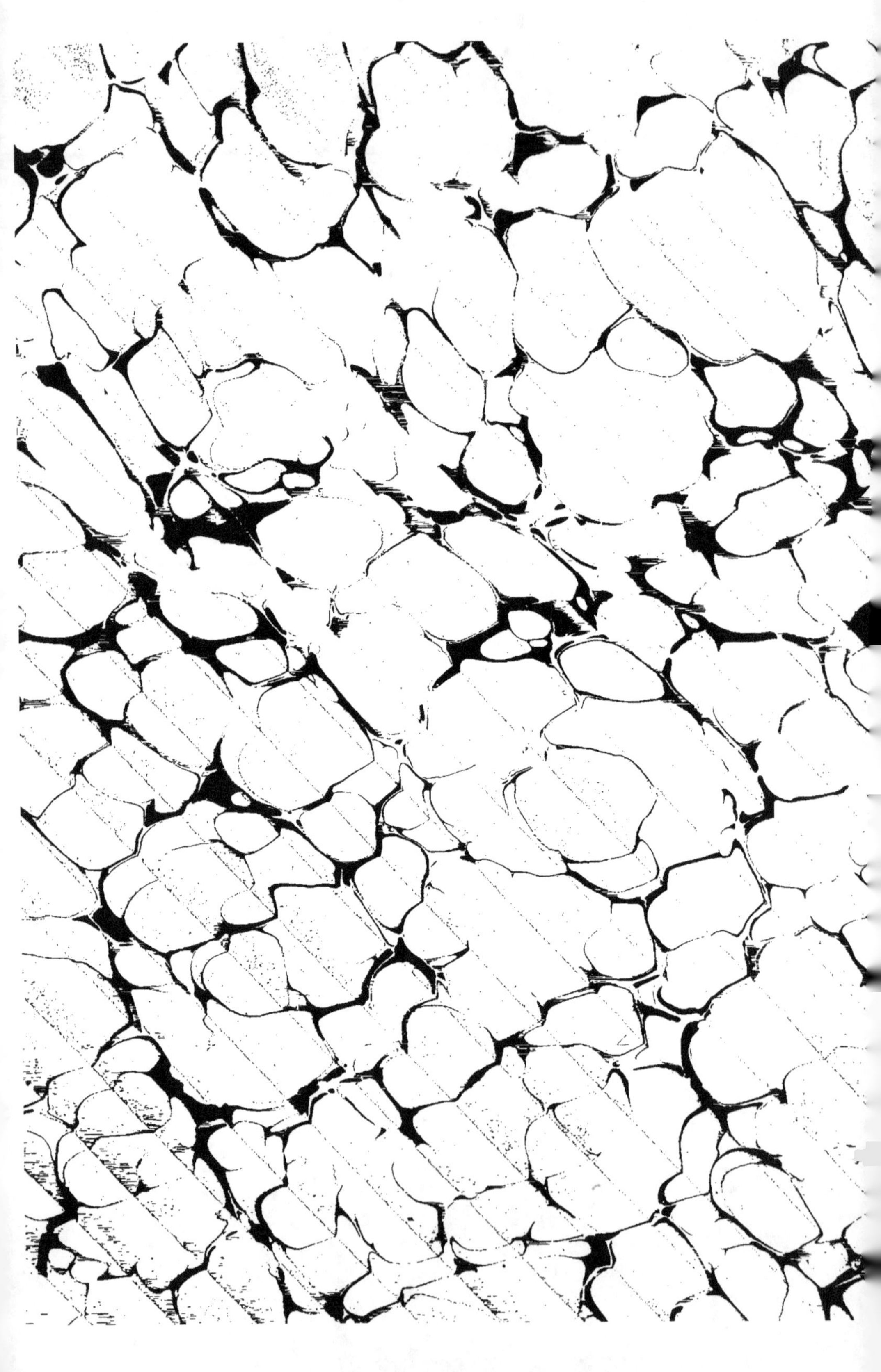

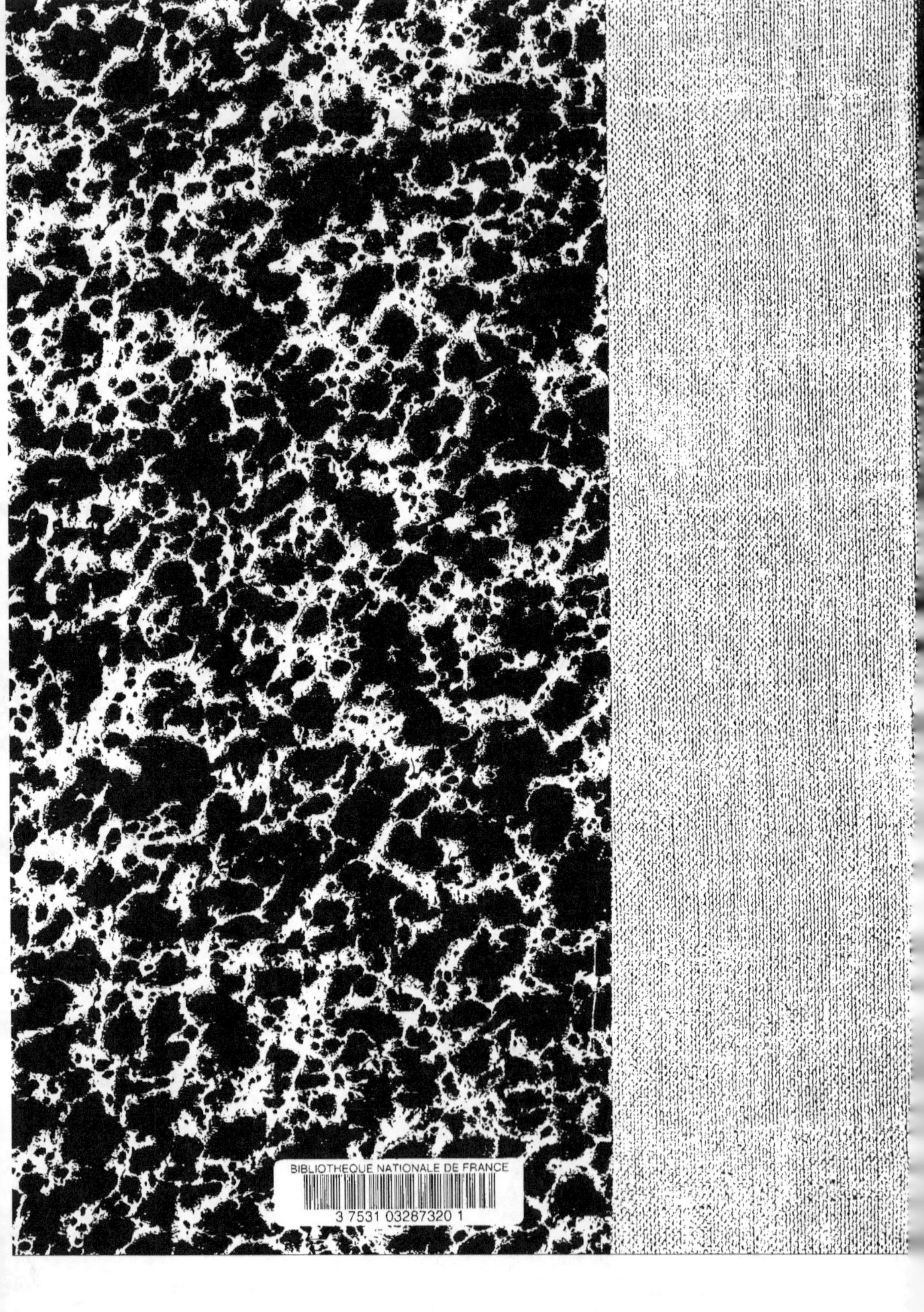
BIBLIOTHEQUE NATIONALE DE FRANCE

www.ingramcontent.com/pod-product-compliance
Lightning Source LLC
Chambersburg PA
CBHW051530060726
47597CB00001B/224